江西野生牧草图册

甘兴华　白昌军　主　编

中国农业出版社

《江西野生牧草图册》编委会

主　编： 甘兴华　白昌军

副主编： 于徐根　刘水华　戴征煌

编　者：（按姓氏笔画为序）

于徐根　王建成　王品雪　王道金　方　斌

孔育玲　甘兴华　左　臻　石志华　付志群

白昌军　邝贤英　尧德华　刘　昉　刘水华

刘凤飞　刘纪峰　刘官源　刘珍优　刘振水

刘党生　刘高华　严景生　李　伟　李　翔

李小平　李小高　李文飞　李杉木　李翔宏

杨小勇　杨虎彪　肖卫华　吴寿生　吴孝斌

吴德美　何清华　谷德平　冷报来　张华才

易志华　罗承昌　罗高兴　周　艳　周金苟

周雪兵　赵清泉　胡文亭　胡利珍　柯祥军

查良宝　钟　玮　钟显胜　段德勇　洪水华

贺　玉　贺爱清　敖春波　袁卫健　徐小平

徐桂花　郭田华　黄　栋　黄彩来　康小春

谌　灵　彭　建　曾庆国　曾昭芙　温名根

谢　平　谢永忠　赖作金　臧进彬　廖月明

熊道国　樊建新　潘飞龙　薛文佐　戴征煌

野生牧草是自然资源的重要内容，是自然赋予人类的极其宝贵的生物种质资源和财富。野生牧草种类多、分布广、特性各异，它们不仅是畜牧业生产的基本生产资料，是农作物的野生祖先和新品种选育的遗传基因基础材料，也是重要的经济资源，在社会发展和经济建设以及保护生态环境、维护生物多样性中有着独特的、无可替代的作用。保护和开发利用野生牧草资源对生态文明建设具有重要意义。

江西省地处长江中下游南岸，位于亚热带中部东段，属亚热带季风气候，四季分明，气候温和，光照充足，雨水充沛，丘陵山地面积大，林草地资源丰富，并且全境南北地跨近6个纬度（北纬24°29′20″～30°14′40″），自然生态条件较复杂，植物组成地带性特点十分明显，林草地植被类型多样，造就了十分丰富的草地野生牧草资源。特别是在第四纪冰期，江西没有受大陆冰川的侵袭，一直处于较稳定的湿润气候条件下，成为古植物的“避难所”和一些新生物种类发生的“摇篮”，稀有植物繁多。然而，随着人类活动对环境影响的增强，使部分植物种类逐渐消亡或面临消亡的威胁，必须要加以重视，注重保护。

从2013年至2018年，江西省畜牧技术推广站与中国热带农业科学院品种资源研究所协作，在“长江中下游红壤地区林草畜生态复合关键技术研究（2012BBF60090）”、“中国南方草地牧草资源调查（2017FY100600）”等项目的支持下，历时多年对江西省草地及林草地牧草种质资源开展了较为系统的调查，共收集野生草品种422个，涉及72科281个属，基本概括了江西省境内主要野生牧草品种。其中有部分品种由于茎叶或根茎或花果，含有一些毒素成分或味辛、味苦及异味或带刺、具绒毛等，家畜通常拒食或在新鲜条件下不予食用，按照惯例不宜称之为牧草，但这些物种常常与各种牧草伴生，在林草地上常见，且多数经干燥或打碎后家畜即食，因此，将之列为附录，一并收入本图册。

本图册是在完成野生牧草品种生境及重要特征照片收集的基础上，对品种重要特征、分布及其生境进行了描述，内容翔实简洁，图文并茂，通俗易懂，特别侧重对牧草品种的了解和识别等实用性，能客观反映江西省林草地野生牧草资源基本状况，是江西省第一份草地及林草地野生牧草品种图谱资料。本图册的编印，为掌握和了解草地野生草品种资源变化动态及开展野生草品种的保存与开发利用工作打下了很好的基础，可为草业科技工作者和从业人员提供有益借鉴和参考。

本图册的编印得到中国热带农业科学院副院长刘国道研究员的悉心指导和帮助，得到江西省各市、县畜牧行业领导和同志们的帮助和支持，在此表示衷心感谢！

由于条件和水平所限以及时间仓促，编写难免出现疏漏和错误之处，敬请专家同仁和广大读者批评指正。

编　者

2019年5月

前言

一、豆科 Leguminosae（Fabaceae） …… 1

合萌 *Aeschynomene indica* Linn. …… 1
合欢 *Albizia julibrissin* Durazz. …… 2
链荚豆 *Alysicarpus vaginalis*（L.）DC. …… 3
两型豆 *Amphicarpaea edgeworthii* Benth. …… 4
紫云英 *Astragalus sinicus* L. …… 5
首冠藤 *Bauhinia corymbosa* Roxb. ex DC. …… 6
绒毛叶杭子梢 *Campylotropis pinetorum*（Kurz）Schindl. subsp. *velutina*（Dunn）H. Ohashi …… 7
柄腺山扁豆 *Chamaecrista pumila*（Lam.）V. Singh …… 8
含羞草决明 *Chamaecristamimosoides*（Linn.）Greene …… 9
决明 *Senna tora*（Linn.）Roxb. …… 10
望江南 *Senna occidentalis*（Linn.）Link …… 11
假地豆 *Desmodium heterocarpon*（L.）DC. …… 12
小叶三点金 *Desmodiummicrophyllum*（Thunb.）DC. …… 13
小槐花 *Ohwia caudata*（Thunb.）H. Ohashi …… 14
鸽仔豆 *Dunbaria henryi* Y. C. Wu …… 15
千斤拔 *Flemingia prostrata* Roxb. …… 16
乳豆 *Galactia tenuiflora*（Klein ex Willd.）Wight et Arn. …… 17
野大豆 *Glycine soja* Siebold et Zucc. …… 18
多花木蓝 *Indigofera amblyantha* Craib …… 19
硬毛木蓝 *Indigofera hirsuta* L. …… 20

长萼鸡眼草 *Kummerowia stipulacea*（Maxim.）makino …… 21
鸡眼草 *Kummerowia striata*（Thunb.）Schindl. …… 22
短梗胡枝子 *Lespedeza cyrtobotrya* miq. …… 23
胡枝子 *Lespedeza bicolor* Turcz. …… 24
截叶铁扫帚 *Lespedeza cuneata*（Dum. Cours.）G. Don …… 25
铁马鞭 *Lespedeza pilosa*（Thunb.）Siebold et Zucc. …… 26
细梗胡枝子 *Lespedeza virgata*（Thunb.）DC. …… 27
中华胡枝子 *Lespedeza chinensis* G. Don …… 28
草木犀 *Melilotus officinalis*（L.）Lam. …… 29
亮叶鸡血藤 *Callerya nitida*（Benth.）R. Geesink var. *nitida* …… 30
美丽鸡血藤 *Callerya speciosa*（Champ. ex Benth.）Schot …… 31
大果油麻藤 *Mucunamacrocarpa* Wall. …… 32
黧豆 *Mucuna pruriens*（L.）DC. var. *utilis*（Wall. ex Wight）
Baker ex Burck …… 33
长柄山蚂蝗 *Hylodesmum podocarpum*（DC.）H. Ohashi
et R. R. mill …… 34
葛 Pueraria montana（Lour.）Merr. …… 35
密子豆 *Pycnospora lutescens*（Poir.）Schindl. …… 36
鹿藿 *Rhynchosia volubilis* Lour. …… 37
田菁 *Sesbania cannabina*（Retz.）Poir. …… 38
赤小豆 *Vigna umbellata*（Thunb.）Ohwi et H. Ohashi …… 39
野豇豆 *Vigna vexillata*（Linn.）A. Rich. …… 40
贼小豆 *Vignaminima*（Roxb.）Ohwi et H. Ohashi …… 41
丁癸草 *Zornia gibbosa* Span. …… 42

二、禾本科 Gramineae（Poaceae）…… 43

长芒看麦娘 *Alopecurus longiaristatus* maxim. …… 43
水蔗草 *Apludamutica* L. …… 44
荩草 *Arthraxon hispidus*（Thunb.）makino …… 45
矛叶荩草 *Arthraxon prionodes*（Steud.）Dandy …… 46
刺芒野古草 *Arundinella setosa* Trin. …… 47
毛秆野古草 *Arundinella hirta*（Thunb.）Tanaka …… 48
石芒草 *Arundinella nepalensis* Trin. …… 49
溪边野古草 *Arundinella fluviatilis* Hand. -Mazz. …… 50
野古草 *Arundinella hirta* var. *hirta* …… 51

芦竹 *Arundo donax* L. …… 52
白羊草 *Bothriochloa ischaemum*（L.）Keng …… 53
臭根子草 *Bothriochloa bladhii*（Retz.）S. T. Blake …… 54
四生臂形草 *Brachiaria subquadripara*（Trin.）Hitchc. …… 55
拂子茅 *Calamagrostis epigeios*（L.）Roth var. *epigeios* …… 56
细柄草 *Capillipedium parviflorum*（R. Br.）Stapf …… 57
硬秆子草 *Capillipedium assimile*（Steud.）A. Camus …… 58
酸模芒 *Centotheca lappacea*（L.）Desv. …… 59
薏苡 *Coix lacryma－jobi* L. …… 60
蒲苇 *Cortaderia selloana*（Schult. et Schult. f.）Asch. et Graebn. …… 61
扭鞘香茅 *Cymbopogon tortilis*（J. Presl）A. Camus …… 62
狗牙根 *Cynodon dactylon*（L.）Pers. …… 63
弓果黍 *Cyrtococcum patens*（L.）A. Camus …… 64
龙爪茅 *Dactyloctenium aegyptium*（L.）P. Beauv. …… 65
疏穗野青茅 *Deyeuxia effusiflora* Rendle …… 66
野青茅 *Deyeuxia pyramidalis*（Host）Veldkamp …… 67
双花草 *Dichanthium annulatum*（Forssk.）Stapf …… 68
红尾翎 *Digitaria radicosa*（J. Presl）miq. …… 69
毛马唐 *Digitaria ciliaris*（Retz.）Koeler var. *chrysoblephara*（Fig. et De Not.）R. R. Stewart …… 70
紫马唐 *Digitaria violascens* Link …… 71
福建薄稃草 *Digitaria fujianensis*（L. Liu）S. M. Phillips et S. L. Chen …… 72
觿茅 *Dimeria ornithopoda* Trin. …… 73
稗 *Echinochloa crusgalli*（L.）P. Beauv. …… 74
光头稗 *Echinochloa colona*（L.）Link …… 75
水田稗 *Echinochloa oryzoides*（Ard.）Fritsch …… 76
紫穗稗 *Echinochloa esculenta*（A. Braun）H. Scholz …… 77
水稗子 *Beckmannia syzigachne*（Steud.）Fernald …… 78
牛筋草 *Eleusine indica*（L.）Gaertn. …… 79
华南画眉草 *Eragrostis nevinii* Hance …… 80
鲫鱼草 *Eragrostis tenella*（L.）P. Beauv. ex Roem. et Schult. …… 81
乱草 *Eragrostis japonica*（Thunb.）Trin. …… 82
牛虱草 *Eragrostis unioloides*（Retz.）Nees ex Steud. …… 83

宿根画眉草 *Eragrostis perennans* Keng …… 84
长画眉草 *Eragrostis zeylanica* Nees etmeyen …… 85
假俭草 *Eremochloa ophiuroides* (Munro) Hack. …… 86
马陆草 *Eremochloa zeylanica* (Hack. ex Trimen) Hack. …… 87
鹧鸪草 *Eriachne pallescens* R. Br. …… 88
野黍 *Eriochloa villosa* (Thunb.) Kunth …… 89
金茅 *Eulalia speciosa* (Debeaux) Kuntze …… 90
四脉金茅 *Eulalia quadrinervis* (Hack.) Kuntze …… 91
扁穗牛鞭草 *Hemarthria compressa* (L. f.) R. Br. …… 92
膜稃草 *Hymenachne amplexicaulis* (Rudge) Nees …… 93
白茅 Imperata cylindrica (L.) Raeusch. …… 94
柳叶箬 *Isachne globosa* (Thunb.) Kuntze …… 95
田间鸭嘴草 *Ischaemum rugosum* Salisb. …… 96
细毛鸭嘴草 *Ischaemum ciliare* Retz. …… 97
鸭嘴草 *Ischaemum aristatum* L. var. *glaucum* (Honda) T. Koyama …… 98
李氏禾 *Leersia hexandra* Sw …… 99
蓉草 *Leersia oryzoides* (L.) Sw. …… 100
千金子 *Leptochloa chinensis* (L.) Nees …… 101
淡竹叶 *Lophatherum gracile* Brongn. …… 102
刚莠竹 *Microstegium ciliatum* (Trin.) A. Camus …… 103
柔枝莠竹 *Microstegium vimineum* (Trin.) A. Camus …… 104
竹叶茅 *Microstegium nudum* (Trin.) A. Camus …… 105
荻 *Miscanthus sacchariflorus* (Maxim.) Hack. …… 106
芒 *Miscanthus sinensis* Andersson …… 107
五节芒 *Miscanthus floridulus* (Labill.) Warb. ex K. Schum. et Lauterb. …… 108
河八王 *Saccharum narenga* (Nees ex Steud.) Wall. ex Hack. …… 109
金猫尾 *Saccharum fallax* Balansa …… 110
类芦 *Neyraudia reynaudiana* (Kunth) Keng ex Hitchc. …… 111
求米草 *Oplismenus undulatifolius* (Ard.) P. Beauv. …… 112
竹叶草 *Oplismenus compositus* (L.) P. Beauv. …… 113
短叶黍 *Panicum brevifolium* L. …… 114
糠稷 *Panicum bisulcatum* Thunb. …… 115
南亚稷 *Panicum walense* mez …… 116

铺地黍 *Panicum repens* L. …… 117
细柄黍 *Panicum sumatrense* Roth ex Roem. et Schult. …… 118
毛花雀稗 *Paspalum dilatatum* Poir. …… 119
囡雀稗 *Paspalum scrobiculatum* L. var. *bispicatum* Hack. …… 120
双穗雀稗 *Paspalum distichum* L. …… 121
圆果雀稗 *Paspalum scrobiculatum* L. var. *orbiculare*
(G. Forst.) Hack. …… 122
长叶雀稗 *Paspalum longifolium* Roxb. …… 123
狼尾草 *Pennisetum alopecuroides* (L.) Spreng. …… 124
显子草 *Phaenosperma globosam* unro ex Benth. …… 125
芦苇 *Phragmites australis* (Cav.) Trin. ex Steud. …… 126
水竹 *Phyllostachys heteroclada* Oliv. …… 127
白顶早熟禾 *Poa acroleuca* Steud. …… 128
金丝草 *Pogonatherum crinitum* (Thunb.) Kunth …… 129
长稃伪针茅 *Pseudoraphis balansae* Henrard …… 130
鹅观草 *Elymus kamoji* (Ohwi) S. L. Chen …… 131
筒轴茅 *Rottboellia cochinchinensis* (Lour.) Clayton …… 132
斑茅 *Saccharum arundinaceum* Retz. …… 133
甜根子草 *Saccharum spontaneum* L. …… 134
囊颖草 *Sacciolepis indica* (L.) Chase …… 135
鼠尾囊颖草 *Sacciolepismyosuroides* (R. Br.) Chase
ex E. G. Camus et A. Camus …… 136
红裂稃草 *Schizachyrium sanguineum* (Retz.) Alston …… 137
裂稃草 *Schizachyrium brevifolium* (Sw.) Nees ex Büse …… 138
大狗尾草 *Setaria faberii* R. A. W. Herrm. …… 139
莩草 *Setaria chondrachne* (Steud.) Honda …… 140
狗尾草 *Setaria viridis* (L.) P. Beauv. …… 141
金色狗尾草 *Setaria glauca* (L.) P. Beauv. …… 142
莠狗尾草 *Setaria geniculata* (Lam.) P. Beauv. …… 143
皱叶狗尾草 *Setaria plicata* (Lam.) T. Cooke …… 144
棕叶狗尾草 *Setaria palmifolia* (J. Koenig) Stapf …… 145
光高粱 *Sorghum nitidum* (Vahl) Pers. …… 146
拟高粱 *Sorghum propinquum* (Kunth) Hitchc. …… 147
稗荩 *Sphaerocaryummalaccense* (Trin.) Pilg. …… 148
大油芒 *Spodiopogon sibiricus* Trin. …… 149

鼠尾粟 *Sporobolus fertilis* (Steud.) Clayton …… 150
苞子草 *Themeda caudata* (Nees) A. Camus …… 151
黄背草 *Themeda triandra* Forssk. …… 152
菅 *Themeda villosa* (Poir.) A. Camus …… 153
草沙蚕 *Tripogon bromoides* Roem. et Schult. var. *bromoides* …… 154
光尾稃草 *Urochloa reptans* (L.) Stapf var. *glabra* S. L. Chen et Y. X. Jin …… 155
菰 *Zizania latifolia* (Griseb.) Stapf …… 156
中华结缕草 *Zoysia sinica* Hance …… 157

三、菊科 Compositae (Asteraceae) …… 158

下田菊 *Adenostemma lavenia* (L.) Kuntze …… 158
藿香蓟 *Ageratum conyzoides* L. …… 159
灯台兔儿风 *Ainsliaeamacroclinidioides* Hayata …… 160
细穗兔儿风 *Ainsliaea spicata* Vaniot …… 161
黄花蒿 *Artemisia annua* L. …… 162
蒌蒿 *Artemisia selengensis* Turcz. ex Besser …… 163
奇蒿 *Artemisia anomala* S. moore …… 164
三脉紫菀 *Aster ageratoides* Turcz. …… 165
鬼针草 *Bidens pilosa* L. …… 166
狼杷草 *Bidens tripartita* L. …… 167
球菊 *Epaltes australis* Less. …… 168
天名精 *Carpesium abrotanoides* L. …… 169
石胡荽 *Centipedaminima* (L.) A. Braun et Asch. …… 170
蓟 *Cirsium japonicum* Fisch. ex DC. …… 171
小蓬草 *Conyza canadensis* (L.) Cronquist …… 172
山芫荽 *Cotula hemisphaerica* Wall. …… 173
野茼蒿 *Crassocephalum crepidioides* (Benth.) S. moore …… 174
野菊 *Chrysanthemum indicum* L. …… 175
地胆草 *Elephantopus scaber* L. …… 176
一点红 *Emilia sonchifolia* (L.) DC. …… 177
一年蓬 *Erigeron annuus* (L.) Pers. …… 178
林泽兰 *Eupatorium lindleyanum* DC. …… 179
大吴风草 *Farfugium japonicum* (L.) Kitam. …… 180
粗毛牛膝菊 *Galinsoga quadriradiata* Ruiz et Pav. …… 181

鼠麴草 *Gnaphalium affine* D. Don …… 182
细叶鼠麴草 *Gnaphalium japonicum* Thunb. …… 183
红风菜 *Gynura bicolor* (Roxb. ex Willd.) DC. …… 184
泥胡菜 *Hemistepta lyrata* (Bunge) Bunge …… 185
苦荬菜 *Ixeris polycephala* Cass. …… 186
抱茎小苦荬 *Ixeridium sonchifolium* (Maxim.) C. Shih …… 187
马兰 *Kalimeris indica* (L.) Sch.-Bip. …… 188
林生假福王草 *Paraprenanthes sylvicola* C. Shih …… 189
翅果菊 *Pterocypsela indica* (L.) C. Shih …… 190
三角叶风毛菊 *Saussurea deltoidea* (DC.) Sch.-Bip. …… 191
千里光 *Senecio scandens* Buch.-Ham. ex D. Don …… 192
虾须草 *Sheareria nana* S. moore …… 193
豨莶 *Siegesbeckia orientalis* L. …… 194
蒲儿根 *Sinosenecio oldhamianus* (Maxim.) B. Nord. …… 195
武夷蒲儿根 *Sinosenecio wuyiensis* Y. L. Chen …… 196
裸柱菊 *Soliva anthemifolia* (Juss.) R. Br. …… 197
金钮扣 *Spilanthes paniculata* Wall. ex DC. …… 198
金腰箭 *Synedrella nodiflora* (L.) Gaertn. …… 199
山牛蒡 *Synurus deltoides* (Aiton) Nakai …… 200
苍耳 *Xanthium sibiricum* Patrin ex Widder …… 201
黄鹌菜 *Youngia japonica* (L.) DC. …… 202

四、莎草科 Cyperaceae …… 203

球柱草 *Bulbostylis barbata* (Rottb.) C. B. Clarke …… 203
白颖薹草 *Carex duriuscula* C. A. mey. subsp. *rigescens* (Franch.) S. Yun Liang et Y. C. Tang …… 204
广东薹草 *Carex adrienii* E. G. Camus …… 205
花葶薹草 *Carex scaposa* C. B. Clare …… 206
灰化薹草 *Carexmicrantha* Kük. …… 207
浆果薹草 *Carex baccans* Nees …… 208
镜子薹草 *Carex phacota* Spreng. …… 209
刘氏薹草 *Carex liouana* F. T. Wang et Tang …… 210
青绿薹草 *Carex breviculmis* R. Br. …… 211
十字薹草 *Carex cruciata* Wahlenb. …… 212
套鞘薹草 *Carexmaubertiana* Boott …… 213

条穗薹草 *Carex nemostachys* Steud. ……………………………………… 214
矮莎草 *Cyperus pygmaeus* Rottb. ……………………………………… 215
扁穗莎草 *Cyperus compressus* L. ……………………………………… 216
风车草 *Cyperus alternifolius* L. subsp. *flabelliformis*
(Rottb.) Kük. ……………………………………… 217
毛轴莎草 *Cyperus pilosus* Vahl ……………………………………… 218
畦畔莎草 *Cyperus haspan* L. ……………………………………… 219
碎米莎草 *Cyperus iria* L. ……………………………………… 220
香附子 *Cyperus rotundus* L. ……………………………………… 221
异型莎草 *Cyperus difformis* L. ……………………………………… 222
砖子苗 *Mariscus umbellatus* Vahl ……………………………………… 223
短尖飘拂草 *Fimbristylis squarrosa* Vahl var. *esquarrosa* makino ……… 224
两歧飘拂草 *Fimbristylis dichotoma*（L.）Vahl ……………………………… 225
水虱草 *Fimbristylismiliacea*（L.）Vahl ……………………………… 226
黑莎草 *Gahnia tristis* Nees ……………………………………… 227
贝壳叶荸荠 *Heleocharis chaetaria* Roem. et Schult. ……………… 228
龙师草 *Heleocharis tetraquetra* Nees ……………………………………… 229
牛毛毡 *Heleocharis yokoscensis*（Franch. et Sav.）Tang
et F. T. Wang ……………………………………… 230
单穗水蜈蚣 *Kyllingamonocephala* Rottb. ……………………………… 231
鳞籽莎 *Lepidosperma chinense* Nees etmeyen ex Kunth ……………… 232
毛毬细莞 *Lipocarpha squarrosa*（L.）Goetgh. ……………………… 233
矮扁莎 *Pycreus pumilus*（L.）Domin ……………………………………… 234
红鳞扁莎 *Pycreus sanguinolentus*（Vahl）Nees ……………………… 235
球穗扁沙 *Pycreus flavidus*（Retz.）T. Koyama ……………………… 236
刺子莞 *Rhynchospora rubra*（Lour.）makino ……………………… 237
华刺子莞 *Rhynchospora chinensis* Nees etmeyen ……………………… 238
节茎藨草 *Scirpus chunianus* Tang et F. T. Wang ……………………… 239
水葱 *Schoenoplectus tabernaemontani*（CC. Gmel.）Palla ……………… 240
水毛花 *Schoenoplectusmucronatus*（L.）Palla subsp.
robustus（Miq.）T. Koyama ……………………………………… 241
萤蔺 *Schoenoplectus juncoides*（Roxb.）Palla ……………………… 242

五、蓼科 Polygonaceae ……………………………………… 243

短毛金线草 *Antenoron filiforme*（Thunb.）Roberty et

Vautier var. *neofiliforme* (Nakai) A. J. Li ······ 243
金线草 *Antenoron filiforme* (Thunb.) Roberty et Vautier var. *filiforme* ······ 244
金荞麦 *Fagopyrum dibotrys* (D. Don) H. Hara ······ 245
苦荞麦 *Fagopyrum tataricum* (L.) Gaertn. ······ 246
何首乌 *Fallopiamultiflora* (Thunb.) Haraldson ······ 247
赤胫散 *Polygonum runcinatum* Buch.-Ham. ex D. Don var. *sinense* Hemsl. ······ 248
杠板归 *Polygonum perfoliatum* L. ······ 249
红蓼 *Polygonum orientale* L. ······ 250
火炭母 *Polygonum chinense* L. ······ 251
戟叶蓼 *Polygonum thunbergii* Siebold et Zucc. ······ 252
箭叶蓼 *Polygonum sieboldii* meisn. ······ 253
蓼子草 *Polygonum criopolitanum* Hance ······ 254
尼泊尔蓼 *Polygonum nepalense* meisn. ······ 255
水蓼 *Polygonum hydropiper* L. ······ 256
习见蓼 *Polygonum plebeium* R. Br. ······ 257
细叶蓼 *Polygonum taquetii* H. Lév. ······ 258
虎杖 *Reynoutria japonica* Houtt. ······ 259
酸模 *Rumex acetosa* L. ······ 260

六、苋科 Amaranthaceae ······ 261

土牛膝 *Achyranthes aspera* L. ······ 261
莲子草 *Alternanthera sessilis* (L.) DC. ······ 262
刺苋 *Amaranthus spinosus* L. ······ 263
繁穗苋 *Amaranthus cruentus* L. ······ 264
皱果苋 *Amaranthus viridis* L. ······ 265
青葙 *Celosia argentea* L. ······ 266
鸡冠花 *Celosia cristata* L. ······ 267

七、藜科 Chenopodiaceae ······ 268

灰绿藜 *Chenopodium glaucum* L. ······ 268
土荆芥 *Dysphania ambrosioides* (L.) mosyakin et Clemants ······ 269
小藜 *Chenopodium ficifolium* Sm. ······ 270
地肤 *Kochia scoparia* (L.) Schrad. ······ 271

八、其它科 …… 272

粟米草 *Mollugo stricta* L. …… 272
山牵牛 *Thunbergia grandiflora*（Rottler ex Willd.）Roxb. …… 273
盐肤木 *Rhus chinensis* mill. …… 274
华凤仙 *Impatiens chinensis* L. …… 275
黄金凤 *Impatiens siculifer* Hook. f. …… 276
沙参 *Adenophora stricta* miq. …… 277
半边莲 *Lobelia chinensis* Lour. …… 278
臭矢菜 *Arivela viscosa*（L.）Raf. …… 279
金银花 *Lonicera japonica* Thunb. …… 280
接骨草 *Sambucus chinensis* Lindl. …… 281
鹅肠菜 *Myosoton aquaticum*（L.）moench …… 282
鸭跖草 *Commelina communis* …… 283
土丁桂 *Evolvulus alsinoides*（L.） …… 284
长梗毛娥房藤 *Jacquemontia tamnifolia*（L.）Griseb. …… 285
山猪菜 *Merremia umbellata*（L.）Hallier f. subsp. *orientalis*（Hallier f.）Ooststr. …… 286
篱栏网 *Merremia hederacea*（Burm. f.）Hallier f. …… 287
牵牛 *Ipomoea nil*（L.）Roth …… 288
蕹菜 *Ipomoea aquatica* Forssk. …… 289
茑萝松 *Ipomoea quamoclit* L. …… 290
飞蛾藤 *Dinetus racemosus*（Roxb.）Buch.-Ham. ex Sweet …… 291
广州焯菜 *Rorippa cantoniensis*（Lour.）Ohwi …… 292
风花菜 *Rorippa globosa*（Turcz.）Hayek …… 293
谷精草 *Eriocaulon buergerianum* Körn. …… 294
斑地锦 *Euphorbiamaculata* L. …… 295
飞扬草 *Euphorbia hirta* L. …… 296
白饭树 *Flueggea virosa*（Roxb. ex Willd.）Voigt …… 297
白背叶 *Mallotus apelta*（Lour.）müll.-Arg. …… 298
叶下珠 *Phyllanthus urinaria* L. …… 299
乌桕 *Sapium sebiferum*（L.）Roxb. …… 300
地耳草 *Hypericum japonicum* Thunb. exmurray …… 301
元宝草 *Hypericum sampsonii* Hance …… 302
马泡瓜 *Cucumismelo* L. var. *agrestis* Naudin …… 303

矮小山麦冬 *Liriopeminor* (Maxim.) makino …… 304
阔叶山麦冬 *Liriopemuscari* (Decne.) L. H. Bailey …… 305
油点草 *Tricyrtismacropoda* miq. …… 306
海金沙 *Lygodium japonicum* (Thunb.) Sw. …… 307
圆叶节节菜 *Rotala rotundifolia* (Buch. -Ham. ex Roxb.) Koehne …… 308
磨盘草 *Abutilon indicum* (Linn.) Sweet …… 309
赛葵 *Malvastrum coromandelianum* (Linn.) Garcke …… 310
黄花稔 *Sida acuta* Burm. f. …… 311
榛叶黄花稔 *Sida subcordata* Span. …… 312
地桃花 *Urena lobata* Linn. …… 313
梵天花 *Urena procumbens* Linn. var. *procumbens* …… 314
苹 *Marsilea quadrifolia* L. …… 315
地菍 *Melastoma dodecandrum* Lour. …… 316
朝天罐 *Osbeckia opipara* C. Y. Wu et C. Chen …… 317
轮环藤 *Cyclea racemosa* Oliv. …… 318
粪箕笃 *Stephania longa* Lour. …… 319
葎草 *Humulus scandens* (Lour.) merr. …… 320
岗松 *Baeckea frutescens* L. …… 321
桃金娘 *Rhodomyrtus tomentosa* (Aiton) Hassk. …… 322
柳叶菜 *Epilobium hirsutum* L. …… 323
水龙 *Ludwigia adscendens* (L.) H. Hara …… 324
草龙 *Ludwigia hyssopifolia* (G. Don) Exell …… 325
卵叶丁香蓼 *Ludwigia ovalis* miq. …… 326
毛草龙 *Ludwigia octovalvis* (Jacq.) P. H. Raven …… 327
裂叶月见草 *Oenothera laciniata* Hill …… 328
酢浆草 *Oxalis corniculata* L. …… 329
车前 *Plantago asiatica* L. …… 330
凤眼蓝 *Eichhornia crassipes* (Mart.) Solms …… 331
鸭舌草 *Monochoria vaginalis* (Burm. f.) C. Presl …… 332
过路黄 *Lysimachia christinae* Hance …… 333
红根草 *Lysimachia fortunei* maxim. …… 334
阔叶丰花草 *Borreria latifolia* (Aubl.) K. Schum. …… 335
猪殃殃 *Galium spurium* L. …… 336
白花蛇舌草 *Hedyotis diffusa* Willd. …… 337
金毛耳草 *Hedyotis chrysotricha* (Palib.) merr. …… 338

玉叶金花 *Mussaenda pubescens* WT. Aiton …… 339
鸡矢藤 *Paederia scandens* (Lour.) merr. var. *scandens* …… 340
毛鸡矢藤 *Paederia scandens* var. *tomentosa* (Blume) Hand. -Mazz. …… 341
东南茜草 *Rubia argyi* (H. Lév. et Vaniot) H. Hara ex Lauener et D. K. Ferguson …… 342
鱼腥草 *Houttuynia cordata* Thunb. …… 343
蜡莲绣球 *Hydrangea strigosa* Rehder …… 344
圆锥绣球 *Hydrangea paniculata* Siebold …… 345
白花水八角 *Gratiola japonica* miq. …… 346
长蒴母草 *Lindernia anagallis* (Burm. f.) Pennell …… 347
通泉草 *Mazus fauriei* (Thunb.) Kuntze …… 348
沙氏鹿茸草 *Monochasma savatieri* Franch. exmaxim. …… 349
长叶蝴蝶草 *Torenia asiatica* L. …… 350
紫萼蝴蝶草 *Torenia violacea* (Azaola ex Blanco) Pennell …… 351
枸杞 *Lycium chinense* mill. …… 352
灯笼果 *Physalis peruviana* L. …… 353
白英 *Solanum lyratum* Thunb. …… 354
少花龙葵 *Solanum americanum* mill. …… 355
珊瑚樱 *Solanum pseudocapsicum* L. …… 356
水茄 *Solanum torvum* Sw. …… 357
龙珠 *Tubocapsicum anomalum* (Franch. et Sav.) makino …… 358
山芝麻 *Helicteres angustifolia* L. …… 359
马松子 *Melochia corchorifolia* L. …… 360
甜麻 *Corchorus aestuans* L. …… 361
积雪草 *Centella asiatica* (L.) Urb. …… 362
蛇床 *Cnidiummonnieri* (L.) Cusson …… 363
鸭儿芹 *Cryptotaenia japonica* Hassk. f. *japonica* …… 364
肾叶天胡荽 *Hydrocotyle wilfordi* maxim. …… 365
悬铃叶苎麻 *Boehmeria tricuspis* (Hance) makino …… 366
苎麻 *Boehmeria nivea* (L.) Gaudich. …… 367
楼梯草 *Elatostema involucratum* Franch. et Sav. …… 368
糯米团 *Gonostegia hirta* (Blume) miq. …… 369
赤车 *Pellionia radicans* (Siebold et Zucc.) Wedd. …… 370
雾水葛 *Pouzolzia zeylanica* (L.) Benn. …… 371

攀倒甑 *Patrinia villosa* (Thunb.) Juss. …… 372
臭牡丹 *Clerodendrum bungei* Steud. …… 373
大青 *Clerodendrum cyrtophyllum* Turcz. …… 374
臭茉莉 *Clerodendrum chinense* (Osbeck) mabb. var. *simplex* (Moldenke) S. L. Chen …… 375
马鞭草 *Verbena officinalis* L. …… 376
黄荆 *Vitex negundo* L. …… 377
单叶蔓荆 *Vitex rotundifolia* L. f. …… 378
紫花地丁 *Viola philippica* Cav. …… 379
乌蔹莓 *Cayratia japonica* (Thunb.) Gagnep. …… 380

九、附录 …… 381

窄叶泽泻 *Alisma canaliculatum* A. Braun et C. D. Bouché …… 381
膜果泽泻 *Alisma lanceolatum* With. …… 382
冠果草 *Sagittaria guyanensis* Kunth subsp. *lappula* (D. Don) C. Bojin …… 383
石蒜 *Lycoris radiata* (L' Hér.) Herb. …… 384
石菖蒲 *Acorus tatarinowii* Schott …… 385
金鱼藻 *Ceratophyllum demersum* L. …… 386
木贼 *Equisetum hyemale* L. …… 387
芒萁 *Dicranopteris pedata* (Houtt.) Nakaike …… 388
狐尾藻 *Myriophyllum verticillatum* L. …… 389
黑藻 *Hydrilla verticillata* (Linn. f.) Royle …… 390
龙舌草 *Ottelia alismoides* (Linn.) Pers. …… 391
苦草 *Vallisneria natans* (Lour.) H. Hara …… 392
灯心草 *Juncus effusus* L. …… 393
笄石菖 *Juncus prismatocarpus* R. Br. …… 394
风轮菜 *Clinopodium chinense* (Benth.) Kuntze …… 395
紫花香薷 *Elsholtzia argyi* H. Lév. …… 396
东紫苏 *Elsholtzia bodinieri* Vaniot …… 397
广防风 *Anisomeles indica* (L.) Kuntze …… 398
益母草 *Leonurus japonicus* Houtt. …… 399
石荠苎 *Mosla scabra* (Thunb.) C. Y. Wu et H. W. Li …… 400
丁香罗勒 *Ocimum gratissimum* L. …… 401
紫苏 *Perilla frutescens* (L.) Britton …… 402

荔枝草 *Salvia plebeia* R. Br. …… 403
南方狸藻 *Utricularia australis* R. Br. …… 404
薤白 *Alliummacrostemon* Bunge …… 405
醉鱼草 *Buddleja lindleyana* Fortune …… 406
石松 *Lycopodium japonicum* Thunb. exmurray …… 407
血水草 *Eomecon chionantha* Hance …… 408
博落回 *Macleaya cordata*（Willd.）R. Br. …… 409
莼菜 *Brasenia schreberi* J. F. Gmel. …… 410
芡实 *Euryale ferox* Salisb. …… 411
萍蓬草 *Nuphar pumilum*（Timm）DC. …… 412
商陆 *Phytolacca acinosa* Roxb. …… 413
龙芽草 *Agrimonia pilosa* Ledeb. …… 414
野山楂 *Crataegus cuneata* Siebold et Zucc. …… 415
蛇含委陵菜 *Potentilla kleiniana* Wight et Arn. …… 416
金樱子 *Rosa laevigata* michx. …… 417
槐叶苹 *Salvinia natans*（L.）All. …… 418
翠云草 *Selaginella uncinata*（Desv.）Spring …… 419
了哥王 *Wikstroemia indica*（Linn.）C. A. mey. …… 420
细果野菱 *Trapa incisa* Siebold et Zucc. …… 421
水烛 *Typha angustifolia* L. …… 422

一、豆科 Leguminosae (Fabaceae)

合萌 *Aeschynomene indica* Linn.

形态特征：合萌属一年生草本植物或亚灌木。植株直立，高0.3～1m；多分枝，圆柱形，无毛，具小凸点而稍粗糙，小枝绿色。羽状复叶，小叶20～30对；托叶膜质，卵形至披针形，长约1cm，基部下延成耳状，通常有缺刻或啮蚀状；小叶近无柄，薄纸质，线状长圆形，上面密布腺点，下面稍带白粉，先端钝圆或微凹，具细刺尖头，基部歪斜，全缘；小托叶极小。总状花序，比叶短，腋生；小苞片卵状披针形，宿存；花萼膜质，具纵脉纹，无毛；花冠淡黄色，具紫色的纵脉纹，易脱落；旗瓣大，近圆形，基部具极短的瓣柄；翼瓣篦状；龙骨瓣比旗瓣稍短，比翼瓣稍长或近相等；雄蕊二体；子房扁平，线形。荚果线状长圆形，直或弯曲，腹缝直，背缝多少呈波状；平滑或中央有小疣凸，不开裂，成熟时逐节脱落；种子黑棕色，肾形。花期7—8月，果期8—10月。

生　境

生境：生长于旷野、荒地、溪沟边、河岸、湖泊滩地、园地及路旁。

产地：江西全省常见。

分布：江西、广东、广西、贵州、河北、河南、湖北、湖南、吉林、江苏、辽宁、山东、四川、云南、台湾、香港等省区。

植　株

花与果

合欢 *Albizia julibrissin* Durazz.

形态特征：合欢属落叶乔木，高可达 16m。树冠开展，小枝有棱角，嫩枝、花序和叶轴被绒毛或短柔毛。二回羽状复叶，托叶线状披针形，较小叶小，早落；总叶柄近基部及最顶一对羽片着生处各有 1 枚腺体；羽片 4～12 对，栽培的达 20 对；小叶 10～30 对，线形至长圆形，向上偏斜，先端有小尖头，有缘毛，有时在下面或仅中脉上有短柔毛；中脉紧靠上边缘。头状花序于枝顶排成圆锥花序；花粉红色；花萼管状；花冠长 8mm，裂片三角形，花萼、花冠外均被短柔毛。荚果带状，嫩荚有柔毛，老荚无毛。花期 6—7 月，果期 8—10 月。本种生长迅速，耐砂质土及干燥气候，嫩叶牛羊可食。

花与叶

生境：生长于旷野山坡、荒地、溪沟边、河岸及路旁。

产地：江西全省常见。

分布：我国华南至东北及西南部各省区均有分布；非洲、中亚至东亚有分布，北美亦有栽培。

植　株

链荚豆 *Alysicarpus vaginalis*（L.）DC.

植　株

形态特征：链荚豆属多年生草本植物。簇生或基部多分枝。茎平卧或上部直立，高 30～90cm，无毛或稍被短柔毛。叶仅有单小叶；托叶线状披针形，干膜质，具条纹，无毛，与叶柄等长或稍长；叶柄无毛；小叶形状及大小变化很大，茎上部小叶通常为卵状长圆形、长圆状披针形至线状披针形，长 3～6.5cm、宽 1～2cm，下部小叶为心形、近圆形或卵形，上面无毛，下面稍被短柔毛，全缘，侧脉 4～5 条，稍清晰。总状花序腋生，有花 6～12 朵，成对排列于节上，节间长 2～5mm；苞片膜质，卵状披针形；花梗 5；花萼膜质，比第一个荚节稍长，5 裂，裂片较萼筒长；花冠紫蓝色，略伸出于萼外，旗瓣宽，倒卵形；子房被短柔毛，有胚珠 4～7。荚果扁圆柱形，被短柔毛，有不明显皱纹；荚节 4～7，荚节间不收缩，但分界处有略隆起线环。花期 9 月，果期 9—11 月。

生境：多生长于空旷坡地、荒地、园地边、路旁及河滩、海边沙地。

产地：赣南常见。

分布：江西、福建、广东、海南、广西、云南及台湾等省区；东半球热带地区广布。

生　境

两型豆 *Amphicarpaea edgeworthii* Benth.

荚与叶

形态特征：两型豆属一年生缠绕草本植物。茎纤细，被淡褐色柔毛。羽状三出复叶；托叶小，披针形或卵状披针形，具明显线纹；小叶薄纸质或近膜质，小托叶极小，常早落；顶生小叶菱状卵形或扁卵形，先端钝，常具细尖头，基部圆形，上面绿色，下面淡绿色，两面常被贴伏的柔毛，基出3脉，纤细，小叶柄短；侧生小叶稍小，常偏斜。花二型。生在茎上部的为正常花，腋生，腋内通常具花1朵；2～7朵花排成短总状花序，各部被淡褐色长柔毛；苞片近膜质，卵形至椭圆形，具线纹多条，花梗纤细；花萼管状，5裂，裂片不等；花冠淡紫色或白色，各瓣近等长；旗瓣倒卵形，具瓣柄，两侧具内弯的耳；翼瓣长圆形，亦具瓣柄和耳；龙骨瓣与翼瓣近似，先端钝，具长瓣柄；雄蕊二体，子房被毛。生于茎下部的为闭锁花，无花瓣，柱头弯至与花药接触，子房伸入地下结实。荚果二型。茎上部完全花所结的荚果为长圆形或倒卵状长圆形，扁平，微弯，被淡褐色柔毛，以背、腹缝线上的毛较密；种子2～3粒，肾状圆形，黑褐色，种脐小。茎下部闭锁花所结的荚果呈椭圆形或近球形，不开裂，内含1粒种子。花、果期8—11月。

生境：生长于山地边、坡路旁及旷野草地。

产地：赣西山地宜丰、铜鼓可见。

分布：我国东北、华北至陕西、甘肃及江南各省区。

根

紫云英 *Astragalus sinicus* L.

花

形态特征：黄耆属一年生草本植物。多分枝，匍匐，高 10～30cm，被白色疏柔毛。奇数羽状复叶，叶柄较叶轴短；托叶离生，卵形，先端尖，基部互相多少合生，具缘毛；小叶具短柄，倒卵形或椭圆形，先端钝圆，基部宽楔形，上面近无毛，下面散生白色柔毛。总状花序，具 5～10 朵花；总花梗腋生，较叶长；苞片三角状卵形；花梗短；花萼钟状，被白色柔毛，萼齿披针形，长约为萼筒的 1/2；花冠紫红色或橙黄色，旗瓣倒卵形，先端微凹，基部渐狭成瓣柄；翼瓣较旗瓣短，瓣片长圆形，基部具短耳，瓣柄长约为瓣片的 1/2；龙骨瓣与旗瓣近等长，瓣片半圆形，瓣柄长约等于瓣片的 1/3；子房无毛或疏被白色短柔毛，具短柄。荚果线状长圆形，稍弯曲，具短喙，黑色，具隆起的网纹；种子肾形，栗褐色。花期 2—6 月，果期 3—7 月。

生境：生长于山脚、荒地、溪边、路旁及荒芜低洼潮湿地。

产地：江西全省常见。

分布：长江流域各省区。

叶

首冠藤 *Bauhinia corymbosa* Roxb. ex DC.

植 株

形态特征：羊蹄甲属木质藤本植物。嫩枝、花序和卷须的一面被红棕色小粗毛；成熟枝纤细，无毛；卷须单生或成对。叶柄纤细；叶纸质，近圆形，长和宽2～3cm，自先端深裂达叶长的3/4，裂片先端圆，基部近截平，两面无毛；基出脉7条。伞房花序式的总状花序顶生于侧枝上，多花，具短的总花梗；苞片和小苞片锥尖；花芳香；花蕾卵形，急尖，与纤细的花梗同被红棕色小粗毛；花托纤细；萼片外面被毛，开花时反折；花瓣白色，有粉红色脉纹，阔匙形或近圆形，外面中部被丝质长柔毛，边缘皱曲，具短瓣柄；能育雄蕊3枚，花丝淡红色；退化雄蕊2～5枚；子房具柄，无毛，柱头阔，截形。荚果带状长圆形，扁平，直或弯曲，具果茎，果瓣厚革质；种子十余颗，长圆形，褐色。花期4—6月，果期9—12月。

生境：生于疏林、山林边坡、林缘及阳坡山地。

产地：赣中以南地区常见。

分布：江西、广东、海南等省区。

生 境

绒毛叶杭子梢 *Campylotropis pinetorum*（Kurz）Schindl. subsp. *velutina*（Dunn）H. Ohashi

形态特征： 杭子梢属灌木，高 1～3m。枝粗壮，具棱，密被绒毛，有时老枝毛很少。羽状三出复叶；托叶卵状三角形渐尖至披针状钻形，被绒毛；叶柄密生绒毛；小叶长圆形、狭长圆形、卵状长圆形、长圆状倒卵形等，先端圆形或微凹，基部圆形；正面绿色，被极短的短绒毛，有时毛渐脱落而仅具短柔毛，背面灰色、密被绒毛；叶脉网状，明显隆起。总状花序，单一腋生并顶生，有时有分枝；花轴及总花梗密被绒毛，常于顶部形成密集的圆锥花序；苞片狭披针形或线状披针形，早落；花梗密生开展的长柔毛；小苞片近线形，迟落；花萼狭钟形或钟形，通常被淡赤褐色而有光泽的长毛，萼裂片披针状钻形或钻形，上方萼裂片大部分合生；花冠带淡红色或近白色或带淡绿黄色，龙骨瓣呈钝角内弯，通常斜向上方，瓣片基部近截形，稍有耳或有明显的耳，瓣片上部通常比瓣片下部稍短。荚果椭圆形或长圆状椭圆形，两端渐狭，先端近锐尖，果茎短，通常被开展的短柔毛或长柔毛。花、果期 12 月至第二年 4 月。

生境： 生于灌丛山坡、林缘、疏林下、溪沟边及开阔的草坡地。

产地： 赣北地区可见。

分布： 江西、贵州、云南、广西等省区。

花　序

柄腺山扁豆 *Chamaecrista pumila*（Lam.）V. Singh

植　株

形态特征： 山扁豆属多年生亚灌木状披散草本植物。基部木质化，高25～75cm，多分枝；枝条、叶柄、叶轴被疏柔毛。羽状复叶，叶柄上端、最下一对小叶下方有具柄的腺体1枚；小叶无柄，12～20对，线状镰形，顶端有小凸尖，基部近圆形；中脉靠近叶的上缘；托叶线状锥形，渐尖，有明显的肋条。花腋生，组成总状花序；总花梗顶端有小苞片2枚；萼片卵状长圆形，顶端渐尖，外面被微柔毛；花瓣黄色，卵形，有柄，短于萼片；雄蕊5枚，花药长圆形；子房无柄，被毛。荚果扁平而直，被疏柔毛，种子10～20颗。花期8—9月，果期10—12月。

生境： 生长于荒野草地、灌丛山地及空旷荒地。

产地： 江西全省常见。

分布： 江西、广东、云南等省；印度、中南半岛、马来西亚、澳大利亚也有分布。

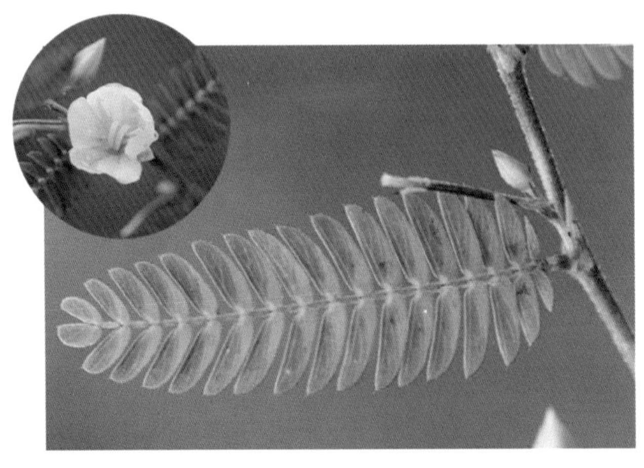
叶

含羞草决明 *Chamaecristamimosoides*（Linn.）Greene

形态特征： 山扁豆属一年生或多年生亚灌木状草本植物。高 30～60cm，多分枝；枝条纤细，被微柔毛。羽状复叶，在叶柄的上端、最下一对小叶的下方有圆盘状腺体 1 枚；小叶无柄，20～50 对，线状镰形，顶端短急尖，两侧不对称，中脉靠近叶的上缘，干时呈红褐色；托叶线状锥形，有明显肋条，宿存。花序腋生，数朵聚生不等，总花梗顶端有 2 枚小苞片；萼顶端急尖，外被疏柔毛；花瓣黄色，不等大，具短柄，略长于萼片；雄蕊 10 枚，5 长 5 短相间而生。荚果镰形，扁平；种子 10～16 颗。花果期通常8—10 月。

果

生境： 生长于旷野草地、荒地、园地、田埂、路边及林缘。耐旱又耐瘠，是良好的覆盖植物、绿肥植物和改土植物。

产地： 江西全省常见。

分布： 我国东南部、南部至西南部广泛分布。

植　株

决明 *Senna tora*（Linn.）Roxb.

叶

形态特征：番泻决明属一年生亚灌木状草本植物。植株高1～2m，直立、粗壮。羽状复叶，长4～8cm；叶柄上无腺体；叶轴上每对小叶间各有棒状腺体1枚；小叶3对，膜质，倒卵形，顶端圆钝而有小尖头，基部渐狭，偏斜，正面被稀疏柔毛，背面被柔毛；托叶线状，被柔毛，早落。花腋生，通常2朵聚生；花梗长1～1.5cm，丝状；萼片稍不等大，卵形，膜质，外面被柔毛；花瓣黄色，下面2片略长；能育雄蕊7枚，花药四方形，顶孔开裂，花丝短于花药；子房无柄，被白色柔毛。荚果纤细，近四棱形，两端渐尖，长达15cm、宽3～4mm，膜质；种子约25颗，菱形，光亮。花果期8—11月。

生境：生于山坡、旷野、荒地、园地、路旁及河滩、河岸。

产地：江西全省常见。

分布：我国长江以南各省区普遍分布；全世界热带、亚热带地区有分布。

植　株

望江南 *Senna occidentalis*（Linn.）Link

果

形态特征： 番泻决明属亚灌木或灌木。植株高 0.8～1.5m，直立、少分枝，无毛；枝带草质，有棱；根黑色。羽状复叶，长约 20cm；叶柄近基部有大而带褐色、圆锥形的腺体 1 枚；小叶 4～5 对，膜质，卵形至卵状披针形，顶端渐尖，有小缘毛，揉之有腐败气味；小叶柄长 1～1.5mm；托叶膜质，卵状披针形，早落。花数朵组成伞房状总状花序，腋生和顶生，长约 5cm；苞片线状披针形或长卵形，长渐尖，早脱；萼片不等大，外生的近圆形，内生的卵形；花瓣黄色，外生的卵形，顶端圆形，均有短狭的瓣柄；雄蕊 7 枚发育，3 枚不育（无花药）。荚果带状镰形，褐色，压扁，稍弯曲，边较淡色，加厚，有尖头；种子 30～40 颗，种子间有薄隔膜。花期 4—8 月，果期 6—10 月。

生境： 多生长于湖边、河滩、旷野、荒地、疏林地及溪、沟、塘边低洼湿地。

产地： 江西全省常见。

分布： 我国东南部、南部及西南部各省区；原产美洲热带地区，现广布全世界热带和亚热带地区。

生　境

假地豆 *Desmodium heterocarpon*（L.）DC.

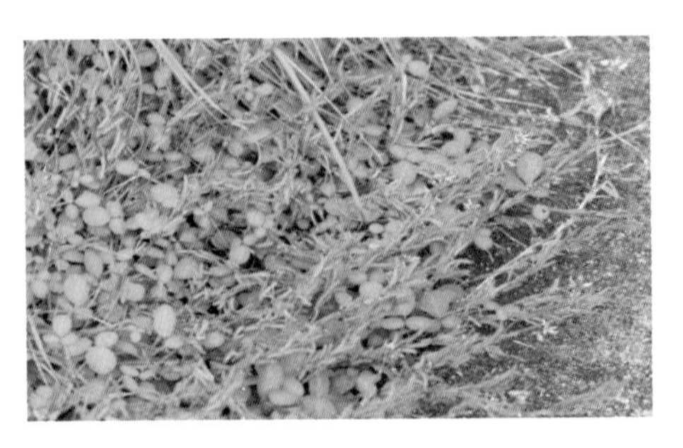

花、果

形态特征：山蚂蟥属小灌木。茎直立或平卧，高 30～150cm，基部多分枝，多少被糙伏毛，后变无毛。羽状三出复叶，托叶宿存，狭三角形，先端长尖，基部宽；叶柄长 1～2cm，略被柔毛；小叶纸质；顶生小叶椭圆形至长椭圆形，长 2.5～6cm、宽 1.3～3cm；侧生小叶通常较小，先端圆或钝，微凹，具短尖，基部钝，正面无毛、无光泽，背面被贴伏白色短柔毛；全缘，侧脉每边 5～10 条，不达叶缘；小托叶丝状，密被糙伏毛。总状花序顶生，总花梗密被淡黄色开展的钩状毛；花极密，每 2 朵生于花序的节上；苞片卵状披针形，被缘毛，在花未开放时呈覆瓦状排列；花梗近无毛或疏被毛；花萼钟形，4 裂，疏被柔毛，裂片三角形，较萼筒稍短，上部裂片先端微 2 裂；花冠紫红色、紫色或白色；旗瓣倒卵状长圆形，先端圆至微缺，基部具短瓣柄；翼瓣倒卵形，具耳和瓣柄；龙骨瓣极弯曲，先端钝；雄蕊二体；子房无毛或被毛，花柱无毛。荚果密集，狭长圆形，长 12～20mm、宽 2.5～3mm，腹缝线浅波状，腹背两缝线被钩状毛；有荚节 4～7，荚节近方形。花期 7—10 月，果期 10—11 月。

生境：生长于山坡草地、荒地、水边、园地、路旁及疏林间。

产地：江西全省常见。

分布：长江以南各省区，西至云南、东至台湾。

枝

幼 苗

小叶三点金 *Desmodiummicrophyllum*（Thunb.）DC.

形态特征： 山蚂蟥属多年生草本植物。茎纤细，多分枝，直立或平卧，通常红褐色，近无毛；根粗，木质。羽状三出复叶，或有时仅为单小叶；托叶披针形，具条纹，疏生柔毛，有缘毛；叶柄疏生柔毛；小叶薄纸质，较大的为倒卵状长椭圆形或长椭圆形，长 10～12mm、宽 4～6mm；较小的小叶倒卵形或椭圆形，长只有 2～6mm、宽 1.5～4mm，先端圆形，少有微凹入，基部宽楔形或圆形；全缘；侧脉每边 4～5 条，不明显，不达叶缘；正面无毛，背面被极稀疏柔毛或无毛；小托叶；顶生小叶柄疏被柔毛。总状花序顶生，被黄褐色开展柔毛；花 6～10 朵，花小；苞片卵形，被黄褐色柔毛；花梗纤细，略被短柔毛；花萼 5 深裂，密被黄褐色长柔毛，裂片线状披针形，较萼筒长 3～4 倍；花冠粉红色，与花萼近等长；旗瓣倒卵形，中部以下渐狭，具短瓣柄；翼瓣倒卵形，具耳和瓣柄；龙骨瓣长椭圆形，较翼瓣长，弯曲；雄蕊二体；子房线形，被毛。荚果长 12mm、宽约 3mm，腹背两缝线浅齿状，通常有荚节3～4，有时 2 或 5，荚节近圆形，扁平，被小钩状毛和缘毛或近于无毛；有网脉。花期 5—9 月，果期 9—11 月。

花、叶

生境： 生于山坡灌草丛、荒草地、溪沟旁及山路边坡。

产地： 江西全省可见。

分布： 我国长江以南各省区，西至云南、西藏，东至台湾；印度、斯里兰卡、尼泊尔、缅甸、泰国、越南、马来西亚、日本和澳大利亚有分布。

生 境

小槐花 *Ohwia caudata*（Thunb.）H. Ohashi

果 荚

形态特征：小槐花属灌木。植株高1～2m，直立、分枝多，上部分枝略被柔毛；树皮灰褐色。羽状三出复叶。托叶披针状线形，具条纹，宿存，扁平，较厚，上面具深沟，多少被柔毛，两侧具极窄的翅；小叶近革质或纸质；顶生小叶披针形或长圆形；侧生小叶较小，先端渐尖，基部楔形；全缘；正面绿色，有光泽，疏被极短柔毛、老时渐变无毛；背面疏被贴伏短柔毛，中脉上柔毛较密；侧脉每边10～12条，不达叶缘；小托叶丝状。总状花序顶生，花序轴密被柔毛并混生小钩状毛，每节生2花；苞片钻形，密被贴伏柔毛；花萼窄钟形，被贴伏柔毛和钩状毛，裂片披针形；花冠绿白或黄白色，具明显脉纹；旗瓣椭圆形，瓣柄极短；翼瓣狭长圆形，具瓣柄；龙骨瓣长圆形，具瓣柄；雄蕊二体；雌蕊长约7mm，子房在缝线上密被贴伏柔毛。荚果线形，扁平，长5～7cm，稍弯曲，被伸展的钩状毛；腹背缝线浅缢缩，有荚节4～8；荚节长椭圆形。花期7—9月，果期9—11月。

生境：生长于山坡灌丛、路旁、林间及林缘。

产地：江西全省常见。

分布：我国长江以南各省，西至喜马拉雅山，东至台湾。

枝 条

鸽仔豆 *Dunbaria henryi* Y. C. Wu

叶

形态特征：野扁豆属缠绕草质藤本植物。茎和枝纤弱，具细线纹，薄被短柔毛。羽状三出复叶；托叶小，线状披针形，通常早落；叶柄略被短柔毛；小叶柄被短柔毛，小叶薄纸质；顶生小叶宽三角形，有时宽大于长，先端急渐尖，尖头钝，基部近截平，两面略被短柔毛并有红色腺点，尤以背面较密；基出3脉，侧脉每边2～3条；侧生小叶较小，宽卵形，常偏斜，干后灰绿色。总状花序腋生，略被短柔毛；花2至数朵；花梗被短柔毛；苞片小，线状披针形；花萼密被短柔毛及红色腺点，裂齿线状披针形，不等长；花冠黄色；旗瓣近圆形，宽大于长，基部具2耳；翼瓣倒卵形，内弯，基部有弯耳；龙骨瓣稍内弯，半圆形，中部以上贴生；子房具柄，被柔毛和具腺体，胚珠7～10颗，花柱细长，上部无毛，顶端稍膨大。荚果线状长圆形，扁平，长3～6cm、宽约7mm，两端急尖，先端有喙，略被短柔毛；种子5～8颗，近圆形，赤褐色。花期2—5月，果期6—12月。为优质饲草植物。

生境：多生长于山地灌草丛、山路边坡及旷野荒地。

产地：赣中以南地区可见。

分布：江西、海南、广西；越南亦有分布。

果　荚

千斤拔 *Flemingia prostrata* Roxb.

又名吊马桩、吊马墩、一条根、老鼠尾、钻地风等。

果

形态特征： 千斤拔属直立或披散亚灌木。幼枝三棱柱状，密被灰褐色短柔毛。掌状三出复叶；托叶线状披针形，长约0.6～1cm，有纵纹，被毛，先端细尖，宿存；叶柄长2～2.5cm；小叶柄极短，密被短柔毛；小叶厚纸质，长椭圆形，偏斜长4～7cm、宽1.7～3cm，先端钝，有时有小凸尖，基部圆形，正面疏被短柔毛，背面密被灰褐色柔毛；基出3脉，侧脉及网脉在上面多少凹陷，下面凸起；侧生小叶略小。总状花序腋生，各部密被灰褐色至灰白色柔毛；苞片狭卵状披针形；花密生，具短梗；萼裂片披针形，远较萼管长，被灰白色长伏毛；花冠紫红色，约与花萼等长；旗瓣长圆形，基部具极短瓣柄，两侧具不明显的耳；翼瓣镰状，基部具瓣柄及一侧具微耳；龙骨瓣椭圆状，略弯，基部具瓣柄，一侧具尖耳；雄蕊二体；子房被毛。荚果椭圆状，长7～8mm、宽约5mm，被短柔毛；种子2颗，近圆球形，黑色。花果期夏秋季。

生境： 常生于荒野草地、山坡路旁。

产地： 江西全省常见。

分布： 江西、湖北、湖南、贵州、四川、云南、广西、广东、海南、福建和台湾；菲律宾亦有分布。

果

花 序

乳豆 *Galactia tenuiflora*（Klein ex Willd.）Wight et Arn.

果

形态特征：乳豆属多年生草质藤本植物。茎密被灰白色长柔毛。羽状三出复叶，小叶椭圆形，纸质，长2～4.5cm、宽1.3～2.7cm，两端钝圆，先端微凹，具小凸尖，正面深绿色而被疏短柔毛，背面灰绿而密被灰白色长柔毛；侧脉4～7对，纤细，两面微凸；小叶柄短；小托叶针状。总状花序腋生，花序轴纤细，单生；小苞片卵状披针形，被毛；花具短梗；花萼几无毛，裂片狭披针形，先端尖；花冠淡蓝色；旗瓣倒卵形，先端圆，基部渐狭，具小耳；翼瓣长圆形，基部具尖耳；龙骨瓣稍长于翼瓣，背部微弯，基部具小耳；对旗瓣的1枚雄蕊完全离生，花药长圆形；子房无柄，扁平，密被长柔毛，有胚珠约10颗，花柱突出，顶部弯，无毛。荚果线形，长2～4cm、宽6～7mm，初时被长柔毛，后渐变无毛；种子肾形，稍扁，棕褐色，光滑。花果期8—9月。

生境：生于山坡灌草丛、疏林下及地埂、林缘。

产地：赣中地区可见。

分布：江西、湖南、广东、广西、云南、台湾等省区；印度、斯里兰卡、马来亚、泰国、越南、菲律宾等也有分布。

花

植　株

野大豆 *Glycine soja* Siebold et Zucc.

形态特征：大豆属一年生缠绕草本植物。茎长1～4m。茎、小枝纤细，全体疏被褐色长硬毛。羽状三出复叶，长可达14cm；托叶卵状披针形，急尖，被黄色柔毛；顶生小叶卵圆形或卵状披针形，先端锐尖至钝圆，基部近圆形，两面均被绢状的糙伏毛，侧生小叶斜卵状披针形，全缘。总状花序，通常短；花小；花梗密生黄色长硬毛；苞片披针形；花萼钟状，密生长毛，裂片5，三角状披针形，先端锐尖；花冠淡红紫色或白色；旗瓣近圆形，先端微凹，基部具短瓣柄；翼瓣斜倒卵形，有明显的耳；龙骨瓣比旗瓣及翼瓣短小，密被长毛；花柱短而向一侧弯曲。荚果长圆形，稍弯，两侧稍扁，长17～23mm、宽4～5mm，密被长硬毛，种子间稍缢缩，干时易裂；种子2～3颗，椭圆形，稍扁，褐色至黑色。花期7—8月，果期8—10月。

植　株

此次调查在樟树、宜黄发现在田埂、撂荒水田中可与合萌一起生长成优良的次生草地，樟树有面积近200亩成片的规模分布。

生境：生长于田间、荒地、园地、路旁、河岸、湖滩及低洼潮湿旷野地。

产地：江西全省常见。

分布：除新疆、青海和海南外，全国各地均有分布。

叶、茎

果

多花木蓝 *Indigofera amblyantha* Craib

花

形态特征：木蓝属直立灌木。高 0.8～2m；少分枝。茎褐色，圆柱形，幼枝禾秆色，具棱，密被白色平贴丁字毛，后变无毛。羽状复叶；叶轴上面具浅槽，与叶柄均被平贴丁字毛；托叶微小；小叶 3～5 对，先端圆钝，具小尖头，基部楔形，正面绿色而疏生丁字毛，背面苍白色而被毛较密，小叶柄被毛；小托叶微小。总状花序，腋生，近无总花梗；苞片线形，早落；花萼被白色平贴丁字毛，花冠淡红色，花药球形，顶端具小突尖；子房线形，被毛，有胚珠 17～18 粒。荚果棕褐色，线状圆柱形，被短丁字毛，种子间有横隔，内果皮无斑点；种子褐色，长圆形。花期 5—7 月，果期 9—11 月。

生境：生长于山坡灌草丛、溪沟边、河岸、路埂及林缘。

产地：江西全省常见。

分布：江西、安徽、江苏、浙江、河南、河北、湖北、湖南、贵州、四川、陕西、山西、甘肃。

枝 条

植 株

硬毛木蓝 *Indigofera hirsuta* L.

形态特征：木蓝属平卧亚灌木。高30～100cm；多分枝。茎圆柱形，枝、叶柄和花序均被开展长硬毛。羽状复叶长2.5～10cm；叶柄长约1cm，叶轴上面有槽，有灰褐色开展毛；小叶3～5对，纸质，倒卵形或长圆形，先端圆钝，基部阔楔形，两面有伏贴毛，下面较密，侧脉4～6对，不显著；小叶柄长约2mm。总状花序，密被锈色和白色混生的硬毛，花小，密集；总花梗较叶柄长；苞片线形；花梗长约1mm；花萼长约4mm，外面有红褐色开展长硬毛，萼齿线形；花冠红色，外面有柔毛；旗瓣倒卵状椭圆形，有瓣柄；翼瓣与龙骨瓣等长，有瓣柄，距短小；花药卵球形，顶端有红色尖头；子房有淡黄棕色长粗毛，花柱无毛。荚果线状圆柱形，长1.5～2cm，有开展长硬毛，紧挤，有种子6～8粒，内果皮有黑色斑点；果梗下弯。花期7—9月，果期10—12月。

枝　条

生境：生长于荒野草地、疏林山坡、路旁、地埂、湖边、河岸及海滨沙地。

产地：赣南地区可见。

分布：江西、浙江、福建、台湾、湖南、广东、广西及云南；热带非洲、亚洲、美洲及大洋洲也有分布。

果　荚

植　株

长萼鸡眼草 *Kummerowia stipulacea*（Maxim.）makino

茎、叶

形态特征： 鸡眼草属一年生草本植物。高7～15cm。茎平伏，上升或直立，多分枝，茎和枝上被疏生向上的白毛，有时仅节处有毛。羽状三出复叶；托叶卵形，长3～8mm，比叶柄长或有时近相等，边缘通常无毛；叶柄短；小叶纸质，倒卵形、宽倒卵形或倒卵状楔形，长5～18mm、宽3～12mm，先端微凹，基部楔形，全缘；叶背中脉及边缘有毛，侧脉多而密。花常1～2朵腋生；小苞片4，较萼筒稍短，生于萼下，其中1枚很小，生于花梗关节之下，常具1～3条脉；花梗有毛；花萼膜质，阔钟形，5裂，裂片宽卵形，有缘毛；花冠上部暗紫色；旗瓣椭圆形，先端微凹，下部渐狭成瓣柄，较龙骨瓣短；翼瓣狭披针形，与旗瓣近等长；龙骨瓣钝，上面有暗紫色斑点；雄蕊二体。荚果椭圆形或卵形，稍侧偏，长约3mm，常较萼长1.5～3倍。花期7—8月，果期8—10月。

生境： 生长于荒野草地、疏林山坡、路旁、地埂、河岸及低湿滩地。

产地： 江西全省常见。

分布： 我国华东（包括台湾）、华北、东北、中南、西北等地区。

植　株

鸡眼草 *Kummerowia striata* (Thunb.) Schindl.

植　株

形态特征：鸡眼草属一年生草本植物。披散，多分枝，高5～45cm，茎和枝上被倒生的白色细毛。羽状三出复叶；托叶大，膜质，卵状长圆形，比叶柄长，长3～4mm，具条纹，有缘毛；叶柄极短；小叶纸质，倒卵形、长倒卵形，较小，先端圆形，稀微缺，基部近圆形或宽楔形，全缘；两面沿中脉及边缘有白色粗毛，但上面毛较稀少，侧脉多而密。花小，单生或2～3朵簇生于叶腋；花梗下端具2枚大小不等的苞片，萼基部具4枚小苞片，其中1枚极小，位于花梗关节处，小苞片常具5～7条纵脉；花萼钟状，带紫色，5裂，裂片宽卵形，具网状脉，外面及边缘具白毛；花冠粉红色，较萼约长1倍；旗瓣椭圆形，下部渐狭成瓣柄，具耳；龙骨瓣比旗瓣稍长或近等长，翼瓣比龙骨瓣稍短。荚果圆形或倒卵形，稍侧扁，长3.5～5mm，较萼稍长或长达1倍，先端短尖，被小柔毛。花期7—9月，果期8—10月。为优质饲草。

生境：生长于荒野草地、疏林山坡、林间、园地、路旁、地埂、河岸及低湿滩地。

产地：江西全省常见。

分布：我国华东、华北、东北、中南、西南等省区；朝鲜、日本、俄罗斯东部也有分布。

生　境

短梗胡枝子 *Lespedeza cyrtobotrya* miq.

枝

形态特征：胡枝子属直立灌木。高1～3m，多分枝。小枝褐色或灰褐色，具棱，贴生疏柔毛。羽状三出复叶；托叶2枚，线状披针形，长2～5mm，暗褐色；叶柄长1～2.5cm；小叶宽卵形，卵状椭圆形或倒卵形，长1.5～4.5cm、宽1～3cm，先端圆或微凹，具小刺尖，正面绿色而无毛，背面贴生疏柔毛，侧生小叶比顶生小叶稍小。总状花序腋生，比叶短，稀，与叶近等长；总花梗短缩或近无总花梗，密被白毛；苞片小，卵状渐尖，暗褐色；花梗短，被白毛；花萼筒状钟形，5裂至中部，裂片披针形，渐尖，表面密被毛；花冠红紫色；旗瓣倒卵形，先端圆或微凹，基部具短柄；翼瓣长圆形，比旗瓣和龙骨瓣短约1/3，先端圆，基部具明显的耳和瓣柄；龙骨瓣顶端稍弯，与旗瓣近等长，基部具耳和柄。荚果斜卵形，稍扁，长6～7mm、宽约5mm，表面具网纹，且密被毛。花期7—8月，果期9月。

生境：生长于山坡灌丛草地、溪沟边、地埂、山脚林缘及杂木林下。

产地：江西全省常见。

分布：江西、广东、浙江、河南、河北、山西、陕西、甘肃、黑龙江、吉林、辽宁等省。

花　蕾

生　境

胡枝子 *Lespedeza bicolor* Turcz.

形态特征：胡枝子属直立灌木。高 1～3m，多分枝。小枝黄色或暗褐色，有条棱，被疏短毛；芽卵形，长 2～3mm，具数枚黄褐色鳞片。羽状三出复叶；托叶 2 枚，线状披针形，长 3～4.5mm；小叶质薄，卵形、倒卵形或卵状长圆形，长 1.5～6cm、宽 1～3.5cm，先端钝圆或微凹，稀稍尖，具短刺尖，基部近圆形或宽楔形，全缘，正面绿色、无毛，背面色淡，被疏柔毛，老时渐无毛。总状花序腋生，比叶长，常构成大型、较疏松的圆锥花序；总花梗长 4～10cm；小苞片 2，卵形，先端钝圆或稍尖，黄褐色，被短柔毛；花梗短，密被毛；花萼 5 浅裂，裂片通常短于萼筒，裂片卵形或三角状卵形，先端尖，外面被白毛；花冠红紫色，极稀白色；旗瓣倒卵形，先端微凹；翼瓣较短，近长圆形，基部具耳和瓣柄；龙骨瓣与旗瓣近等长，先端钝，基部具较长的瓣柄；子房被毛。荚果斜倒卵形，稍扁，长约 10mm、宽约 5mm，表面具网纹，密被短柔毛。花期 7—9 月，果期 9—10 月。

花

生境：生长于山坡草地、杂木林间、地埂、路旁及林缘。

产地：江西全省常见。

分布：江西、安徽、江苏、浙江、福建、台湾、广东、广西、湖南、山东、河南、河北、山西、陕西、甘肃、内蒙古、黑龙江、吉林、辽宁等省区。

枝　条

植　株

截叶铁扫帚 *Lespedeza cuneata*（Dum. Cours.）G. Don

形态特征：胡枝子属小灌木。高达 1m。茎直立或斜升，被毛，上部分枝；分枝斜上举。三出复叶，叶密集，柄短；小叶楔形或线状楔形，长 1～3cm、宽 2～7mm，先端截形成近截形，具小刺尖，基部楔形，正面近无毛，背面密被伏毛。总状花序腋生，具 2～4 朵花；总花梗极短；小苞片卵形或狭卵形，先端渐尖，背面被白色伏毛，边具缘毛；花萼狭钟形，密被伏毛，5 深裂，裂片披针形；花冠淡黄色或白色，旗瓣基部有紫斑，有时龙骨瓣先端带紫色，冀瓣与旗瓣近等长，龙骨瓣稍长；闭锁花簇生于叶腋。荚果宽卵形或近球形，被伏毛，长 2.5～3.5mm、宽约 2.5mm。花期 7—8 月，果期 9—10 月。

植　株

生境：生长于山坡草地、杂灌林间、旷野荒地、地埂、山间路旁及林缘。

产地：江西全省常见。

分布：陕西、甘肃、山东、台湾、河南、湖北、湖南、江西、广东、四川、云南、西藏等省区。

花　序

生　境

铁马鞭 *Lespedeza pilosa* (Thunb.) Siebold et Zucc.

花 序

形态特征： 胡枝子属多年生草本植物。全株密被长柔毛，茎平卧，细长，长60～100cm，少分枝，匍匐地面。羽状三出复叶；托叶钻形，先端渐尖；叶柄长6～15mm；小叶宽倒卵形，长1.5～2cm、宽1～1.5cm，先端圆形、近截形或微凹，有小刺尖，基部圆形或近截形，两面密被长毛，顶生小叶较大。总状花序腋生，比叶短；苞片钻形，上部边缘具缘毛；总花梗极短，密被长毛；小苞片2，披针状钻形，背部中脉具长毛，边缘具缘毛；花萼密被长毛，5深裂，上方2裂片基部合生、上部分离，裂片狭披针形，先端长渐尖，边缘具长缘毛；花冠黄白色；旗瓣椭圆形，先端微凹，具瓣柄；翼瓣比旗瓣与龙骨瓣短；闭锁花常1～3朵集生于茎上部叶腋，无梗，结实。荚果广卵形，长3～4mm，凸镜状，两面密被长毛，先端具尖喙。花期7—9月，果期9—10月。

生境： 生长于山坡灌丛草地、溪沟边、地埂及山脚林缘。

产地： 江西全省常见。

分布： 江西、福建、广东、湖南、贵州、四川、西藏、甘肃、陕西、湖北、安徽、江苏、浙江等省区。

枝 条

茎、叶

细梗胡枝子 *Lespedeza virgata*（Thunb.）DC.

茎与叶

形态特征：胡枝子属小灌木。高25～50cm。基部分枝，枝细，带紫色，被白色伏毛。托叶线形；羽状三出复叶；小叶椭圆形、长圆形，长0.6～3cm、宽4～15mm，先端钝圆，有时微凹，有小刺尖，基部圆形，边缘稍反卷，正面无毛，背面密被伏毛，侧生小叶较小；叶柄被白色伏柔毛。总状花序腋生，通常具3朵稀疏的花；总花梗纤细，毛发状，被白色伏柔毛，显著超出叶；苞片及小苞片披针形，被伏毛；花梗短；花萼狭钟形，基部有紫斑，翼瓣较短，龙骨瓣长于旗瓣或近等长；闭锁花簇生于叶腋，无梗，结实。荚果近圆形，通常不超出萼。花期7—9月，果期9—10月。

生境：生长于旷野荒地、山岩空旷草地及石山边坡。

产地：赣北地区可见。

分布：江西、辽宁南部，华北、陕西、甘肃至长江流域各省。

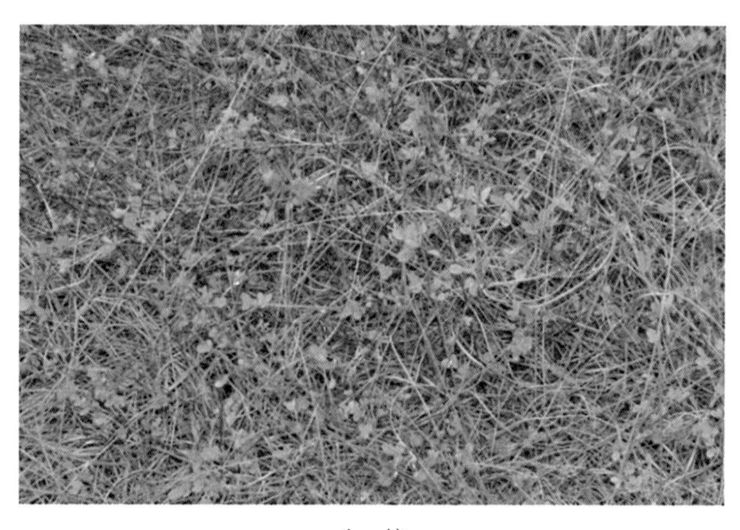
生　境

中华胡枝子 *Lespedeza chinensis* G. Don

植 株

形态特征： 胡枝子属小灌木。高达1m。全株被白色伏毛，茎下部毛渐脱落，茎直立或铺散；分枝斜生，被柔毛。托叶钻状；叶柄长约1cm；羽状三出复叶，小叶倒卵状长圆形，长1.5～4cm、宽1～1.5cm，先端截形、微凹，具小刺尖，边缘稍反卷，正面无毛，背面密被白色伏毛。总状花序腋生，不超出叶，少花；总花梗极短；苞片及小苞片披针形，小苞片2，被伏毛；花萼长为花冠之半，5深裂，裂片狭披针形，被伏毛，边具缘毛；花冠白色；旗瓣椭圆形，基部具瓣柄及2耳状物；翼瓣狭长圆形，具长瓣柄；闭锁花簇生于茎下部叶腋。荚果卵圆形，长约4mm、宽2.5～3mm，先端具喙，基部稍偏斜，表面有网纹，密被白色伏毛。花期8—9月，果期10—11月。

生境： 生长于杂灌林间、山坡草地、旷野荒地、地埂、山间路旁及边坡、林缘。

产地： 江西全省常见。

分布： 江西、湖北、安徽、江苏、浙江、福建、台湾、广东、湖南、四川等省区。

花 序

草木犀 *Melilotus officinalis*（L.）Lam.

花　序

形态特征：草木犀属二年生草本植物。高40～250cm；茎直立，粗壮，多分枝，具纵棱，微被柔毛。羽状三出复叶；托叶镰状线形，中央有1条脉纹，全缘或基部有1尖齿；叶柄细长；小叶倒卵形、阔卵形、倒披针形至线形，长15～30mm、宽5～15mm，先端钝圆，基部阔楔形，边缘具不整齐疏浅齿，正面无毛、粗糙，背面散生短柔毛，侧脉8～12对，平行直达齿尖，两面均不隆起；顶生小叶稍大，具较长的小叶柄，侧小叶的小叶柄短。总状花序，腋生，具花30～70朵，初时稠密，花开后渐疏松，花序轴在花期中显著伸展；苞片刺毛状；花梗与苞片等长或稍长；萼钟形，脉纹5条，甚清晰，萼齿三角状披针形，稍不等长，比萼筒短；花冠黄色，旗瓣倒卵形，与翼瓣近等长，龙骨瓣稍短；雄蕊筒在花后常宿存包于果外；子房卵状披针形，胚珠6粒，花柱长于子房。荚果卵形，长3～5mm、宽约2mm，先端具宿存花柱，表面具凹凸不平的横向细网纹，棕黑色；有种子1～2粒；种子卵形，长2.5mm，黄褐色，平滑。花期5—9月，果期6—10月。

生境：生长于荒野草地、园地、河岸、湖滩及路旁。

产地：江西全省常见。

分布：东北、华南、西南各地。

植　株

亮叶鸡血藤 *Callerya nitida* (Benth.) R. Geesink var. *nitida*

形态特征：鸡血藤属攀援灌木。茎皮锈褐色，粗糙；枝初被锈色细毛，后秃净。奇数羽状复叶，长15～20cm；叶柄长3～6cm，叶轴疏被短毛，渐秃净，上面有狭沟；托叶线形，脱落；小叶5片（2对半），硬纸质，卵状披针形或长圆形，先端钝尖，基部圆形或钝，正面光亮无毛、有时中脉有毛，背面无毛或被稀疏柔毛，侧脉5～6对，达叶喙向上弧曲，细脉网状，两面均隆起；小托叶锥刺状。圆锥花序顶生，粗壮，密被锈褐色绒毛，生花枝通直，粗壮；花单生；苞片卵状披针形，小苞片卵形，均早落；花长1.6～2.4cm；花萼钟状，密被绒毛，萼短于萼筒，上方2齿几全合生，其余呈三角形，下方1齿最长；花冠青紫色；旗瓣密被绢毛，长圆形，近基部具2胼胝体；翼瓣短而直，基部戟形；龙骨瓣镰形，瓣柄长占1/3；雄蕊二体，对旗瓣的1枚离生；花盘皿状；子房线形，具柄，密被绒毛，花柱旋曲，柱头下指，胚珠4～8粒。荚果线状长圆形，长10～14cm、宽1.5～2cm，密被黄褐色绒毛，顶端具尖喙，基部具颈，瓣裂；有种子4～5粒；种子栗褐色，光亮，斜长圆形，长约10mm、宽约12mm。花期5—9月，果期7—11月。

植　株

生境：生长于疏林山地、山间路旁、边坡及海岸灌丛中。

产地：江西全省常见。

分布：江西、福建、台湾、广东、海南、广西、贵州等省区。

果　荚

美丽鸡血藤 *Callerya speciosa* (Champ. ex Benth.) Schot

形态特征： 鸡血藤属藤本植物。树皮褐色。小枝圆柱形，初被褐色绒毛，后渐脱落。奇数羽状复叶，长 15～25cm；叶柄长 3～4cm，叶轴被毛，上面有沟；托叶披针形，长 3～5mm，宿存。小叶通常 6 对半，硬纸质，长圆状披针形或椭圆状披针形，长 4～8cm、宽 2～3cm，先端钝圆，短尖，基部钝圆，边缘略反卷；正面无毛，干后粉绿色，光亮；背面被锈色柔毛或无毛，干后红褐色；侧脉 5～6 对，二次环结，细脉网状，上面平坦，下面略隆起；小叶柄密被绒毛；小托叶针刺状，宿存。圆锥花序腋生，常聚集枝梢成带叶的大型花序，长达 30cm，密被黄褐色绒毛，花 1～2 朵并生或单生密集于花序轴上部呈长尾状；苞片披针状卵形，脱落；小苞片卵形，离萼生；花大，长 2.5～3.5cm，有香气；花梗长 8～12mm，与花萼、花序轴同被黄褐色绒毛；花萼钟状，萼齿钝圆头，短于萼筒；花冠白色、米黄色至淡红色，花瓣近等长；旗瓣无毛，圆形，基部略呈心形，具 2 枚胼胝体；翼瓣长圆形，基部具钩状耳；龙骨瓣镰形；雄蕊二体，对旗瓣的 1 枚离生；花盘筒状；子房线形，密被绒毛，具柄，花柱向上旋卷，柱头下指。荚果线状，伸长，长 10～15cm、宽 1～2cm，扁平，顶端狭尖，具喙，基部具短颈，密被褐色绒毛；果瓣木质，开裂，有种子 4～6 粒；种子卵形。花期 7—10 月，果期次年 2 月。

生境： 生长于旷野、杂灌草丛及疏林地。

产地： 赣南地区可见。

分布： 江西、福建、广东、海南、广西、湖南、贵州、云南等省区。

植　株

大果油麻藤 *Mucunamacrocarpa* Wall.

形态特征：黧豆属大型木质藤本植物。茎具纵棱脊和褐色皮孔，被伏贴灰白色或红褐色细毛，尤以节上为密，老茎常光秃无毛。羽状三出复叶；小叶纸质或革质，顶生小叶椭圆形、卵状椭圆形、卵形或稍倒卵形，侧生小叶极偏斜；叶面无毛或被灰白色或带红色伏贴短毛，在脉上和嫩叶上常较密。花序通常生在老茎上；花多聚生于顶部，每节有2～3朵花，常有恶臭；花梗密被伏贴的淡褐色短毛和稀疏深褐色细刚毛；苞片和小苞片脱落；花萼密被伏贴的深褐色短毛和灰白脱落的刚毛；花冠暗紫色，旗瓣带绿白色。荚果木质，带形，近念珠状，密被直立红褐色细短毛，具不规则的脊和皱纹，具6～12颗种子；内部隔膜木质，边缘加厚，无沟槽；种子黑色，盘状。花期4—5月，果期6—7月。

生境：生长于山地树林中、河边常绿林间及开阔灌丛中。

产地：江西全省可见。

分布：江西、云南、贵州、广东、海南、广西、台湾等省区。

果 荚

黧豆 *Mucuna pruriens* (L.) DC. var. *utilis* (Wall. ex Wight) Baker ex Burck

又名狗爪豆。

形态特征：黧豆属一年生缠绕藤本植物。枝略被开展的疏柔毛。羽状三出复叶；小叶长6～15cm、宽4.5～10cm；顶生小叶明显小于侧生小叶，卵圆形或长椭圆状卵形，基部菱形，先端具细尖头；侧生小叶极偏斜，斜卵形至卵状披针形，先端具细尖头，基部浅心形，两面均薄被白色疏毛；侧脉通常每边5，近对生，凸起；小托叶线状；小叶柄密被长硬毛。总状花序下垂，有花10～20多朵；苞片小，线状披针形；花萼阔钟状，密被灰白色小柔毛和疏刺毛，上部裂片极阔，下部中间1枚裂片线状披针形；花冠深紫色，常较短，旗瓣长1.6～1.8cm，翼瓣长2～3.5cm，龙骨瓣长2.8～4cm。荚果长8～12cm、宽18～20mm，嫩果膨胀、绿色，密被灰色短毛，成熟时稍扁、黑色，有隆起纵棱1～2条；种子6～8颗，长圆状，长约1.5cm、宽约1cm，厚5～6mm，灰白色，淡黄褐色，浅橙色或黑色，有时带条纹或斑点，种脐浅黄白色。花期10月，果期11月。

花　序

生境：生长于荒野草地、园地、河岸、湖滩及路旁。

产地：江西全省常见。

分布：江西、广东、海南、广西、四川、贵州、湖北和台湾（逸生）等省区；亚洲热带、亚热带地区均分布及栽培。

植　株

长柄山蚂蝗 *Hylodesmum podocarpum* (DC.) H. Ohashi et R. R. mill

果 荚

形态特征： 长柄山蚂蟥属直立草本植物。高50～100cm。根茎稍木质；茎具条纹，疏被伸展短柔毛。羽状三出复叶；托叶钻形，外面与边缘被毛；着生茎上部的叶柄较短，茎下部的叶柄较长，疏被伸展短柔毛；小叶纸质，顶生小叶宽倒卵形，先端凸尖，基部楔形或宽楔形，全缘，两面疏被短柔毛或几无毛，侧脉每边约4条，直达叶缘；侧生小叶斜卵形，较小，偏斜，小托叶丝状；被伸展短柔毛。总状花序或圆锥花序，顶生或顶生和腋生；总花梗被柔毛和钩状毛；通常每节生2朵花，苞片早落，窄卵形，被柔毛；花萼钟形裂片极短，较萼筒短，被小钩状毛；花冠紫红色，旗瓣宽倒卵形，翼瓣窄椭圆形，龙骨瓣与翼瓣相似，均无瓣柄；雄蕊单体；雌蕊长约3mm，子房具子房柄。荚果，通常有荚节2，背缝线弯曲，节间深凹入达腹缝线；荚节略呈宽半倒卵形，先端截形，基部楔形，被钩状毛和小直毛，稍有网纹。花果期8—9月。

生境： 生长于荒野草地、高山草甸、阔叶疏林地、山坡路旁、河岸及林缘。

产地： 江西全省常见。

分布： 江西、江苏、浙江、安徽、山东、河南、河北、湖北、湖南、广东、广西、贵州、云南、四川、西藏、陕西、甘肃等省区。

枝 条

植 株

葛 Pueraria montana (Lour.) Merr.

形态特征： 葛属多年生藤本植物。藤蔓粗壮，长可达 8m，全体被黄色长硬毛，茎基部木质，有粗厚的块状根。羽状三出复叶；托叶背着，卵状长圆形，具线条；小托叶线状披针形，与小叶柄等长；小叶微三裂，偶尔全缘，顶生小叶宽卵形或斜卵形，长 7～15cm、宽 5～12cm，先端长渐尖，侧生小叶斜卵形、稍小，正面被淡黄色、平伏的疏柔毛，背面较密；小叶柄被黄褐色绒毛。总状花序，中部以上有颇密集的花；苞片线状披针形至线形，远比小苞片长，早落；小苞片卵形；花2～3 朵聚生于花序轴的节上；花萼钟形，被黄褐色柔毛，裂片披针形，渐尖，比萼管略长；花冠紫色，旗瓣倒卵形，基部有 2 耳及一黄色硬痂状附属体，具短瓣柄；翼瓣镰状，较龙骨瓣为狭，基部有线形、向下的耳；龙骨瓣镰状长圆形，基部有极小、急尖的耳；对旗瓣的 1 枚雄蕊仅上部离生；子房线形，被毛。荚果长椭圆形，长 5～9cm、宽 8～11mm，扁平，被褐色长硬毛。花期 9—10 月，果期 11—12 月。是具有推广潜力的优质饲草植物。

生境： 生长于荒野草地、疏林地、山坡路旁、地埂、河岸及林缘。

产地： 江西全省常见。

分布： 除新疆、青海及西藏外，全国各地均有分布。

果

植　株

密子豆 *Pycnospora lutescens* (Poir.) Schindl.

形态特征：密子豆属亚灌木状草本植物。高15～60cm。茎直立，从基部分枝，小枝被灰色短柔毛。羽状三出复叶；托叶狭三角形，长4mm、基部宽1mm，被灰色柔毛和缘毛；叶柄长约1cm，被灰色短柔毛；小叶近革质，倒卵形或倒卵状长圆形，顶生小叶先端圆形或微凹、基部楔形或微心形，侧生小叶常较小，两面密被贴伏柔毛，侧脉4～7条，纤细，在下面隆起，网脉明显；小托叶针状；小叶柄被灰色短柔毛。总状花序，花很小，每2朵排列于疏离的节上，节间长约1cm，总花梗被灰色柔毛；苞片早落，干膜质，卵形，先端渐尖，有条纹，被柔毛和缘毛；花梗被灰色短柔毛；花萼深裂，裂片窄三角形，被柔毛；花冠淡紫蓝色；子房有柔毛。荚果长圆形，长6～10mm、宽5～6mm，膨胀，有横脉纹，稍被毛，成熟时黑色，沿腹缝线开裂，背缝线明显凸起；果梗纤细，被开展柔毛；种子8～10颗，肾状椭圆形，长约2mm。花果期8—9月。

生境：多生长于荒野草地、灌丛草地、疏林地、路旁及河岸。

产地：赣中、赣南地区可见。

分布：江西南部、广东、海南、广西、贵州西南部、云南、台湾；印度、缅甸、越南、菲律宾、印度尼西亚、新几内亚、澳大利亚东部也有分布。

果、叶

鹿藿 *Rhynchosia volubilis* Lour.

花

形态特征：鹿藿属多年生缠绕草质藤本植物。全株各部多少被灰色至淡黄色柔毛；茎略具棱。羽状（有时近掌状）三出复叶；托叶小，披针形，长3～5mm，被短柔毛；叶柄长2～5.5cm；小叶纸质，顶生小叶菱形或倒卵状菱形，先端钝，常有小凸尖，基部圆形或阔楔形，两面均被灰色柔毛，背面尤密，并被黄褐色腺点；基出3脉；小叶柄长2～4mm，侧生小叶较小、常偏斜。总状花序，1～3个腋生；花长约1cm，排列稍密集；花梗长约2mm；花萼钟状，裂片披针形，外面被短柔毛及腺点；花冠黄色，旗瓣近圆形，有宽而内弯的耳；冀瓣倒卵状长圆形，基部一侧具长耳；龙骨瓣具喙；雄蕊二体；子房被毛及密集的小腺点，胚珠2颗。荚果长圆形，红紫色，长1～1.5cm、宽约8mm，极扁平，在种子间略收缩，稍被毛，先端具小喙；种子通常2颗，椭圆形或近肾形，黑色，光亮。花期5—8月，果期9—12月。

生境：常生长于荒野草地、山坡路旁、地埂及山脚疏林下。

产地：江西全省常见。

分布：江南地区。

果

生 境

田菁 *Sesbania cannabina*（Retz.）Poir.

植　株

生　境

形态特征：田菁属一年生草本植物。高3～3.5m。茎绿色，有时带褐色红色，微被白粉，有不明显淡绿色线纹；平滑，基部有多数不定根，幼枝疏被白色绢毛，后秃净，折断有白色黏液，枝髓粗大充实。偶数羽状复叶；叶轴上面具沟槽，幼时疏被绢毛，后几无毛；托叶披针形，早落；小叶20～30对，对生或近对生，线状长圆形，长8～20mm、宽2.5～4mm，位于叶轴两端者较短小，先端钝至截平，具小尖头，基部圆形，两侧不对称；正面无毛，背面幼时疏被绢毛，后秃净；两面被紫色小腺点，背面尤密；小叶柄疏被毛；小托叶钻形，短于小叶柄，宿存。总状花序，具2～6朵花，疏松；总花梗及花梗纤细，下垂，疏被绢毛；苞片线状披针形，小苞片2枚，均早落；花萼斜钟状，无毛，萼齿短三角形，先端锐齿，内面边缘具白色细长曲柔毛；花冠黄色；旗瓣横椭圆形，先端微凹，基部近圆形，外面散生大小不等的紫黑点和线，胼胝体小，梨形，瓣柄长约2mm；翼瓣倒卵状长圆形，与旗瓣近等长，基部具短耳，中部具较深色的斑块，并横向皱折；龙骨瓣较翼瓣短，三角状阔卵形，长宽近相等，先端圆钝，平三角形；雄蕊二体，对旗瓣的1枚分离，花药卵形至长圆形；雌蕊无毛，柱头头状，顶生。荚果细长，长圆柱形，长12～22cm、宽2.5～3.5mm，微弯，外面具黑褐色斑纹，喙尖，果颈开裂，种子间具横隔，有种子20～35粒；种子绿褐色，有光泽，短圆柱状，长约4mm、径2～3mm，种脐圆形，稍偏于一端。花果期7—12月。

生境：常生长于荒野草地、田间、园地、路旁、溪沟边、湖滩及河岸。

产地：江西全省常见。

分布：江西、江苏、浙江、福建、海南、广西、云南有分布及栽培；伊拉克、印度、中南半岛、马来西亚、巴布亚新几内亚、新喀里多尼亚、澳大利亚、加纳、毛里塔尼亚也有分布。

赤小豆 *Vigna umbellata*（Thunb.）Ohwi et H. Ohashi

花

形态特征：豇豆属一年生半攀援草本植物。茎纤细，长达1m，幼时被黄色长柔毛，老时无毛。羽状三出复叶；托叶盾状着生，披针形，长10～15mm，两端渐尖；小托叶钻形；小叶纸质，卵形或披针形，长10～13cm、宽2～7.5cm，先端急尖，基部宽楔形，全缘或微3裂，沿两面脉上薄被疏毛，基出脉3条。总状花序腋生，短，有花2～3朵；苞片披针形；花梗短，着生处有腺体；花冠黄色；龙骨瓣右侧具长角状附属体。荚果线状圆柱形，下垂，长6～10cm、宽约5mm，无毛；种子6～10颗，长椭圆形，通常暗红色，直径3～3.5mm，种脐凹陷。花期5—8月。

生境：常生长于荒野草地、田间、园地、路旁、河岸及溪沟边。

产地：江西全省常见。

分布：原产亚洲热带地区，我国南部江西、广东、广西、香港、台湾等省区有分布。

生　境

野豇豆 *Vigna vexillata* (Linn.) A. Rich.

花与叶

形态特征： 豇豆属多年生攀援草本植物。根纺锤形，木质；茎被开展的棕色刚毛，老时渐变为无毛。羽状三出复叶；托叶卵形至卵状披针形，基着，长3～5mm，基部心形，被缘毛；小叶膜质，形状变化较大，卵形至披针形，长4～15cm、宽2～2.5cm，先端急尖，基部圆形，通常全缘，少数微具3裂片，两面被棕色柔毛；叶柄长1～11cm；叶轴长0.4～3cm；小叶柄长2～4mm。花序腋生，有2～4朵生于花序轴顶部的花，使花序近伞形；总花梗长5～20cm；小苞片钻状，早落；花萼被棕色刚毛，稀变无毛，萼管长5～7mm，裂片线形，上方的2枚基部合生；旗瓣黄色、粉红或紫色，有时在基部内面具黄色或紫红斑点，顶端凹缺，无毛；翼瓣紫色，基部稍淡；龙骨瓣白色或淡紫，镰状，左侧具明显的袋状附属物。荚果直立，线状圆柱形，长4～14cm、宽2.5～4mm，被刚毛；种子10～18颗，浅黄至黑色，无斑点或棕色至深红而有黑色之溅点，长圆形或长圆状肾形，长2～4.5mm。花期7—9月。

生境： 常生长于荒野草地、疏林灌丛草地、路旁、河岸及溪沟边。

产地： 江西全省常见。

分布： 我国华东、华南至西南各省区；全球热带、亚热带地区有分布。

果

贼小豆 *Vignaminima*（Roxb.）Ohwi et H. Ohashi

形态特征：豇豆属一年生缠绕草本植物。茎纤细，无毛或被疏毛。羽状三出复叶；托叶披针形，盾状着生、被疏硬毛；小叶的形状和大小变化颇大，卵形、卵状披针形、披针形或线形，长2.5～7cm、宽0.8～3cm，先端急尖，基部圆形，两面近无毛。总状花序柔弱；总花梗远长于叶柄，通常有花3～4朵；小苞片线形；花萼钟状，具不等大的5齿，裂齿被硬缘毛；花冠黄色，旗瓣极外弯，近圆形；龙骨瓣具长而尖的耳。荚果圆柱形，长3.5～6.5cm、宽4mm，无毛，开裂后旋卷；种子4～8颗，长圆形，长约4mm、宽约2mm，深灰色；种脐线形，凸起，长3mm。花果期8—10月。

生境：生长于山地灌丛草地、荒野草地、山间路旁及河岸。

产地：江西全省常见。

分布：我国南部、东南部至北部省区均有分布。

果 荚

丁癸草 *Zornia gibbosa* Span.

植　株

形态特征： 丁癸草属多年生草本植物。高 20～50cm。茎纤弱、多分枝，无毛，有时有粗厚的根状茎。托叶披针形，无毛，有明显的脉纹，基部具长耳；小叶 2 枚，卵状长圆形，长 0.8～1.5cm，有时长达 2.5cm，先端急尖而具短尖头，基部偏斜，两面无毛，背面有褐色腺点。总状花序腋生，花 2～10 朵疏生于花序轴上；苞片 2，卵形，盾状着生，具缘毛，有明显的纵脉纹 5～6 条；花萼长 3mm，花冠黄色，旗瓣有纵脉，翼瓣和龙骨瓣均较小，具瓣柄。荚果通常长于苞片，少有短于苞片，有荚节 2～6，荚节近圆形，长与宽约 2～4mm，表面具明显网脉及针刺。花期 4—7 月，果期 7—9 月。

生境： 多生长于田间草地、荒地、路边及河岸。

产地： 江西全省常见。

分布： 长江以南各省区；日本、缅甸、尼泊尔、印度至斯里兰卡亦有分布。

花

二、禾本科 Gramineae（Poaceae）

长芒看麦娘 *Alopecurus longiaristatus* maxim.

形态特征： 看麦娘属一年生草本植物。秆少数丛生，细瘦，光滑，节处有时膝曲，高15～30cm。叶鞘短于节间，松弛，上部者有时膨大；叶舌膜质，长2～4mm；叶片扁平，质薄，长3～9cm、宽1～2mm。圆锥花序圆柱状，下部包于叶鞘中；小穗椭圆形；颖基部连合，具3脉，脊与脉上具纤毛；外稃膜质，具3脉，芒自稃体基部伸出，膝曲，芒上小刺向上；花药橙黄色。颖果，长约1.5mm。花果期5—7月。

花　序

生境： 生于田间、路旁、园地、河滩及湖泊湿地。

产地： 常见于江西省鄱阳湖地区。

分布： 原产我国东北地区。

植　株

水蔗草 *Apludamutica* L.

形态特征： 水蔗草属多年生草本植物。具坚硬根头及根茎，须根粗壮。秆高50～300cm；节间上段常有白粉，无毛。叶鞘具纤毛；叶舌膜质；叶耳小，直立；叶片扁平，长10～35cm、宽3～15mm，两面无毛；先端长渐尖，基部渐狭成柄状。圆锥花序先端常弯垂，由许多总状花序组成；每具总状花序包裹在舟形总苞内；总苞边缘具窄膜质边；总状花序，基部以0.5mm的细柄着生在总苞腋内；总状花序轴膨胀成陀螺形，2有柄小穗从两侧以扁平的小穗柄夹持无柄小穗；小穗柄常具3脉。退化有柄小穗仅存长约1mm的外颖；正常有柄小穗含2小花，第一颖长卵形、绿色，纸质至薄革质，先端尖或具2微齿，脉纹多而密，第二颖等长、稍宽，3～5脉。正常有柄小穗第一小花雄性，外稃长3～4.5mm，内稃稍短，具2脊，雄蕊3枚，花药黄色，线形；第二小花等长或稍短于第一小花，内稃卵形，长仅约1mm，雄性或有时两性而结实，成熟时整个小穗自穗柄关节处脱落。无柄小穗两性，第一颖长卵形，绿色，7脉；第二颖舟形，等长于第一颖，质薄而透明；第一小花雄性，略短于颖，长卵形，脉不明显；第二小花外稃舟形，1～3脉，先端2齿裂；芒柱褐黄色；花柱基部近合生，鳞被倒楔形，上缘不整齐。颖果成熟时蜡黄色，卵形，长约1.5mm、宽约0.8mm，胚长约1mm。花果期夏秋季。

植　株

花　序

生境： 多生于田边、沟塘水边及山坡湿地草丛中。

产地： 常见于赣中南地区。

分布： 江西、西南、华南及台湾等地；印度、日本及中南半岛、东南亚、澳大利亚、热带非洲也有分布。

荩草 *Arthraxon hispidus*（Thunb.）makino

形态特征：荩草属一年生草本植物。秆细弱，无毛，基部倾斜，高 30～60cm，多节，常分枝，基部节着地易生根。叶鞘短于节间，生短硬疣毛；叶舌膜质，缘具纤毛；叶片卵状披针形，长 2～4cm、宽 0.8～1.5cm，基部心形，抱茎，除下部边缘生疣基毛外余均无毛。总状花序细弱，2～10 枚呈指状排列或簇生于秆顶；花序轴节间无毛，长为小穗的 2/3～3/4。无柄小穗卵状披针形，呈两侧压扁，灰绿色或带紫；第一颖草质，边缘膜质，包住第二颖 2/3，具 7～9 脉，脉上粗糙至生疣基硬毛，尤以顶端及边缘为多，先端锐尖；第二颖近膜质，与第一颖等长，舟形，脊上粗糙，具 3 脉而 2 侧脉不明显，先端尖；第一外稃长圆形，透明膜质，先端尖，长为第一颖的 2/3；第二外稃与第一外稃等长，透明膜质，近基部伸出一膝曲的芒；芒下部扭转；雄蕊 2 枚；花药黄色或带紫色。颖果长圆形，与稃体等长。有柄小穗退化成针状刺。花果期 9—11 月。

植　株

生境：生于山坡草地阴湿处、林间低湿地及林缘山脚。

产地：常见于赣中南地区。

分布：全国各地广泛分布。

生　境

矛叶荩草 *Arthraxon prionodes* (Steud.) Dandy

形态特征：荩草属多年生草本植物。秆细而较坚硬，直立或于基部倾斜，高40～60cm，常分枝，具多节；节着地易生根，节上无毛。叶鞘短于节间，无毛；叶舌膜质，被纤毛；叶片披针形至卵状披针形，长2～7cm、宽5～15mm，先端渐尖，基部心形，抱茎，无毛，乃至具疣基短毛，边缘通常具疣基毛。总状花序，2至数枚呈指状排列于枝顶，稀可单性；花序轴节间长为小穗的1/3～2/3，密被白毛纤毛。无柄小穗长圆状披针形，质较硬，背腹压扁；第一颖硬草质，先端尖，两侧呈龙骨状，具2行篦齿状疣基钩毛，具不明显7～9脉，脉上及脉间具小硬刺毛，尤以顶端为多；第二颖与第一颖等长，舟形，质地薄；第一外稃长圆形，透明膜质；第二外稃透明膜质，背面近基部处生一膝曲的芒，基部扭转；雄蕊3枚，花药黄色。有柄小穗披针形；第一颖草质，具6～7脉，先端尖，边缘包着第二颖；第二颖质较薄，与第一颖等长，具3脉，边缘近膜质而内折成脊；第一外稃与第二外稃均透明膜质，近等长，长约为小穗的3/5，无芒；雄蕊3枚。花果期7—10月。

生　境

生境：多生于山坡、旷野、溪沟边、林间阴湿地及林缘山脚。

产地：常见于赣北地区。

分布：华北、华东、华中、西南等地均有分布。

植　株

刺芒野古草 *Arundinella setosa* Trin.

形态特征： 野古草属多年生草本植物。秆单生，质较硬而直立，高 60～160cm、径 1～4mm，无毛；节淡褐色。叶鞘无毛至具长刺毛，边缘具短纤毛；叶舌上缘具极短纤毛，两侧有长柔毛；叶片基部圆形，先端长渐尖，常两面无毛。圆锥花序排列疏展，分枝细长而互生，主轴及分枝均有粗糙的纵棱，孪生小穗柄，顶端着生数枚白色长刺毛；小穗具 3～5 脉，脉上粗糙，有时具短柔毛；第二颖具 5 脉；第一小花中性或雄性，外稃具 3～5 脉，偶见 7 脉；第二小花披针形至卵状披针形，成熟时棕黄色，上部微粗糙；芒宿存，芒柱黄棕色，芒针白色劲直，基盘毛约为稃体的 2/5～1/3；花药紫色。颖果褐色，长卵形，长约 1mm。花果期 8—12 月。

生境： 生于山坡草地、灌丛地、松林下及丘陵荒野山地。

产地： 全省丘陵山地常见。

分布： 华东、华中、华南及西南各省；亚洲热带、亚热带均有分布。

植　株

花　序

毛秆野古草 *Arundinella hirta*（Thunb.）Tanaka

形态特征：野古草属多年生草本植物。根茎较粗壮，被淡黄色鳞片，须根直径约1mm。秆直立，高90～150cm、径2～4mm，质稍硬，被白色疣毛及疏长柔毛，后变无毛；节黄褐色，密被短柔毛。叶鞘被疣毛，边缘具纤毛；叶舌上缘截平，具长纤毛；叶片长15～40cm、宽约10mm，先端长渐尖，两面被疣毛。圆锥花序，花序柄、主轴及分枝均被疣毛；孪生小穗柄，较粗糙，具疏长柔毛；小穗无毛；第一颖先端渐尖，具3～7脉，常为5脉；第二颖具5脉；第一小花雄性，外稃具3～5脉，内稃略短；第二小花长卵形，外稃无芒，常具小尖头，基盘毛约为稃体的1/2。花果期8—10月。

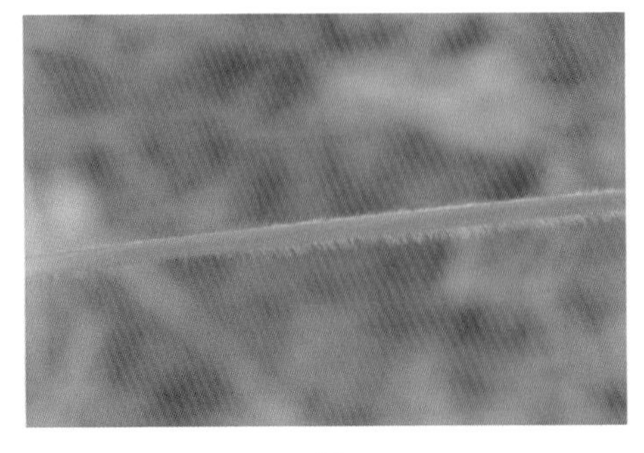
秆

生境：多生于丘陵山坡、路旁及灌丛草地。

产地：全省丘陵山地常见。

分布：江西、江苏、湖北、湖南等省；俄罗斯远东地区、朝鲜、日本也有分布。

植　株

石芒草 *Arundinella nepalensis* Trin.

植　株

形态特征： 野古草属多年生草本植物。有具鳞片的根茎。秆直立，下部坚硬，高90～190cm、直径2～5mm，无毛；节淡灰色，被柔毛，节间上段常具白粉，节上的分枝常可抽穗。叶鞘无毛，边缘具纤毛；叶舌干膜质，极短，上缘截平，具纤毛；叶片线状披针形，基部圆形，先端长渐尖，长10～40cm、宽1～1.5cm，无毛。圆锥花序疏散，主轴具纵棱，无毛；分枝细长，近轮生；小穗灰绿色至紫黑色；颖无毛；第一颖卵状披针形，具3～5脉，脊上稍粗糙，先端渐尖；第二颖等长于小穗，5脉，先端长渐尖；第一小花雄性，外稃具5脉，顶端钝；第二小花两性，成熟时棕褐色，薄革质，无毛；芒宿存，芒柱棕黄色；基盘具毛。颖果棕褐色，长卵形，顶端截平。花果期9—11月。

生境： 生长于山坡草地及疏林灌丛草地。

产地： 全省丘陵山地常见。

分布： 江西、福建、湖南、湖北、广东、广西、贵州、云南、西藏等省区。

生　境

溪边野古草 *Arundinella fluviatilis* Hand. -Mazz.

生　境

形态特征： 野古草属多年生草本植物。常成密集的大丛，有数十秆。须根稠密，径约1mm。秆直立或近地面数节斜升而着生不定根及分蘖；秆质较硬，高40～80cm、径1～2mm，无毛，节淡黄色。叶鞘光滑，边缘膜质，无毛；叶舌平齐，两侧有长柔毛；叶片长6～20cm、宽5～6mm，通常挺直，无毛。圆锥花序狭窄，分枝简短而疏，主轴与分枝具棱，棱上有时具短柔毛；孪生小穗柄；小穗无毛，常带淡紫色；第一颖具5脉；第二颖等长，先端尖，具5脉；第一小花雄性，等长于第二颖，外稃顶端尖，具5脉；内稃稍短，偶见基盘具纤毛；第二小花背面上部粗糙，具芒状小尖头；基盘毛约为稃体的1/2；花药紫色。花果期9—11月。

生境： 多生长在砂岩的石隙间、河床两岸石隙和沙滩上及旷野。

产地： 赣北地区可见。

分布： 江西、湖北、湖南、四川、贵州等省区；我国特有。

植　株

野古草 *Arundinella hirta* var. *hirta*

形态特征：野古草属多年生草本植物。根茎较粗壮，长可达 10cm，密生具多脉的鳞片，须根直径约 1mm。秆直立，疏丛生，高 60～110cm、径 2～4mm，有时近地面数节倾斜并有不定根，质硬，节黑褐色，具髯毛。叶鞘无毛；叶舌短，上缘圆凸，具纤毛；叶片长 12～35cm、宽 5～15mm，常无毛。花序长 10～40cm，开展或略收缩，主轴与分枝具棱，棱上粗糙；孪生小穗柄，无毛；第一颖具 3～5 脉，第二颖具 5 脉；第一小花雄性，约等长于等二颖，外稃顶端钝，具 5 脉，花药紫色；第二小花外稃上部略粗糙，3～5 脉不明显，无芒，有时具芒状小尖头；基盘毛长约为稃体的 1/2；柱头紫红色。花果期 7—10 月。

生境：生长于山坡草地、田地边、路旁、溪沟边、疏林灌丛间及林缘。

产地：江西全省丘陵山地常见。

分布：除新疆、西藏、青海未见本种外，全国各省区均有分布；俄罗斯东部、朝鲜、日本及中南半岛有分布。

花　序

植　株

芦竹 *Arundo donax* L.

叶

形态特征：芦竹属多年生草本植物。具发达根状茎。秆粗大直立，高3～6m，直径1.5～3.5cm，坚韧，具多数节，常生分枝。叶鞘长于节间，无毛；叶舌截平，长约1.5mm，先端具短纤毛；叶片扁平，长30～50cm、宽3～5cm，上面与边缘微粗糙，基部白色、抱茎。圆锥花序极大型，长30～90cm、宽3～6cm，分枝稠密，斜升；小穗含2～4小花，小穗轴节长约1mm；外稃中脉延伸成1～2mm之短芒，背面中部以下密生长柔毛，基盘两侧上部具短柔毛，第一外稃长约1cm；内稃长约为外稃之半；雄蕊3枚。颖果细小黑色。花果期9—12月。

生境：生长于河岸、湖滩、路旁的砂质壤土。

产地：赣中、赣北常见。

分布：江西、江苏、浙江、福建、台湾、广东、海南、广西、湖南、贵州、云南、四川等省区。

植　株

白羊草 *Bothriochloa ischaemum*（L.）Keng

形态特征：孔颖草属多年生草本植物。秆丛生，直立或基部倾斜，高25～70cm、径1～2mm，具3至多节，节上无毛；叶鞘无毛，多密集于基部而相互跨覆；叶舌膜质，具纤毛；叶片线形，长5～16cm、宽2～3mm，顶生者常缩短，先端渐尖，基部圆形，两面疏生疣基柔毛。总状花序4至多数着生于秆顶呈指状，纤细，灰绿色，花序轴节间与小穗柄两侧具白色丝状毛。无柄小穗长圆状披针形，基盘具髯毛；第一颖草质，背部中央略下凹，具5～7脉，下部1/3具丝状柔毛，边缘内卷成2脊，脊上粗糙，先端钝或带膜质；第二颖舟形，中部以上具纤毛；脊上粗糙，边缘亦膜质；第一外稃长圆状披针形，先端尖，边缘上部疏生纤毛；第二外稃退化成线形，先端延伸成一膝曲扭转的芒；第一内稃长圆状披针形；第二内稃退化；鳞被2，楔形；雄蕊3枚。有柄小穗雄性；第一颖背部无毛，具9脉；第二颖具5脉，背部扁平，两侧内折，边缘具纤毛。花果期秋季。

花　序

生境：生长于山坡草地、河岸及荒地。

产地：全省丘陵山地常见。

分布：全国各地均有分布；世界亚热带和温带地区有分布。

植　株

植株基部秆节特征

臭根子草 *Bothriochloa bladhii* (Retz.) S. T. Blake

花　序

形态特征：孔颖草属多年生草本植物。须根粗壮。秆疏丛，直立，高50～100cm；一侧有凹沟，具多节，节被白色短髯毛。叶鞘无毛，上部者短于下部者长于节间；叶舌膜质，截平；叶片线形，长10～25cm、宽1～4mm，先端长渐尖，基部圆形，两面疏生疣毛，边缘粗糙。圆锥花序，每节具1～3枚单纯的总状花序；总状花序具总梗，花序轴节间与小穗柄两侧具丝状纤毛。无柄小穗两性，长圆状披针形，灰绿色，基盘具白色髯毛；第一颖背腹扁，具5～7脉，背部稍下凹，无毛，先端钝，边缘内折，上部微成2脊，脊上具小纤毛；第二颖舟形，与第一颖等长，先端尖，具3脉，边缘近于膜质，上部具纤毛；第一外稃卵形或长圆状披针形，先端尖，边缘及顶端有时疏生纤毛；第二外稃退化成线形，先端具一膝曲的芒。有柄小穗中性，稀为雄性，较无柄者狭窄，无芒；第一颖具7～9脉，无毛；第二颖扁平，质较薄。花果期7—10月。

生境：生于山坡草地、荒野山地。

产地：赣中地区常见。

分布：江西、安徽、福建、台湾、广东、广西、湖南、贵州、云南、四川、陕西；非洲、亚洲至大洋洲的热带和亚热带地区有分布。

植　株

四生臂形草 *Brachiaria subquadripara*（Trin.）Hitchc.

花　序

形态特征： 臂形草属一年生草本植物。秆高20～60cm，纤细，下部平卧地面；节上生根，节膨大而生柔毛，节间具狭糟。叶鞘松弛，被疣基毛；叶片披针形，长4～15cm、宽4～10mm，先端渐尖，基部圆形，无毛，边缘增厚而粗糙，常呈微波状。圆锥花序，由3～6枚总状花序组成；总状花序长2～4cm，主轴及穗轴无刺毛；小穗长圆形，先端渐尖，近无毛，通常单生；第一颖广卵形，长约为小穗之半，具5～7脉，包着小穗基部；第二颖与小穗等长，具7脉；第一小花中性，外稃与小穗等长，具7脉，内稃狭窄而短小；第二外稃革质，先端锐尖，表面具细横皱纹，边缘稍内卷，包着同质的内稃；鳞被2枚，折叠；雄蕊3枚；花柱基分离。花果期9—11月。

生境： 生于丘陵草地、田野、路边、疏林下及沙丘上。

产地： 赣中、赣南常见。

分布： 江西、湖南、福建、台湾、广东、广西、贵州等省区；亚洲热带地区和大洋洲有分布。

株　丛

拂子茅 *Calamagrostis epigeios* (L.) Roth var. *epigeios*

花 序

形态特征：拂子茅属多年生草本植物。具根状茎。秆直立，高45～100cm、径2～3mm；平滑无毛或花序下稍粗糙。叶鞘平滑，短于或基部者长于节间；叶舌膜质，长圆形，先端易破裂；叶片长15～27cm、宽4～8mm，扁平，正面及边缘粗糙，背面较平滑。圆锥花序紧密，圆筒形，劲直、具间断，分枝粗糙，直立或斜向上升；小穗淡绿色；两颖近等长，先端渐尖，具1脉，第二颖具3脉，主脉粗糙；外稃透明膜质，长约为颖之半，顶端具2齿，基盘的柔毛几与颖等长，芒自稃体背中部附近伸出，细直；内稃长约为外稃2/3，顶端细齿裂；小穗轴不延伸于内稃之后，或有时仅于内稃之基部残留微小的痕迹；雄蕊3枚，花药黄色。花果期5—9月。

生境：生于山坡草地、河岸、沟渠旁、荒野、疏林潮湿地及林缘山脚。

产地：赣北地区庐山可见。

分布：全国各地广泛分布。

植 株

细柄草 *Capillipedium parviflorum* (R. Br.) Stapf

形态特征：细柄草属多年生草本植物。秆直立或基部稍倾斜，高50～100cm，不分枝或具数直立、贴生的分枝。叶鞘无毛；叶舌干膜质，边缘具短纤毛；叶片线形，长15～30cm、宽3～8mm，顶端长渐尖，基部收窄，近圆形，两面无毛。圆锥花序，长圆形分枝簇生，可具1～2回小枝；小枝为具1～3节的总状花序，纤细光滑无毛，枝腋间具细柔毛；总状花序轴节间与小穗柄长为无柄小穗之半，边缘具纤毛。无柄小穗基部具髯毛；第一颖背腹扁，先端钝，背面稍下凹，被短糙毛，具4脉，边缘狭窄，内折成脊，脊上部具糙毛；第二颖舟形，与第一颖等长，先端尖，具3脉，脊上稍粗糙，上部边缘具纤毛；第一外稃长为颖的1/4～1/3，先端钝；第二外稃线形，先端具一膝曲的芒。有柄小穗中性或雄性，等长，无芒，二颖均背腹扁，第一颖具7脉、背部稍粗糙，第二颖具3脉、较光滑。花果期8—12月。

生境：生于山坡草地、稀疏林间、灌丛中及河边。

产地：赣中、赣南地区常见。

分布：华东、华中以至西南地区。

花 序

硬秆子草 *Capillipedium assimile*（Steud.）A. Camus

形态特征：细柄草属多年生草本植物。秆高1.8～3.5m，坚硬似小竹；多分枝，分枝常向外开展而将叶鞘撑破。叶片线状披针形，长6～15cm、宽3～6mm，顶端刺状渐尖，基部渐窄，无毛。圆锥花序，分枝簇生，疏散而开展，枝腋内有柔毛，小枝顶端有2～5节总状花序；总状花序轴节间易断落，边缘变厚，被纤毛。无柄小穗长圆形，背腹压扁，具芒，淡绿色至淡紫色，有被毛的基盘；第一颖顶端窄而截平，背部粗糙乃至疏被小糙毛，具2脊，脊上被硬纤毛，脊间有不明显的2～4脉；第二颖与第一颖等长，顶端钝，具3脉；第一外稃长圆形，顶端钝，长为颖的2/3；芒膝曲扭转。具柄小穗线状披针形，常较无柄小穗长。花果期8—12月。

植　株

生境：生长在河边、溪沟边、疏林湿地及林缘山脚。

产地：赣中、赣南地区常见。

分布：江西、广东、广西及西藏等省区；印度东北部、中南半岛、马来西亚、印度尼西亚及日本也有分布。

花　序

叶

酸模芒 *Centotheca lappacea*（L.）Desv.

生　境

形态特征：酸模芒属多年生草本植物。具短根状茎。秆直立，高40～100cm，具4～7节。叶鞘平滑，一侧边缘具纤毛；叶舌干膜质；叶片长椭圆状披针形，长6～15cm、宽1～2cm，具横脉，上面疏生硬毛，顶端渐尖，基部渐窄，成短柄状。圆锥花序，分枝斜生，微粗糙，基部主枝长达15cm；小穗柄生微毛；小穗含2～3小花；颖披针形，具3～5脉，脊粗糙；第一外稃具7脉，顶端具小尖头，第二与第三外稃两侧边缘贴生硬毛，成熟后其毛伸展、反折或形成倒刺；内稃狭窄，脊具纤毛；雄蕊2枚，花药长约1mm。颖果椭圆形，胚长为果体的1/3。花果期6—10月。

生境：生于林下、林缘及山谷蔽阴处。

产地：赣中、赣北地区可见。

分布：江西、台湾、福建、广东、海南、云南、广西、香港等省区。

植　株

薏苡 *Coix lacryma* - *jobi* L.

叶

形态特征：薏苡属一年生草本植物。须根黄白色，海绵质，直径约3mm。秆粗壮，直立，多分枝，高1～3m。叶舌膜质；叶片扁平宽大，开展，长10～40cm、宽1.5～3cm，基部圆形或近心形，中脉粗厚在叶背隆起，边缘粗糙，通常无毛。总状花序腋生成束，直立或下垂，具长梗。雌小穗位于花序下部，外面包以骨质念珠状之总苞；总苞卵圆形，珐琅质，坚硬，有光泽；第一颖卵圆形，顶端渐尖呈喙状，具10余脉，包围着第二颖及第一外稃；第二外稃短于颖，具3脉，第二内稃较小；雄蕊常退化；雌蕊具细长之柱头，从总苞顶端伸出。雄小穗2～3对，着生于花序上部。无柄雄小穗第一颖草质，边缘内折成脊，具有不等宽之翼，顶端钝，具多数脉，第二颖舟形；外稃与内稃膜质；第一及第二小花常具雄蕊3枚，花药橘黄色。有柄雄小穗与无柄者相似，或较小而呈不同程度的退化。颖果小，含淀粉少，常不饱满。花果期6—12月。

生境：生长于田边、溪沟边、池塘边、村边、路旁、河边、湖滩及荒野潮湿地。

产地：江西全省常见。

分布：我国江西、湖北、安徽、江苏、浙江、福建、台湾、广东、海南、广西、湖南、贵州、云南、四川、陕西以及山西、河北、河南、山东、辽宁等大部分省区。

植　株

蒲苇 *Cortaderia selloana* (Schult. et Schult. f.) Asch. et Graebn.

花 序

形态特征： 蒲苇属多年生草本植物。秆高大粗壮，丛生，高2～3m。叶舌为一圈密生柔毛；叶片质硬，狭窄，簇生于秆基，长达1～3m，边缘具锯齿状粗糙。圆锥花序大型稠密，长50～100cm，银白色至粉红色；雌花序较宽大，雄花序较狭窄；小穗含2～3小花，雌小穗具丝状柔毛，雄小穗无毛；颖质薄，细长，白色，外稃顶端延伸成长而细弱之芒。

生境： 多生于溪水沟渠边、河滩及湖边潮湿地。

产地： 常见于鄱阳湖地区。

分布： 原产于阿根廷和巴西；我国华北、华中、华南、华东及东北地区有分布。

植 株

扭鞘香茅 *Cymbopogon tortilis* (J. Presl) A. Camus

植 株

形态特征： 香茅属多年生草本植物，揉之有香气。秆直立、簇生，高50～110cm。叶鞘无毛，秆生者短于其节间，基生者枯老后破裂向外反卷，露出其红棕色的内面；叶舌膜质，截圆形；叶片线形，扁平，无毛，长30～60cm、宽3～5mm，边缘粗糙，顶端长渐尖。伪圆锥花序较狭窄，具少数上举的分枝，第一回分枝具3～5节，第二回分枝多单生；佛焰苞红褐色；总状花序较短，具3～5节，成熟时总状花序叉开并向下反折；总状花序轴节间与小穗柄边缘具柔毛。第一颖背部扁平，具2～4脉，脊缘具翼，顶端钝，具微齿裂；第二外稃2裂片间伸出芒；芒柱短，芒针钩状反曲。有柄小穗第一颖具7脉。花果期7—10月。

生境： 生长在丘陵山地、疏林灌丛间、路边、旷野及林缘。

产地： 江西全省常见。

分布： 江西、浙江、福建、台湾、广东、海南、湖北、贵州、云南等省区。

生 境

花 序

狗牙根 *Cynodon dactylon*（L.）Pers.

茎、叶、不定根

形态特征：狗牙根属多年生草本植物。具根茎。秆细而坚韧，下部匍匐地面蔓延甚长，节上常生不定根，直立部分高10～30cm、直径1～1.5mm；秆壁厚，光滑无毛，有时略两侧压扁。叶鞘微具脊，无毛或有疏柔毛，鞘口常具柔毛；叶舌仅为一轮纤毛；叶片线形，长1～12cm、宽1～3mm，通常两面无毛。穗状花序3～5；小穗灰绿色，仅含1小花；颖长1.5～2mm，第二颖稍长，均具1脉，背部成脊而边缘膜质；外稃舟形，具3脉，背部明显成脊，脊上被柔毛；内稃与外稃近等长，具2脉。鳞被上缘近截平；花药淡紫色；子房无毛，柱头紫红色。颖果长圆柱形。花果期5—10月。

生境：生长于田边、园地、路边、河岸、湖滩低湿地及旷野荒地。

产地：江西全省常见。

分布：我国黄河流域以南；广布全球温带地区。

植　株

幼　苗

弓果黍 *Cyrtococcum patens*（L.）A. Camus

叶、花序

形态特征： 弓果黍属一年生草本植物。秆较纤细，花枝高15～30cm。叶鞘常短于节间，边缘及鞘口被疣基毛，脉间亦散生疣基毛；叶舌膜质，顶端圆形；叶片线状披针形或披针形，长3～8cm、宽3～10mm，顶端长渐尖，基部稍收狭或近圆形，两面贴生短毛，老时渐脱落，边缘稍粗糙，近基部边缘具疣基纤毛。圆锥花序，由上部秆顶抽出，长5～15cm；分枝纤细，腋内无毛；小穗柄长于小穗；小穗被细毛或无毛，颖具3脉，第一颖卵形，长为小穗的1/2，顶端尖头；第二颖舟形，长约为小穗的2/3，顶端钝；第一外稃约与小穗等长，具5脉，顶端钝，边缘具纤毛；第二外稃背部弓状隆起，顶端具鸡冠状小瘤体；第二内稃长椭圆形，包于外稃中；雄蕊3枚，花药长0.8mm。花果期9月至次年2月。

生境： 生于丘陵杂木林下、山脚及草地较阴湿处。

产地： 赣中、赣南地区常见。

分布： 江西、福建、台湾、广东、广西和云南等省区。

植　株

龙爪茅 *Dactyloctenium aegyptium*（L.）P. Beauv.

生 境

形态特征：龙爪茅属一年生草本植物。秆高15～60cm，直立或基部横卧地面，于节处生根且分枝。叶鞘松弛，边缘被柔毛；叶舌膜质，顶端具纤毛；叶片扁平，长5～18cm、宽2～6mm，顶端尖，两面被疣基毛。穗状花序2～7个指状排列于秆顶；小穗含3小花；第一颖沿脊龙骨状凸起上具短硬纤毛，第二颖顶端具短芒；外稃中脉成脊，脊上被短硬毛，第一外稃长约3mm；有近等长的内稃，其顶端2裂，背部具2脊，背缘有翼，翼缘具细纤毛；鳞被2，楔形，折叠，具5脉。囊果球状。花果期5—10月。

生境：多生于山坡草地、河岸及山脚。

产地：赣南地区可见。

分布：华东、华南和中南等各省区；全世界热带及亚热带地区均有分布。

茎、叶

花 序

疏穗野青茅 *Deyeuxia effusiflora* Rendle

植　株

形态特征： 野青茅属多年生草本植物。疏丛，秆直立，高 100～120cm、径 3～5mm；紧接花序之下和节下常贴生细毛，其余平滑无毛。叶鞘脉间贴生倒向微毛，基部及上部者长于而中部者短于节间；叶舌厚，干膜质，顶端钝圆，有时微凹；叶片扁平，长 30～70cm、宽 5～10mm，正面密生微毛，背面粗糙。圆锥花序开展，长 20～35cm、宽达 15cm，主轴节间长 3～7cm 且粗糙，分枝簇生，稍糙涩，开展，下部裸露；小穗灰绿色基部带紫色；两颖近等长，披针形，顶端钝或稍尖，具 1 脉，第二颖具 3 脉，主脉中、上部稍粗糙；外稃稍短于颖，顶端具 4 微齿，基盘两侧的柔毛长约为稃体的 1/3，芒自稃体基部 1/5 处伸出，细直，下部稍扭转；内稃近等长于外稃，顶端具细齿；延伸小穗轴长 0.5～0.7mm，与其所被柔毛共长 2～3mm。花果期 7—10 月。

生境： 生于山谷、溪沟边、林间潮湿地及林缘。

产地： 赣北地区可见。

分布： 江西、四川、云南、陕西、河南等省区。

生　境

野青茅 *Deyeuxia pyramidalis*（Host）Veldkamp

形态特征： 野青茅属多年生草本植物。秆直立，其节膝曲，丛生，基部具被鳞片的芽，高50～60cm，平滑。叶鞘疏松裹茎，长于节间，无毛；叶舌膜质，顶端常撕裂；叶片扁平，长5～25cm、宽2～7mm，无毛，两面粗糙，带灰白色。圆锥花序紧缩似穗状，分枝3或数枚簇生，直立贴生，与小穗柄均粗糙；小穗草黄色；颖片披针形，先端尖，稍粗糙，两颖近等长，具1脉，第二颖具3脉；外稃稍粗糙，顶端具微齿裂，基盘两侧的柔毛长为稃体之1/5～1/3，芒自外稃近基部1/5处伸出，近中部膝曲，芒柱扭转；内稃近等长；延伸小穗轴与其所被柔毛共长3～4mm。花果期6—9月。

生境： 生于山坡草地、灌丛山谷、沟溪边、路旁、河滩草丛及林缘。

产地： 赣北地区可见。

分布： 东北、华北、华中及陕西、甘肃、四川、云南、贵州、江西等省区；欧亚大陆的温带地区均有分布。

植　株

双花草 *Dichanthium annulatum*（Forssk.）Stapf

形态特征： 双花草属多年生草本植物。常丛生，直立或基部曲膝。秆高30～100cm、径约1mm，有或无分枝，节密生髯毛。上部的叶鞘短于节间；叶舌膜质，上缘撕裂状；叶片线形，长8～30cm、宽2.5～4mm，顶端长渐尖，基部近圆形，粗糙，中脉明显，表面具疣基毛。总状花序2～8枚指状着生于秆顶，基部腋内有白色柔毛；小穗对紧密的覆瓦状排列，花序轴节间与有柄小穗柄长1.5～2.5mm，边缘被纤毛；基部1～6对小穗对同为雄性或中性。无柄小穗两性，卵状长圆形或长圆形，背部压扁；第一颖卵状长圆形或长圆形，顶端钝或截形，纸质，边缘具狭脊或内折，背部常扁平，有5～9脉，无毛或被疏长毛，沿2脊上被纤毛；子房无毛。有柄小穗与无柄小穗几等长，雄性或中性，第一颖有7～11脉，边缘内折成2脊，沿脊有短纤毛，第二颖窄而短，有3脉，第一外稃透明膜质，与第二颖等长，第二外稃小。颖果倒卵状长圆形。花果期6—11月。

生境： 生于山坡草地、旷野荒地及疏林下。

产地： 赣南地区可见。

分布： 湖北、广东、广西、四川、贵州、云南和江西等省区；在亚洲东南部、非洲及大洋洲有分布。

植　株

红尾翎 *Digitaria radicosa*（J. Presl）miq.

植　株

形态特征： 马唐属一年生草本植物。秆匍匐地面，下部节生根，直立部分高30～50cm。叶鞘短于节间，无毛至密生疣基柔毛；叶片较小，披针形，长2～6cm、宽3～7mm，背面及顶端微粗糙，无毛，下部有少数疣柔毛。总状花序2～3枚，着生于主轴上；穗轴具翼，无毛，边缘近平滑至微粗糙；小穗柄顶端截平，粗糙；小穗狭披针形，长为其宽的4～5倍，顶端尖；第一颖三角形；第二颖长为小穗1/3～2/3，具1～3脉，长柄小穗的颖较长大，脉间与边缘生柔毛；第一外稃等长于小穗，具5～7脉，中脉与其两侧的脉间距离较宽，正面见有3脉，侧脉及边缘生柔毛；第二外稃黄色，厚纸质，有纵细条纹；花药3枚。花果期夏秋季。

生境： 生于丘陵山坡、田埂、路边及林间湿润草地上。

产地： 江西全省常见。

分布： 台湾、福建、江西、海南和云南等省区；东半球热带，印度、缅甸、菲律宾、马来西亚、印度尼西亚至大洋洲有分布。

生　境

毛马唐 *Digitaria ciliaris* (Retz.) Koeler var. *chrysoblephara* (Fig. et De Not.) R. R. Stewart

形态特征：马唐属一年生草本植物。秆基部倾卧，着土后节易生根，具分枝，高30～100cm。叶鞘多短于其节间，常具柔毛；叶舌膜质；叶片线状披针形，长5～20cm、宽3～10mm，两面多少生柔毛，边缘微粗糙。总状花序4～10枚，呈指状排列于秆顶；穗轴宽约1mm，中肋白色，约占其宽的1/3，两侧之绿色翼缘具细刺状粗糙；小穗披针形，孪生于穗轴一侧；小穗柄三棱形，粗糙；第一颖小，三角形；第二颖披针形，长约为小穗的2/3，具3脉，脉间及边缘生柔毛；第一外稃等长于小穗，具7脉，脉平滑，中脉两侧的脉间较宽而无毛，间脉与边脉间具柔毛及疣基刚毛，成熟后，两种毛均平展张开；第二外稃淡绿色，等长于小穗；花药长约1mm。花果期6—10月。

生境：生于田间、路旁、园地、溪沟边、荒地及林缘。

产地：江西全省常见。

分布：黑龙江、吉林、辽宁、河北、山西、河南、甘肃、陕西、四川、江西、安徽及江苏等省；全世界亚热带和温带地区有分布。

植　株

紫马唐 *Digitaria violascens* Link

花　序

形态特征： 马唐属一年生直立草本植物。秆疏丛生，高20～60cm，基部倾斜，具分枝，无毛。叶鞘短于节间，无毛；叶片线状披针形，质地较软，扁平，长5～15cm、宽2～6mm，粗糙，基部圆形，无毛或上面基部及鞘口生柔毛。总状花序，4～10枚呈指状排列于茎顶或散生于主轴上；穗轴宽0.5～0.8mm，边缘微粗糙；小穗椭圆形，2～3枚生于各节；小穗柄稍粗糙；第一颖不存在；第二颖稍短于小穗，具3脉，脉间及边缘生柔毛；第一外稃与小穗等长，有5～7脉，脉间及边缘生柔毛；毛壁有小疣突，中脉两侧无毛或毛较少，第二外稃与小穗近等长，顶端尖，有纵行颗粒状粗糙，紫褐色，革质，有光泽；花药长约0.5mm。花果期7—11月。

生境： 生于山坡草地、路边、田间、河滩、湖边及荒野地。

产地： 江西全省常见。

分布： 江西、湖北、安徽、江苏、山东、浙江、福建、台湾、广东、广西、湖南、贵州、云南、四川、陕西、河北、河南、山西以及新疆等省区；美洲及亚洲的热带地区有分布。

生　境

植　株

福建薄稃草 *Digitaria fujianensis* (L. Liu) S. M. Phillips et S. L. Chen

形态特征：马唐属多年生草本植物。秆直立，丛生，高30～50cm，具4～5节。叶鞘较长于其节间，散生疣基柔毛；叶舌褐色，膜质，长2～3mm；叶片线形或线状披针形，长6～20cm、宽3～6mm，顶端渐尖，边缘较厚，无毛。圆锥花序，长12～18cm，分枝开展，裸露，长5～10cm，数枚生于主轴各节；小穗柄细长，单生，微粗糙。小穗披针状椭圆形，长3.5～4mm、宽约1mm，顶端尖；第一颖长约0.5mm，顶端钝或凹缺，无脉；第二颖长约3mm，具3～5脉，侧脉之间及边缘贴生微毛；第一外稃等长于小穗，具7脉，边缘及脉间生细柔毛；第二成熟小花外稃软革质，顶端渐尖，黄绿色，平滑无毛，边缘扁平，质薄，覆盖其内稃；花药线形，长约2mm，带紫色；花柱2枚；柱头紫褐色。花果期7月。

生境：生于山地石岩间。

产地：赣中、赣北地区可见。

分布：江西、福建等省区。

生　境

鳞茅 *Dimeria ornithopoda* Trin.

形态特征：鳞茅属一年生草本植物。秆直立或基部稍倾斜，高 3～40cm；具 2～5 节，节具倒髯毛。叶鞘具脊；叶舌披针形；叶片线形。总状花序 2～3 枚，呈指状着生于秆顶或分枝顶，花序轴三棱形，不具翼，呈“之”字形曲折，棱边缘微糙，小穗柄交互排列在轴的一侧，顶端较基部宽，无毛；小穗紫色、浅红棕色或红棕色，两侧极压扁，线状长圆形，草质，基盘围绕有倒髯毛，先端有数枚放射状毛；第一颖比小穗短，线形，极扁，先端急尖，背面粗糙，边缘质薄，具上向短毛；第二颖与小穗等长，两侧压扁，背脊不明显，背面疏粗糙，侧面具上向短毛，边缘透明膜质，具短毛；第一小花退化，仅存外稃，长圆状披针形，边缘有疏纤毛，透明膜质，无内稃；第二外稃狭椭圆状，比第二颖略短，透明膜质，先端尖，2 裂，裂齿间伸出一细弱的芒，芒柱棕褐色，扭转；雄蕊 2 枚；花柱 2 枚，短，花柱基短联合，柱头帚刷状。颖果线状长圆形。花果期 10—11 月。

生境：生于山坡路边、林间草地、沟边、空旷地及岩石缝的较阴湿处。

产地：赣北地区可见。

分布：江西、广东、香港、广西、云南等省区。

植　株

稗 *Echinochloa crusgalli*（L.）P. Beauv.

形态特征：稗属一年生草本植物。秆高 50～150cm，光滑无毛，基部倾斜。叶鞘疏松裹秆，平滑无毛，下部者长于而上部者短于节间；叶舌缺；叶片扁平，线形，长 10～40cm、宽 5～20mm，无毛，边缘粗糙。圆锥花序直立，近尖塔形，长 6～20cm；主轴具棱，粗糙；分枝斜上举，有时再分小枝；穗轴粗糙；小穗卵形，脉上密被疣基刺毛，具短柄，密集在穗轴的一侧；第一颖三角形，长为小穗的 1/3～1/2，具 3～5 脉，脉上具疣基毛，基部包卷小穗，先端尖；第二颖与小穗等长，先端渐尖，具 5 脉，脉上具疣基毛；第一小花通常中性，外稃草质，上部具 7 脉，脉上具疣基刺毛，顶端延伸成一粗壮的芒，内稃薄膜质、狭窄、具 2 脊；第二外稃椭圆形，平滑，光亮，成熟后变硬，顶端具小尖头，尖头上有一圈细毛，边缘内卷，包着同质的内稃，但内稃顶端露出。

生境：生于田间、低湿草地、沼泽地、溪沟边及湖泊、河滩。

产地：江西全省常见。

分布：我国各地以及全世界温暖地区均有分布。

植　株

光头稗 *Echinochloa colona*（L.）Link

形态特征： 稗属一年生草本植物。秆直立，高 10～60cm。叶鞘压扁而背具脊，无毛；叶舌缺；叶片扁平，线形，长 3～20cm、宽 3～7mm，无毛，边缘稍粗糙。圆锥花序狭窄；主轴具棱，通常无疣基长毛，棱边上粗糙。花序分枝长 1～2cm，排列稀疏，直立上升，穗轴无疣基长毛；小穗卵圆形，具小硬毛，无芒，较规则的成 4 行排列于穗轴的一侧；第一颖三角形，长约为小穗的 1/2，具 3 脉；第二颖与第一外稃等长而同形，顶端具小尖头，具 5～7 脉，间脉常不达基部；第一小花常中性，外稃具 7 脉，内稃膜质，稍短于外稃，脊上被短纤毛；第二外稃椭圆形，平滑，光亮，边缘内卷，包着同质的内稃；鳞被 2，膜质。花果期夏秋季。

生境： 多生于田野、园地、水边、路旁、河滩及湖泊湿草。

产地： 赣中、赣北地区可见。

分布： 江西、湖北、河南、河北、安徽、江苏、浙江、福建、广东、广西、贵州、云南、四川及西藏等省区均有分布。

植　株

水田稗 *Echinochloa oryzoides*（Ard.）Fritsch

植　株

形态特征：稗属一年生草本植物。秆粗壮直立，高达 1m 许、径达 8mm。叶鞘及叶片均光滑无毛。叶片扁平，线形，长10～30cm、宽 1～1.5cm。圆锥花序，长 8～15cm、宽 1.5～3cm，其上分枝常不具小枝；小穗卵状椭圆形，通常无芒；颖草质，第一颖三角形，长为小穗的 1/2～2/3，先端渐尖，具 3～5 脉，脉上被硬刺毛；第二颖等长于小穗，先端尖，具 5 脉，脉上疏被硬刺毛；第一外稃革质，光亮，先端尖至具极短的芒；第二外稃革质，平滑而光亮；鳞被 2，膜质，折叠。花果期 7—10 月。

生境：常生于水田、低洼潮湿地。

产地：江西全省常见。

分布：江西、河北、江苏、安徽、台湾、广东、贵州、云南、西藏、新疆等省区。

生　境

紫穗稗 *Echinochloa esculenta* (A. Braun) H. Scholz

形态特征： 稗属多年生草本植物。秆粗壮，高 90～150cm。叶鞘光滑无毛；叶舌缺；叶片扁平，线形，长 20～50cm、宽 1.2～2.5cm，两面无毛，基部圆楔形，边缘增厚而呈皱波纹。圆锥花序，直立、紧密；主轴粗壮，具棱，粗糙，疏生疣基长刺毛；花序分枝粗壮，紧密，通常再生小枝；小穗倒卵形，紫色，脉上被疣基毛；第一颖三角形，长约为小穗的 1/3，先端尖，具 3 脉；第二颖稍短于小穗，具 5 脉；第一小花通常中性，第一外稃草质，具 5 脉，顶端尖或具芒，内稃质薄，具 2 脊；第二外稃革质，平滑光亮，边缘包着同质的内稃；鳞被 2，折叠；花柱基分离。花果期 8—10 月。

穗

生境： 生于水田、湖泊湿地及沟谷阴湿地。

产地： 江西鄱阳湖湿地可见。

分布： 全世界温带地区有分布或栽培。

植　株

水稗子 *Beckmannia syzigachne*（Steud.）Fernald

花 序

形态特征：菵草属一年生草本植物。秆直立，高15～90cm，具2～4节。叶鞘无毛，多长于节间；叶舌透明膜质；叶片扁平，长5～20cm、宽3～10mm，粗糙或下面平滑。圆锥花序，分枝稀疏，直立或斜升；小穗扁平，圆形，灰绿色，常含1小花；颖草质；边缘质薄，白色，背部灰绿色，具淡色的横纹；外稃披针形，具5脉，常具伸出颖外之短尖头；花药黄色。颖果黄褐色，长圆形，先端具丛生短毛。花果期4—10月。

生境：常生于水田、溪间塘边、湖滩及荒野低洼潮湿地。

产地：江西全省常见。

分布：江西、河北、江苏、安徽、台湾、广东等省区。

生 境

牛筋草 *Eleusine indica*（L.）Gaertn.

花　序

形态特征：穇属一年生草本植物。根系极发达。秆丛生，基部倾斜，高10～90cm。叶鞘两侧压扁而具脊，松弛，无毛；叶舌长约1mm；叶片平展，线形，长10～15cm、宽3～5mm，无毛。穗状花序2～7个指状着生于秆顶，很少单生，长3～10cm、宽3～5mm；小穗含3～6小花；颖披针形，具脊，脊粗糙；第一外稃卵形，膜质，具脊，脊上有狭翼；内稃短于外稃，具2脊，脊上具狭翼。囊果卵形，长约1.5mm，基部下凹，具明显的波状皱纹。鳞被2，折叠，具5脉。花果期6—10月。

生境：生于园地、村边、路旁及荒芜地。

产地：江西全省常见。

分布：分布我国各省区，江西各地常见；全世界温带和热带地区有分布。

植　株

华南画眉草 *Eragrostis nevinii* Hance

形态特征：画眉草属多年生草本植物。秆簇生，直立，高 20～50cm、径 2～4mm，坚硬，具 5～6 节。叶鞘长于节间，具长柔毛，鞘口亦有毛；叶舌为一圈短毛；叶片线形，多内卷，长 4～11cm、宽 3～4mm，两面均有毛。圆锥花序紧缩成穗状，每节分枝数不定，分枝腋间无毛；小穗长圆形，含 4～14 小花，黄色；颖披针形，具 1 脉；第一外稃卵圆形，先端尖，具 3 脉，侧脉明显；内稃弯曲，具 2 脊，脊上有翼，先端有齿，宿存；雄蕊 3 枚；花药长约 0.5mm。颖果褐色透明，长圆形略扁。花果期 4—10 月。

生境：生于山坡、路旁、荒地、疏林下及林缘。

产地：江西全省常见。

分布：华南各省区及台湾、江西、上海等地。

植　株

花　序

鲫鱼草 *Eragrostis tenella*（L.）P. Beauv. ex Roem. et Schult.

形态特征：画眉草属一年生草本植物。秆纤细，高 15～60cm，直立或基部膝曲，或呈匍匐状，具 3～4 节，有条纹。叶鞘松裹茎，比节间短，鞘口和边缘均疏生长柔毛；叶舌为一圈短纤毛；叶片扁平，长 2～10cm、宽 3～5mm，正面粗糙、背面光滑，无毛。圆锥花序开展，分枝单一，节间很短，腋间有长柔毛，小枝和小穗柄上具腺点；小穗卵形至长圆状卵形，含小花 4～10 朵，成熟后，小穗轴由上而下逐节断落；颖膜质，具 1 脉；第一外稃有明显紧靠边缘的侧脉，先端钝；内稃脊上具有长纤毛；雄蕊 3 枚，花药长约 0.3mm。颖果长圆形，深红色。花果期 4—8 月。

生境：生于田野、荫蔽荒地及低洼潮湿地。

产地：江西全省常见。

分布：江西、湖北、福建、台湾、广东、广西等省区。

植　株

乱草 *Eragrostis japonica*（Thunb.）Trin.

形态特征： 画眉草属一年生草本植物。秆直立，高30～100cm、径1.5～2.5mm，具3～4节。叶鞘一般比节间长，松裹茎，无毛；叶舌干膜质；叶片平展，长3～25cm、宽3～5mm，光滑无毛。圆锥花序长圆形，整个花序常超过植株一半以上，分枝纤细，簇生，腋间无毛。小穗柄长1～2mm；小穗卵圆形，有4～8小花，成熟后紫色，自小穗轴由上而下的逐节断落；颖近等长，先端钝，具1脉；第一外稃广椭圆形，先端钝，具3脉，侧脉明显；内稃先端为3齿，具2脊，脊上疏生短纤毛。雄蕊2枚，花药长约0.2mm。颖果棕红色并透明，卵圆形。花果期6—11月。

生境： 生于田野路旁、荒地、河边及潮湿地。

产地： 江西全省常见。

分布： 江西、湖北、安徽、浙江、台湾、广东、云南等省区。

植　株

牛虱草 *Eragrostis unioloides*（Retz.）Nees ex Steud.

形态特征：画眉草属一年生草本植物。秆基伏卧地面而节上生根，高20～40cm。叶鞘光滑；叶舌甚短；叶片长5～20cm、宽2～4mm，上面粗糙。圆锥花序，矩圆形分枝斜出，单生或自基部生出小枝和小穗；小穗卵状矩圆形，两侧极压扁，含10～20小花，熟时淡紫色，小花广开展；颖顶端尖；外稃宽卵圆形，无芒，有3条明显的脉；第一外稃长约2mm；内稃稍短于外稃，与外稃同时脱落，脊上有小睫毛；花药长约0.5mm。颖果椭圆形。

生境：生于山坡草地、园地、村边、路旁及荒野。

产地：赣北地区可见。

分布：华南各地和江西、福建、台湾、云南等省区；亚洲和非洲的热带地区有分布。

植　株

宿根画眉草 *Eragrostis perennans* Keng

形态特征： 画眉草属多年生草本植物。秆直立而坚硬，高50～110cm、径1～3mm，具2～3节。叶鞘质较硬，圆筒形，鞘口密生长柔毛，基部很多叶鞘残存；叶舌膜质；叶片平展，长10～45cm、宽3～5mm，质硬，无毛，上面较粗糙。圆锥花序开展，每节分枝1个，腋间疏生柔毛；小穗柄长1～5mm，小穗黄色带紫色，含7～24小花；颖为广披针形，先端渐尖，具1脉；外稃长圆状披针形，先端尖，第一外稃具3脉，侧脉明显而突出；内稃脊上具纤毛，宿存。颖果棕褐色，椭圆形，微扁。花果期为夏秋季。

生境： 生于田野、山坡草地、路边及旷野荒地。

产地： 江西全省常见。

分布： 江西、广东、广西、贵州及福建等省区；东南亚地区有分布。

生 境

植 株

长画眉草 *Eragrostis zeylanica* Nees etmeyen

花　序

形态特征： 画眉草属多年生草本植物。秆纤细，丛生，直立，高 15～50cm、径 0.5～1mm，具 3～5 节。叶鞘短于节间，光滑无毛，鞘口有长柔毛；叶舌膜质；叶片常集生于基部，线形，内卷或平展，长 3～10cm、宽 1～3mm。圆锥花序开展，长 3～7cm、宽 1.5～3.5cm，分枝较粗短，单一，常不再分枝，基部密生小穗；小穗铅绿色或暗棕色，长椭圆形，含 7 至多数小花，小穗柄极短，通常 2～4 个小穗密集在一起；颖卵状披针形，顶端尖，第一颖具 1 脉，第二颖具 1 脉，但侧脉不明显；外稃卵圆形，顶端锐尖，具 3 脉；内稃稍短于外稃，脊上有毛，顶端微缺凹；雄蕊 3 枚，花药长约 1.3mm。颖果黄褐色，透明。春季抽穗。

生境： 生于山地疏林、路旁、边坡、林缘及旷野荒地。

产地： 赣北地区可见。

分布： 华东、华南、西南等地；东南亚、大洋洲各地有分布。

生　境

假俭草 *Eremochloa ophiuroides* (Munro) Hack.

植　株

形态特征： 蜈蚣草属多年生草本植物。具强壮的匍匐茎，秆斜生，高约20cm。叶鞘压扁，多密集跨生于秆基，鞘口常有短毛；叶片条形，顶端钝，无毛，长3～8cm、宽2～4mm，顶生叶片退化。总状花序顶生，稍弓曲，压扁，花序轴节间具短柔毛。无柄小穗长圆形，覆瓦状排列于花序轴一侧；第一颖硬纸质，无毛，5～7脉，两侧下部有篦状短刺，顶端具宽翅；第二颖舟形，厚膜质，3脉；第一外稃膜质，近等长；第二小花两性，外稃顶端钝；花药长约2mm，柱头红棕色。有柄小穗退化，披针形，与花序轴贴生。花果期为夏秋季。

生境： 生于田边、路旁、河岸、湖滩、沟溪边及潮湿山坡草地。

产地： 江西全省常见。

分布： 江西、江苏、浙江、安徽、湖北、湖南、福建、台湾、广东、广西、贵州等省区。

生　境

马陆草 *Eremochloa zeylanica*（Hack. ex Trimen）Hack.

形态特征： 蜈蚣草属多年生草本植物。秆直立丛生，纤细，高20～40cm、直径约1mm。叶鞘压扁，背面具脊；叶舌膜质，顶端舌形；叶片线形，多直立，长2～7cm、宽约3mm，先端渐尖，基部近叶舌处被少量柔毛。总状花序镰形弯曲，长2～5cm、宽约3mm；花序柄被柔毛；花序轴节间长约2mm，基部有一圈柔毛。无柄小穗长卵形；第一颖背面微凸，3～5脉，顶端尖而具狭翅，边缘有不等长而斜展的刺；第二颖舟形，具2脊；第一小花中性，仅存膜质内外稃；第二小花两性，稍短于第一小花；花药长1.5mm；花柱离生。花果期夏秋季。

生境： 生于丘陵草地、路旁、山坡荒地及林缘。

产地： 赣中、赣南地区可见。

分布： 广西、云南、江西等省区；中南半岛、印度、斯里兰卡等地有分布。

植　株

鹧鸪草 *Eriachne pallescens* R. Br.

生 境

形态特征：鹧鸪草属多年生草本植物。须根较粗而坚韧。秆直立，丛生，较细而坚硬，光滑无毛，高20～60cm，具5～8节。叶鞘圆筒形；叶舌硬而短，具纤毛；叶片质地硬，多纵卷成针状，稀扁平，长2～10cm，被疣毛。圆锥花序稀疏开展，分枝纤细，光滑无毛，单生，长达5cm，其上着生少数小穗；小穗含2小花，带紫色；颖硬纸质，卵形兼披针形，背部圆形，无毛，具9～10脉；外稃质地较硬，全部密生短糙毛，顶端具1直芒，与稃体几相等；内稃与外稃等长，质同，背部亦具短糙毛；雄蕊3枚，花药长约2mm。颖果长圆形。花果期5—10月。

生境：生于干燥山坡、松树疏林下和丘陵草地上。

产地：江西全省常见。

分布：江西、福建、广西、广东等省区；东南亚和大洋洲有分布。

植 株

野黍 *Eriochloa villosa*（Thunb.）Kunth

花

形态特征： 野黍属一年生草本植物。秆直立，基部分枝，稍倾斜，高30～100cm。叶鞘无毛，松弛包茎，节具髭毛；叶舌具纤毛；叶片扁平，长5～25cm、宽5～15mm，表面具微毛，背面光滑，边缘粗糙。圆锥花序狭长，长7～15cm，由4～8枚总状花序组成；总状花序长1.5～4cm，密生柔毛，常排列于主轴之一侧；小穗卵状椭圆形，基盘长约0.6mm；小穗柄极短，密生长柔毛；第一颖微小，短于基盘；第二颖与第一外稃皆为膜质，等长于小穗，均被细毛，前者具5～7脉、后者具5脉；第二外稃革质，稍短于小穗，先端钝，具细点状皱纹；鳞被2，折叠，具7脉；雄蕊3枚；花柱分离。颖果卵圆形。花果期7—10月。

生境： 生于山坡草地、田间、村边、路旁、撂荒地和林缘。

产地： 江西南昌、九江多见。

分布： 华东、华中、西南、华南、东北、华北等地区。

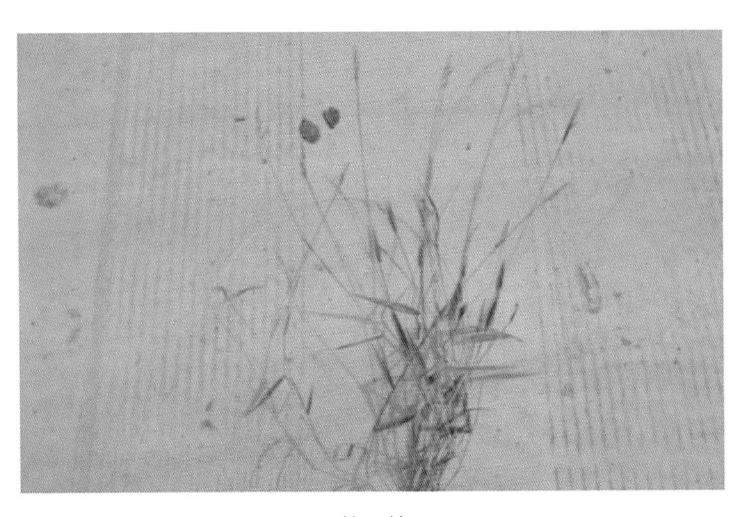
植 株

金茅 *Eulalia speciosa* (Debeaux) Kuntze

形态特征： 黄金茅属多年生草本植物。秆高70～120cm，节常被白粉。叶鞘下部者长于而上部者短于节间；叶舌截平；叶片长25～50cm、宽4～7mm，质硬，扁平。总状花序5～8枚，淡黄棕色至棕色。花序轴节间长3～4mm，边缘具白色纤毛。无柄小穗长圆形，基盘可具长为小穗1/6～1/3的柔毛；第一颖背部微凹，在其下半部常具淡黄色柔毛，具2脊，先端稍钝；第二颖舟形，背具1脉呈脊，在脊两旁常具柔毛，上部边缘具纤毛；第一小花通常仅存一外稃，长圆状披针形，几与颖等长，上部边缘具微小纤毛；第二外稃较狭，先端2浅裂，裂齿间伸出芒，芒2回膝曲；第二内稃卵状长圆形，先端钝，具小纤毛；雄蕊3枚，花药长约3.5mm。有柄小穗相似于无柄小穗，具有与花序轴节间等长或稍短的柄。花果期8—11月。

花　序

生境： 生于山坡草地、疏林及灌丛草地。

产地： 江西全省常见。

分布： 华东、华中、华南、西南以及陕西南部等地区；朝鲜与印度有分布。

植　株

四脉金茅 *Eulalia quadrinervis*（Hack.）Kuntze

形态特征： 黄金茅属禾多年生草本植物。秆高60～120cm，基部常具鳞片状叶。叶鞘无毛至具毛，下部者长于而上部者短于节间；叶舌截平；叶片长10～20cm。总状花序3～4枚，常被灰白而带紫色的柔毛。无柄小穗长圆状披针形，基盘具毛长为小穗的1/6～1/3；第一颖先端尖而呈膜质，具2脊，脊上部具小刺状纤毛，脊间有2～4脉，脉在先端成网状汇合，背部微凹，自中部以下被长柔毛；第二颖舟形，几等长于第一颖，先端尖而呈膜质，沿脊稍粗糙；第一小花退化仅留一外稃，长圆状披针形，近等长于颖；第二外稃长圆状卵形，先端2裂，芒自裂口间伸出；芒一回膝曲；内稃长圆状披针形，先端具小微毛；雄蕊3枚，花药长约3mm。有柄小穗近似无柄小穗；小穗柄稍短至等长于其所着生的节间。花果期9—11月。

生　境

生境： 生于山坡草地、疏林及灌丛草地。

产地： 江西全省常见。

分布： 我国华东、华中、华南、西南各地；日本、印度、菲律宾以至非洲都有分布。

植　株

根　系

扁穗牛鞭草 *Hemarthria compressa*（L. f.）R. Br.

植 株

形态特征：牛鞭草属多年生草本植物。具横走的根茎；根茎具分枝，节上生不定根及鳞片。秆直立部分高20～40cm，直径1～2mm，质稍硬。鞘口及叶舌具纤毛；叶片线形，长可达10cm、宽3～4mm，两面无毛。总状花序，略扁，光滑无毛。无柄小穗陷入花序轴凹穴中，长卵形；第一颖近革质，等长于小穗，背面扁平，具5～9脉，两侧具脊，先端急尖；第二颖纸质，略短于第一颖，完全与花序轴的凹穴愈合。第一小花仅存外稃。第二小花两性，外稃透明膜质；内稃长约为外稃的2/3，顶端圆钝，无脉。有柄小穗披针形，等长于无柄小穗；第一颖草质，卵状披针形，先端尖，两侧具脊；第二颖舟形，先端渐尖，完全与花序轴的凹穴愈合；第一小花中性，仅存膜质外稃；第二小花两性，内外稃均为透明膜质，雄蕊3枚，花药长约2mm。颖果长卵形。花果期夏秋季。

生境：生于田边、路旁、撂荒地及低洼潮湿地。

产地：江西全省常见。

分布：江西、广东、广西、云南等省区。

生 境

膜稃草 *Hymenachne amplexicaulis* (Rudge) Nees

形态特征：膜稃草属多年生草本植物。秆高大粗壮，具多数节，直立部分高达1m、直径6～10mm；下部长匍匐地面，节上轮生多数须根。叶鞘长8～12cm，鞘节褐色，具短毛；叶舌膜质；叶片扁平，宽大，质地较厚，长30～40cm、宽约2cm。圆锥花序紧密呈穗状，长20～40cm、宽1～2cm；分枝长0.5～2cm，穗轴有翼，粗糙，一侧簇生小穗；小穗粗糙，狭披针形；第一颖膜质，中脉粗糙；第二颖与第一外稃草质，披针形，顶端具短芒；脉上具刺状糙毛；第二外稃膜质顶端渐尖，微粗糙；内稃顶端有2尖头；花药长约1mm。颖果长约1.5mm，顶端圆。花果期夏季至秋季。

抽　穗

生境：生于溪河边、低湿地、沼泽浅水处。

产地：赣中、赣南可见。

分布：主要分布云南南部和海南岛，江西有分布；印度、缅甸、泰国、爪哇和马来西亚等地区也有分布。

花　序

白茅 Imperata cylindrica (L.) Raeusch.

花 序

形态特征：白茅属多年生草本植物。具粗壮的根状茎。秆直立，高 30～80cm，具 1～3 节。叶鞘聚集于秆基，甚长于其节间；叶舌膜质；基生叶片长约 20cm、宽约 8mm，扁平，质地较薄，秆生叶片长 1～3cm。圆锥花序稠密，长 20cm、宽达 3cm，小穗基盘具丝状柔毛；2 颖草质及边缘膜质，近相等，具 5～9 脉，顶端渐尖，常具纤毛，脉间疏生长丝状毛；第一外稃卵状披针形，长为颖片的 2/3，透明膜质，无脉，顶端尖；第二外稃与其内稃近相等，长约为颖之半，卵圆形，顶端具齿裂及纤毛；雄蕊 2 枚，花药长 3～4mm；花柱细长，基部多少连合，柱头 2，紫黑色，羽状，自小穗顶端伸出。颖果椭圆形，胚长为颖果之半。花果期 4—6 月。

生境：生于丘陵山坡、疏林草地、撂荒地、路边、河岸、荒野；次生草地居多。

产地：江西全省可见，赣中、赣北常见。

分布：江西、辽宁、河北、山西、山东、陕西、新疆等省区。

植 株

柳叶箬 *Isachne globosa*（Thunb.）Kuntze

植 株

形态特征： 柳叶箬属多年生草本植物。秆丛生，直立或基部节上生根而倾斜，高30～60cm，节上无毛。叶鞘短于节间，无毛，但一侧边缘的上部具疣基毛；叶舌纤毛状；叶片披针形，长3～10cm、宽3～8mm，顶端短渐尖，基部钝圆，两面均具微细毛而粗糙，边缘质地增厚，软骨质，全缘。圆锥花序卵圆形，长3～11cm、宽1.5～4cm，盛开时抽出鞘外，分枝斜生或开展，每一分枝着生1～3小穗，分枝和小穗柄均具黄色腺斑；小穗椭圆状球形，淡绿色；2颖近等长，坚纸质，具6～8脉，无毛，顶端钝，边缘狭膜质；第一小花通常雄性，幼时较第二小花稍窄狭，稃体质地亦稍软；第二小花雌性，近球形，外稃边缘和背部常有微毛；鳞被楔形，顶端平截。颖果近球形。花果期夏秋季。

生境： 生于平缓山坡、田间、路旁及荒野草地。

产地： 赣北地区可见。

分布： 江西、湖北、安徽、江苏、浙江、福建、台湾、广东、广西、湖南、贵州、云南、四川、陕西、河北、河南、山东、辽宁等省区。

生 境

田间鸭嘴草 *Ischaemum rugosum* Salisb.

形态特征：鸭嘴草属一年生草本植物。秆直立丛生，基部斜升，高 60～70cm、直径约 2mm。叶鞘无毛，鞘口具纤毛；叶舌膜质；叶片卵状披针形，长 10～15cm、宽约 1cm，中脉显著，先端渐尖，基部圆形，两面疏生疣基毛。总状花序孪生于秆顶，互相紧贴，干后常分离，成熟时麦秆黄色，极易逐节脱落；花序轴节间膨胀呈圆锥形，两端稍收缩，外侧边缘具毛，其余无毛。无柄小穗卵形，第一颖顶端钝，上部 1/3 具脉纹，下部革质，背面光滑无毛，具 4～5 条横向连贯的深皱纹；基盘具纤毛；第二颖等长于第一颖，舟形，上部具脊；第一小花雄性，卵形，两稃纸质，顶端渐尖，被微毛；雄蕊 3 枚；第二小花外稃膜质，顶端 2 深裂至中部，齿间伸出长芒，芒柱长约 6mm，芒针长近 10mm，膝曲以上仍有扭转。有柄小穗变异甚大，但常退化，小穗柄长约 2.5mm，外侧边缘具有纤毛，存留之颖长约 1.2mm。花果期夏秋季，是牛羊喜食的优质野生牧草。

生 境

生境：多生于田边、路旁、山脚及空旷地湿润处。

产地：江西全省常见。

分布：江西、湖南、台湾、广东、广西、云南等省区。

花 序

植 株

细毛鸭嘴草 *Ischaemum ciliare* Retz.

形态特征：鸭嘴草属多年生草本植物。秆直立或基部平卧至斜生，直立部分高40～50cm、直径1～2mm，节上密被白色髯毛。叶鞘疏生疣毛；叶舌膜质，上缘撕裂状；叶片线形，长可达12cm、宽可达1cm，两面被疏毛。总状花序2枚孪生于秆顶，开花时常互相分离，长5～7cm或更短；花序轴节间和小穗柄的棱上均有长纤毛。无柄小穗倒卵状矩圆形，第一颖革质，先端具2齿，两侧上部有阔翅，边缘有短纤毛，背面上部具5～7脉，下部光滑无毛；第二颖较薄，舟形，等长于第一颖，下部光滑，上部具脊和窄翅，先端渐尖，边缘有纤毛；第一小花雄性，外稃纸质，脉不明显，先端渐尖；第二小花两性，外稃较短，先端2深裂至中部，裂齿间着生芒；芒在中部膝曲；子房无毛，柱头紫色。有柄小穗具膝曲芒。花果期夏秋季。

生境：多生于山坡草丛中、路旁、疏林间及旷野草地。

产地：江西全省常见。

分布：江西、浙江、福建、台湾、广东、广西、云南等省区。

叶　鞘

花　序

植　株

生　境

鸭嘴草 *Ischaemum aristatum* L. var. *glaucum* (Honda) T. Koyama

花 序

形态特征：鸭嘴草属多年生草本植物。秆直立或下部斜升，高60～80cm，直径约2mm，节上无毛。叶鞘疏生疣基毛；叶舌长3～4mm；叶片线状被针形，两面被疣基毛。总状花序互相紧贴成圆柱形；总状花序轴节间和小穗均呈三棱形，无毛。无柄小穗披针形；第一颖上部两侧无翅，先端渐狭而具2微齿；第二颖等长于第一颖，舟形，先端渐尖，背部具脊，边缘有纤毛，下部无毛。第一小花雄性，稍短于颖；外稃纸质，先端尖，背面微粗糙，具不明显的3脉；内稃膜质，具2脊。第二小花两性，外稃先端2浅裂，齿间伸出短而直的芒；芒隐藏于小穗内；雄蕊3枚；花柱分离。有柄小穗较无柄小穗短小，雄性，第二小花外稃有时具短直芒。花果期夏秋季。

生境：生于山坡、路旁、疏林间及旷野草地。

产地：江西全省可见，赣中、赣北地区常见。

分布：华东、华中、华南及西南各省区。

叶

植 株

李氏禾 *Leersia hexandra* Sw

形态特征： 假稻属多年生草本植物。具发达匍匐茎和细瘦根状茎。秆倾卧地面并于节处生根，直立部分高 40～50cm，节部膨大且密被倒生微毛。叶鞘短于节间，多平滑；叶舌基部两侧下延与叶鞘边缘相愈合成鞘边；叶片披针形，长 5～12cm、宽 3～6mm，粗糙，质硬，有时卷折。圆锥花序开展，分枝较细，直升，不具小枝，具角棱；小穗具短柄；颖不存在；外稃 5 脉，脊与边缘具刺状纤毛，两侧具微刺毛；内稃与外稃等长，较窄，具 3 脉；脊生刺状纤毛；雄蕊 6 枚，花药长2～2.5mm。颖果。花果期 6—8 月，热带地区秋冬季也开花。

植　株

生境： 生于水沟、水塘、湖泊、河滩水湿地及田边、路埂。

产地： 江西全省常见。

分布： 江西、广东、广西、海南、台湾、福建等省区；全球热带地区有分布。

生　境

蓉草 *Leersia oryzoides*（L.）Sw.

花 序

形态特征：假稻属多年生草本植物。具根状茎。秆下部倾卧，节着土生根，具分枝，节生髭毛，花序以下部分粗糙。叶鞘被倒生刺毛；叶片长10～30cm、宽6～10mm，线状披针形，渐尖，两面与边缘具小刺状粗糙。圆锥花序疏展，长15～20cm、宽10～15cm，分枝具3～5枚小枝，长达10cm，下部长裸露，3至数枚着生于主轴各节；小穗长椭圆形，先端具短脉，基部具短柄；外稃压扁，散生糙毛，脊具刺状纤毛；内稃与外稃相似，较窄而具3脉，脊上生刺毛；雄蕊3枚，花药长2～3mm。有时上部叶鞘中具隐藏花序，其小穗多不发育。花果期6—9月。

生境：生于河岸、湖泊沼泽湿地及林缘、山脚潮湿地。

产地：赣中地区可见。

分布：江西、新疆、湖南等省区。

植 株

千金子 *Leptochloa chinensis*（L.）Nees

形态特征：千金子属一年生草本植物。秆直立，基部膝曲，高30～90cm，平滑无毛。叶鞘无毛，大多短于节间；叶舌膜质，常撕裂具小纤毛；叶片扁平，先端渐尖，两面微粗糙，长5～25cm、宽2～6mm。圆锥花序，长10～30cm，分枝及主轴均微粗糙；小穗多带紫色，含3～7小花；颖具1脉，脊上粗糙，第一颖较第二颖短而狭窄；外稃顶端钝，无毛或下部被微毛，第一外稃长约1.5mm；花药长约0.5mm。颖果长圆球形。

植　株

生境：生于山坡、田边、路旁及旷野荒地潮湿处。

产地：江西全省常见。

分布：江西、湖北、安徽、江苏、浙江、福建、台湾、广东、广西、湖南、云南、四川、西藏、新疆、内蒙古、甘肃、陕西、河北、山东、辽宁、吉林等省区。

花　序

淡竹叶 *Lophatherum gracile* Brongn.

形态特征：淡竹叶属多年生草本植物。具木质缩短的根状茎。须根中部可膨大为纺锤形。秆高40～100cm。叶片披针形，宽2～3cm，基部狭缩呈柄状，有明显小横脉。圆锥花序；小穗条状披针形，具极短的柄，排列稍偏于穗轴的一侧，脱节于颖下；不育外稃互相紧包并渐狭小，其顶端具长1～2mm的短芒成束而似羽冠。

生境：生于山坡、路旁、林下荫蔽处及林缘。

产地：江西全省常见。

分布：长江流域以南地区。

花 序

植 株

刚莠竹 *Microstegium ciliatum*（Trin.）A. Camus

花 序

形态特征：莠竹属多年生蔓生草本植物。秆高 1m 以上。叶鞘长于节间，背部具柔毛；叶舌膜质，具纤毛；叶片披针形，长 10～20cm、宽 6～15mm。总状花序 5～15 枚，着生于短缩主轴上成指状排列；花序轴稍扁，先端膨大，两侧边缘密生纤毛。无柄小穗披针形，基盘具毛；第一颖背部具凹沟，无毛，二脊无翼，边缘具纤毛，顶端钝；第二颖舟形，具 3 脉，中脉呈脊状，上部具纤毛，顶端延伸成小尖头；第一外稃不存在，第二外稃狭长圆形；第一内稃长约 1mm；芒直伸或稍弯；雄蕊 3 枚，花药长 1～1.5mm。有柄小穗与无柄者同形，小穗柄边缘密生纤毛。颖果长圆形，胚长为果体的 1/3～1/2。花果期 9—12 月。

生境：生于阴坡林缘、山脚、沟边湿地。

产地：赣南地区常见。

分布：江西、湖南、福建、台湾、广东、海南、广西、云南、四川等地；印度、缅甸、泰国、印度尼西亚爪哇、马来西亚也有分布。

植 株

柔枝莠竹 *Microstegium vimineum* (Trin.) A. Camus

形态特征： 莠竹属一年生草本植物。秆下部匍匐地面，节上生根，高达1m，多分枝，无毛。叶鞘短于节间，鞘口具柔毛；叶舌截形，长约0.5mm，背面生毛；叶片长4～8cm、宽5～8mm。总状花序2～6枚，长约5cm，近指状排列于长5～6mm的主轴上，花序轴节间稍短于小穗，较粗而压扁，生微毛，边缘疏生纤毛。无柄小穗长4.0～4.5mm，基盘具短毛或无毛；第一颖披针形，纸质，背部有凹沟，贴生微毛，先端具网状横脉，沿脊有锯齿状粗糙，内折边缘具丝状毛，顶端尖或有时具2齿；第二颖沿中脉粗糙，顶端渐尖，无芒；雄蕊3枚，花药长约1mm或较长。有柄小穗相似于无柄小穗或稍短，小穗柄短于穗轴节间。颖果长圆形，长约2.5mm。花果期8—11月。

植 株

生境： 生于山脚、林缘、路边及阴湿草地。

产地： 江西全省常见。

分布： 江西、福建、广东、广西、湖南、贵州、云南、四川、山西、河南、河北等省区。

生 境

竹叶茅 *Microstegium nudum*（Trin.）A. Camus

形态特征：莠竹属一年生蔓生草本植物。秆较细弱，下部节上生根，节生微毛，具分枝，高 20～80cm。叶鞘上部边缘及鞘口具纤毛；叶舌无毛，截平；叶片披针形，长 3～8cm、宽 5～11mm，无毛，边缘微粗糙。总状花序长 4～8cm，3～5 枚着生于无毛的主轴上；总状花序细弱，两侧边缘微粗糙，无毛，每节着生有柄与无柄小穗各 1 枚。无柄小穗基盘具短毛；第一颖披针形，背部具一浅沟，平滑，具 2 脊，脊间有 2～4 脉，脊上部微粗糙，无毛，顶端渐尖，具 2 齿；第二颖背部近圆形，除脊粗糙外余无毛，顶端尖；第一外稃膜质，披针形；第二外稃线形，全缘，无毛，顶端延伸为细芒，芒直、灰绿色，第二内稃短小；雄蕊 2 枚，花药长约 1mm。有柄小穗与无柄者相似，穗柄无毛。颖果长圆形，棕色。花果期 8—10 月。

植　株

生境：生于田间、路旁、山脚、疏林下及山间阴湿地。

产地：江西全省常见。

分布：江西、江苏、安徽、湖北、湖南、云南、四川、河北、陕西、西藏等省区。

生　境

荻 *Miscanthus sacchariflorus* (Maxim.) Hack.

花 序

形态特征：芒属多年生草本植物。有根状茎。秆高60～200cm。叶片条形，宽10～12mm。圆锥花序扇形，长20～30cm；主轴长不足花序的1/2；总状花序长10～20cm；穗轴不断落，节间与小穗柄皆无毛；小穗成对生于各节，一柄长、一柄短，均结实且同形，含2小花，仅第二小花结实；基盘的丝状毛长约为小穗的2倍；第一颖两侧有脊，脊间有1条不明显的脉或无脉，背部有长为小穗2倍以上的长柔毛；芒缺或不露出小穗之外；雄蕊3枚；柱头自小穗两侧伸出。

生境：生于山坡草地、旷野荒地、沟塘边、河岸及河滩湿地。

产地：江西全省可见，赣北地区常见。

分布：在华东、东北、西北及华北均有分布。

生 境

芒 *Miscanthus sinensis* Andersson

形态特征： 芒属多年生苇状草本植物。秆高1～2m，无毛。叶鞘无毛，长于节间；叶舌膜质，顶端及其后面具纤毛；叶片线形，长20～50cm、宽6～10mm，下面疏生柔毛及被白粉，边缘粗糙。圆锥花序直立，长15～40cm，主轴无毛，延伸至花序的中部以下，节与分枝腋间具柔毛；分枝较粗硬，直立，不再分枝，长10～30cm；小枝节间三棱形，边缘微粗糙，短柄长2mm、长柄长4～6mm；小穗披针形，黄色有光泽，基盘具等长于小穗的白色的丝状毛；第一颖顶具3～4脉，边脉上部粗糙，顶端渐尖，背部无毛；第二颖常具1脉，粗糙，上部内折之边缘具纤毛；第一外稃长圆形，膜质，边缘具纤毛；第二外稃明显短于第一外稃，先端2裂，裂片间具1芒，芒棕色、膝曲，芒柱稍扭曲；第二内稃长约为其外稃的1/2；雄蕊3枚，花药稃褐色，先雌蕊而成熟；柱头羽状，紫褐色，从小穗中部之两侧伸出。颖果长圆形，暗紫色。花果期7—12月。

花　序

生境： 生于高山、丘陵山地、旷野荒坡、疏林间及灌草地。

产地： 江西全省常见。

分布： 江西、江苏、浙江、福建、台湾、广东、海南、广西、湖南、贵州、云南、四川等省区。

植　株

五节芒 *Miscanthus floridulus*（Labill.）Warb. ex K. Schum. et Lauterb.

形态特征： 芒属多年生草本植物。具发达根状茎。秆高2～4m，节下具白粉。叶鞘无毛；叶舌长1～2mm；叶片披针状线形，长25～60cm、宽1.5～3cm。圆锥花序大型，稠密，长30～50cm，主轴粗壮，延伸达花序的2/3以上，无毛；分枝较细弱，长15～20cm，通常10多枚簇生于基部各节，具2～3回小枝；总状花序轴的节间长3～5mm，短柄长1～1.5mm，长柄向外弯曲；小穗卵状披针形，黄色，基盘具较长于小穗的丝状柔毛；第一颖无毛，顶端渐尖或有2微齿，侧脉内折呈2脊，脊间中脉不明显，上部及边缘粗糙；第二颖等长于第一颖，顶端渐尖，具3脉，中脉呈脊，粗糙，边缘具短纤毛；第一外稃长圆状披针形，稍短于颖，顶端钝圆，边缘具纤毛；第二外稃卵状披针形，顶端尖或具2微齿，无毛或下部边缘具少数短纤毛，芒微粗糙，伸直或下部稍扭曲；内稃微小；雄蕊3枚，花药橘黄色；花柱极短，柱头紫黑色，自小穗中部之两侧伸出。花果期5—10月。

植　株

生境： 生于丘陵岗地、旷野荒坡、撂荒地、疏林间及杂灌林地。

产地： 江西全省常见。

分布： 江西、江苏、浙江、福建、台湾、广东、海南、广西等省区。

生　境

河八王 *Saccharum narenga*（Nees ex Steud.）Wall. ex Hack.

形态特征： 甘蔗属多年生草本植物。须根坚韧粗壮。秆直立，高 1～3m、直径 5～8mm，节具长髭毛。叶鞘下部长于节间而上部短于节间，遍生疣基柔毛；叶舌厚膜质；叶片长线形，长达 80cm、宽 6～12mm。圆锥花序长 20～30cm，主轴被白色柔毛，节具柔毛，常着生 4 枚分枝；总状花序轴节间与小穗柄长约 2.5mm，先端稍膨大，边缘疏生纤毛。无柄小穗披针形，基盘具白色的丝状毛，毛等长于小穗；第一颖革质，具 2 脊，有不明显的 3 脉，顶端钝，上部边缘具纤毛，背部无毛；第二颖舟形，具 3 脉，背部无毛；第一外稃长圆形，近等长于颖，边缘具纤毛；第二外稃较窄，稍短于颖，顶端钝，与边缘均具纤毛；第二内稃顶端具长纤毛；鳞被楔形，顶端截平，具纤毛。雄蕊 3 枚，花药长 1.5mm；柱头长约 1.5mm，自小穗中部以上之两侧伸出。花果期 8—11 月。

植　株

生境： 多生于山坡草地、河滩沙地、旷野及林缘。

产地： 江西全省常见。

分布： 江西、江苏、广东、广西、四川等省区。

生　境

花　序

金猫尾 *Saccharum fallax* Balansa

形态特征： 甘蔗属多年生草本植物。秆直立、粗壮，高达3m、直径8～12mm；中空；节部被金黄色绒毛。叶鞘通常较长于其节间，边缘密生纤毛，鞘节被黄色柔毛；叶舌厚膜质，紧贴其背部密生纤毛；叶片长达80cm、宽1～1.5cm。圆锥花序大型，长30～60cm，直立，主轴及其花序以下的部分秆均被黄锈色柔毛，每节具多数分枝，分枝直立上举，长5～12cm；节生锈色柔毛；总状花序轴节间与小穗柄长2～4mm，顶端稍膨大，被黄锈色纤毛，有时小穗柄稍短。无柄小穗长圆状披针形，基盘具短于其小穗1/3的黄锈色柔毛；第一颖近革质，顶端稍尖及其边缘质地较薄而具纤毛，背部被锈色柔毛，脊间无脉；第二颖舟形，具3脉；第一外稃披针形，较短于颖，边缘具纤毛；第二外稃长圆形，长约为颖之半，顶端钝圆具纤毛；第二内稃微小；雄蕊3枚，花药长约2mm；柱头黄褐色，近小穗中部以上之两侧伸出。花果期8—10月。

花　序

生境： 生于山坡草地、杂灌草地及山间路旁。

产地： 江西全省常见。

分布： 江西、广东、海南、广西、云南等省区。

植　株

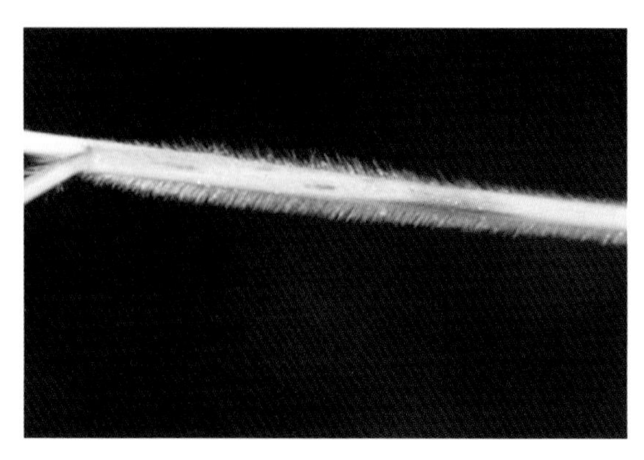

叶　鞘

类芦 *Neyraudia reynaudiana* (Kunth) Keng ex Hitchc.

形态特征： 类芦属多年生草本植物。具木质根状茎，须根粗而坚硬。秆直立，高 2～3m、径 5～10mm，通常节具分枝，节间被白粉。叶鞘无毛，仅沿颈部具柔毛；叶舌密生柔毛；叶片长 30～60cm、宽 5～10mm，扁平，顶端长渐尖，无毛。圆锥花序长 30～60cm，分枝细长，开展或下垂；小穗含 5～8 小花；第一外稃不孕，无毛；颖片短小；外稃长约 4mm，边脉生有柔毛，顶端具向外反曲的短芒；内稃短于外稃。花果期 8—12 月。

生境： 生于河边、山坡荒地、砾石草地。

产地： 江西全省常见。

分布： 江西、广东、海南、广西、贵州、云南、四川、湖北、湖南、福建、台湾、浙江、江苏等省区。

植　株

花　序

求米草 *Oplismenus undulatifolius*（Ard.）P. Beauv.

形态特征：求米草属一年生草本植物。秆基部平卧或膝曲并于节上生根，高20～50cm。叶片披针形，顶端尾状渐尖，基部斜心形，两面有柔毛。圆锥花序狭，长5～12cm；分枝少数，基部的分枝长可达1cm；小穗少数至数枚簇生。第一颖具3脉，长为小穗的1/2，顶端有长约1cm的芒；第二颖具5脉，芒较短；第一外稃具7～9脉，第二外稃革质，边缘卷抱内稃。

植　株

生境：生长于林下、路边等阴湿处。

产地：江西全省常见。

分布：我国南北各省区。

生　境

花　序

竹叶草 *Oplismenus compositus*（L.）P. Beauv.

形态特征：求米草属多年生草本植物。秆较纤细，基部平卧地面，节着地生根，上升部分高 20～80cm。叶片披针形至卵状披针形，基部多少包茎而不对称，长 3～8cm、宽 5～20mm。圆锥花序长 5～15cm，主轴无毛；分枝互生而疏离；小穗孪生；颖草质，近等长，长约为小穗的 1/2～2/3，边缘常被纤毛；第一颖先端芒长 0.7～2cm；第二颖顶端的芒长 1～2mm；第一小花中性，外稃革质，与小穗等长，先端具芒尖，具 7～9 脉，内稃膜质、狭小；第二外稃革质，平滑，光亮，边缘内卷，包着同质的内稃；鳞片 2 枚，薄膜质，折叠；花柱基部分离。花果期 9—11 月。

生境：生于疏林下、林缘及旷野荒地等阴湿处。

产地：江西全省常见。

分布：我国长江流域至南部各省；全世界东半球热带地区有分布。

叶

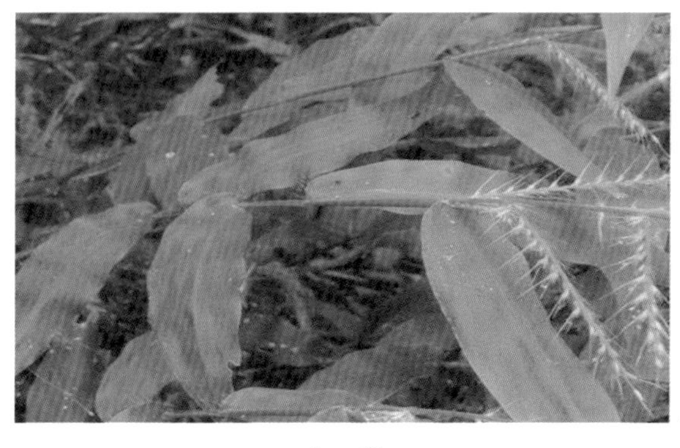

花 序

短叶黍 *Panicum brevifolium* L.

形态特征： 黍属一年生草本植物。秆基部常伏卧地面，节上生根，花枝高10～50cm。叶鞘短于节间，松弛；叶舌膜质；叶片卵形，长2～6cm、宽1～2cm。圆锥花序卵形，开展，长5～15cm，主轴直立，常被柔毛，通常在分枝和小穗柄的着生处下具黄色腺点；小穗椭圆形，具蜿蜒的长柄；颖背部被疏刺毛；第一颖近膜质，长圆状披针形，稍短于小穗，具3脉；第二颖薄纸质，较宽，与小穗等长，背部凸起，顶端喙尖，具5脉；第一外稃长圆形，与第二颖近等长，顶端喙尖，具5脉，有近等长且薄膜质的内稃；第二小花卵圆形，顶端尖，具不明显的乳突。鳞被薄而透明，局部折叠，具3脉。花果期5—12月。

生境： 多生于荒野草地和山脚林缘等阴湿地。

产地： 赣南地区常见。

分布： 江西、福建、广东、广西、贵州、云南等省区；非洲和亚洲热带地区也有分布。

花　序

叶

糠稷 *Panicum bisulcatum* Thunb.

形态特征： 黍属一年生草本植物。秆纤细，较坚硬，高 0.5～1m，直立，节上可生根。叶鞘松弛，边缘被纤毛；叶舌膜质，顶端具纤毛；叶片质薄，狭披针形，长 5～20cm、宽 3～15mm，顶端渐尖，基部近圆形，几无毛。圆锥花序长 15～30cm，分枝纤细，斜举，无毛；小穗椭圆形，绿色，具细柄；第一颖近三角形，长约为小穗的 1/2，具 1～3 脉，基部略微包卷小穗；第二颖与第一外稃同形并且等长，均具 5 脉，外被细毛；第一内稃缺如；第二外稃椭圆形，顶端尖，表面平滑，光亮，成熟时黑褐色。鳞被具 3 脉，透明，折叠。花果期 9—11 月。

花 序

生境： 生于田间、地埂、路旁及荒野潮湿地。

产地： 江西全省常见。

分布： 我国东南部、南部、西南部和东北部；印度、菲律宾、日本、朝鲜以及大洋洲也有分布。

植 株

南亚稷 *Panicum walense* mez

形态特征：黍属一年生簇生草本植物。秆纤细，基部膝曲，高 10～40cm。叶鞘通常短于节间；叶舌膜质，顶端具睫毛；叶片平展，狭线形，长 3～15cm、宽 1.5～4mm，顶端渐尖，基部微收狭，边缘光滑。圆锥花序长 5～10cm，分枝细，斜向开展，粗糙，疏生小穗；小穗具柄，椭圆形，顶端尖，无毛，熟时紫红色；第一颖尖卵形，长约为小穗的 2/3～3/4，顶端渐尖，基部包卷小穗，具 3～5 脉，边缘膜质；第二颖顶端喙尖，具 5 脉，第一外稃稍短于第二颖，顶端喙尖，具 5 脉，其内稃薄膜质，短于第一外稃；第二外稃革质，长圆形，顶端钝，背面弓形，平滑光亮，白色后变淡灰色。鳞被细小，多脉。花果期 8—12 月。为优质野生牧草。

植　株

生境：生于旷野荒地、田间及山坡疏林地。

产地：赣南地区可见。

分布：江西、广东、台湾、海南、广西和西藏等省区；印度、斯里兰卡、马来西亚和西非等地也有分布。

生　境

铺地黍 *Panicum repens* L.

形态特征： 黍属多年生草本植物。根茎粗壮发达。秆直立，高 50～100cm。叶鞘光滑，边缘被纤毛；叶片质硬，线形，长 5～25cm、宽2.5～5mm；叶舌极短，膜质，顶端具长纤毛。圆锥花序开展，长 5～20cm，分枝斜上，粗糙，具棱槽；小穗长圆形，无毛，顶端尖；第一颖薄膜质，长约为小穗的 1/4，基部包卷小穗，顶端截平，脉常不明显；第二颖约与小穗近等长，顶端喙尖，具 7 脉；第一小花雄性，其外稃与第二颖等长；雄蕊 3 枚，其花丝极短，花药暗褐色；第二小花结实，长圆形，平滑、光亮，顶端尖；鳞被脉不清晰。花果期 6—11 月。

叶

生境： 生于田间、园地、路旁、溪沟边及低洼潮湿地。

产地： 江西中部以南常见。

分布： 华南、华东地区；世界热带和亚热带有分布。

生　境

植　株

细柄黍 *Panicum sumatrense* Roth ex Roem. et Schult.

形态特征：黍属一年生草本植物。秆直立，高20～60cm。叶鞘松弛；叶舌膜质，截形，顶端被睫毛；叶片线形，长8～15cm、宽4～6mm，质较柔软，顶端渐尖，基部圆钝，两面无毛。圆锥花序开展，长10～20cm、宽可达15cm，基部常为顶生叶鞘所包，花序分枝纤细，微粗糙，上举或开展；小穗卵状长圆形，顶端尖，无毛，有柄，顶端膨大，柄长于小穗；第一颖宽卵形，顶端尖，长约为小穗的1/3，具3～5脉；第二颖长卵形，与小穗等长，顶端喙尖，具11～13脉；第一外稃与第二颖同形，近等长，具9～11脉；内稃薄膜质，具2脊，几与外稃等长，但狭窄；第二外稃狭长圆形，革质，表面平滑，光亮。鳞被细小，多脉，局部折叠，肉质。花果期7—10月。

花　序

生境：生于丘陵灌丛地、荒野草地、山间路旁。

产地：江西全省可见。

分布：我国东南部、西南部和西藏等地；印度至斯里兰卡、菲律宾等地也有分布。

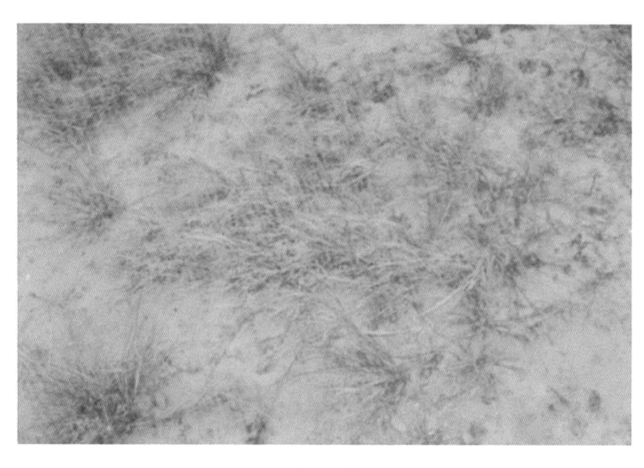

生　境

毛花雀稗 *Paspalum dilatatum* Poir.

花　序

形态特征： 雀稗属多年生草本植物。具短根状茎。秆丛生，直立，粗壮，高 50～150cm、直径约 5mm。叶片长 10～40cm、宽 5～10mm，中脉明显，无毛。总状花序长 5～8cm，4～10 枚呈总状着生于长 4～10cm 的主轴上，形成大型圆锥花序，分枝腋间具长柔毛；小穗柄微粗糙；小穗卵形；第二颖等长于小穗，具 7～9 脉，表面散生短毛，边缘具长纤毛；第一外稃相似于第二颖，但边缘不具纤毛。花果期 5—7 月。为一优良牧草，常引种栽培。

生境： 生于山坡、旷野荒地及村边、路旁。

产地： 江西全省可见。

分布： 原产于巴西东南部、阿根廷北部、乌拉圭及其附近和亚热带地区；我国长江流域及以南地区有分布或栽培。

生　境

囡雀稗 *Paspalum scrobiculatum* L. var. *bispicatum* Hack.

形态特征：雀稗属多年生草本植物。秆丛生，直立，高 30～50cm，具2～3 节。叶鞘被疣基柔毛，背部常具脊，鞘口生疣基长柔毛；叶舌长约 0.5mm；叶片线形，长 5～15cm、宽 2～6mm，顶生叶片多不发育，无毛。总状花序2～3 枚，长 3～4cm，分枝腋间具长柔毛；穗轴宽约 1.5mm，微粗糙，边缘密具锯齿状粗糙；小穗柄微粗糙；小穗长约 2.3mm，排列成 2 行；第一颖有时存在；第二颖与第一外稃具 5 脉，带粉白色；第二外稃近革质，褐色，顶端钝圆，等长于小穗。花果期 7—10 月。

植　株

生境：生于丘陵山坡草地、山脚低湿地及路埂、河堤。

产地：江西全省可见。

分布：江西、江苏、浙江、福建、台湾、广东、广西、云南、四川等省区；东半球热带及亚热带地区有分布；江西各地常见。

花　序

叶　鞘

双穗雀稗 *Paspalum distichum* L.

形态特征：雀稗属多年生草本植物。匍匐茎横走、粗壮，长达1m，向上直立部分高20～40cm，节生柔毛。叶鞘短于节间，背部具脊，边缘被柔毛；叶舌无毛；叶片披针形，长5～15cm、宽3～7mm，无毛。总状花序2枚对连，长2～6cm；穗轴宽1.5～2mm；小穗倒卵状长圆形，顶端尖，疏生微柔毛；第一颖退化；第二颖贴生柔毛，具明显的中脉；第一外稃具3～5脉，通常无毛，顶端尖；第二外稃草质，等长于小穗，黄绿色，顶端尖，被毛。花果期5—9月。

花　序

生境：生于田边路旁、河滩、湖泊湿地及山坡草地低湿处。

产地：江西全省常见。

分布：江西、江苏、台湾、湖北、湖南、云南、广西、海南等省区；全世界热带、亚热带地区有分布。

植　株

圆果雀稗 *Paspalum scrobiculatum* L. var. *orbiculare*（G. Forst.）Hack.

形态特征：雀稗属多年生草本植物。秆直立，丛生，高30～90cm。叶鞘长于其节间，无毛，鞘口有少数长柔毛，基部者生有白色柔毛；叶舌长约1.5mm；叶片长披针形至线形，长10～20cm、宽5～10mm，大多无毛。总状花序长3～8cm，2～10枚相互间距排列于长1～3cm之主轴上，分枝腋间有长柔毛；穗轴宽1.5～2mm，边缘微粗糙；小穗椭圆形，单生于穗轴一侧，覆瓦状排列成二行；小穗柄微粗糙；第二颖与第一外稃等长，具3脉，顶端稍尖；第二外稃等长于小穗，成熟后褐色，革质，有光泽，具细点状粗糙。花果期6—11月。

植　株

生境：生于荒野草地、田间、路旁及疏林地。

产地：江西全省常见。

分布：江西、湖北、江苏、浙江、福建、台湾、广东、广西、贵州、云南、四川；亚洲东南部至大洋洲均有分布。

花　序

幼　苗

长叶雀稗 *Paspalum longifolium* Roxb.

形态特征： 雀稗属多年生草本植物。秆丛生，直立，高 80～120cm，粗壮，多节。叶鞘较长于其节间，背部具脊，边缘生疣基长柔毛；叶舌长 1～2mm；叶片长 10～20cm、宽 5～10mm，无毛。总状花序长 5～8cm，6～20 枚着生于伸长的主轴上。穗轴宽 1.5～2mm，边缘微粗糙；小穗柄孪生，微粗糙；小穗成 4 行排列于穗轴一侧，宽倒卵形；第二颖与第一外稃被卷曲的细毛，具 3 脉，顶端稍尖；第二外稃黄绿色，后变硬；花药长 1mm。花果期 7—10 月。本种以小穗被微毛，孪生，交互排列于穗轴一侧，成 4 行，与圆果雀稗有别。

花　序

生境： 生于潮湿山坡田边、荒地及疏林间。

产地： 江西全省可见。

分布： 台湾、云南、广西、广东、江西；印度、马来西亚至大洋洲以及日本均有分布。

植　株

狼尾草 *Pennisetum alopecuroides*（L.）Spreng.

形态特征： 狼尾草属多年生草本植物。须根较粗壮。秆直立，丛生，高30～120cm，在花序下密生柔毛。叶鞘光滑，两侧压扁，主脉呈脊，在基部者跨生状，秆上部者长于节间；叶舌具纤毛；叶片线形，长10～80cm、宽3～8mm，先端长渐尖，基部生疣毛。圆锥花序直立，长5～25cm、宽1.5～3.5cm；主轴密生柔毛；总梗长2～5mm；刚毛粗糙，淡绿色；小穗通常单生，偶有双生，线状披针形；第一颖微小，膜质，先端钝，脉不明显；第二颖卵状披针形，先端短尖，具3～5脉，长约为小穗1/3～2/3；第一小花中性，第一外稃与小穗等长，具7～11脉；第二外稃与小穗等长，披针形，具5～7脉，边缘包着同质的内稃；鳞被2，楔形；雄蕊3枚，花药顶端无毫毛；花柱基部联合。颖果长圆形。叶片表皮细胞结构为上下表皮不同；上表皮脉间细胞2～4行为长筒状、有波纹、壁薄的长细胞；下表皮脉间5～9行为长筒形，壁厚，有波纹长细胞与短细胞交叉排列。花果期夏秋季。

生　境

植　株

生境： 生于田间、荒地、路旁、山坡及林间。

产地： 江西全省常见。

分布： 我国华东、华北、东北、中南及西南各省区均有分布。

显子草 *Phaenosperma globosam* unro ex Benth.

形态特征：显子草属多年生草本植物。根较稀疏而硬。秆单生，光滑无毛，直立，坚硬，高 100～150cm，具 4～5 节。叶鞘光滑，通常短于节间；叶舌质硬，长 5～25mm，两侧下延；叶片宽线形，长 10～40cm、宽 1～3cm，常翻转而使上面向下成灰绿色，下面向上成深绿色，两面粗糙，基部窄狭，先端渐尖细。圆锥花序长 15～40cm，分枝在下部者多轮生，长 5～10cm，幼时向上斜升，成熟时极开展；小穗背腹压扁；两颖不等长，第一颖具明显的 1 脉或具 3 脉，两侧脉甚短，第二颖具 3 脉；外稃具 3～5 脉，两边脉脊不明显；内稃略短于外稃；花药长 1.5～2mm。颖果倒卵球形，黑褐色，表面具皱纹，成熟后露出稃外。花果期 5—9 月。是一种耐阴性较强的优质野生牧草。

幼　苗

生境：生于山地林下、山谷溪旁及山间路旁。

产地：赣北地区可见。

分布：分布于华东、华中、西南及陕西、甘肃、西藏等地。

植　株

果

芦苇 *Phragmites australis*（Cav.）Trin. ex Steud.

花 序

形态特征：芦苇属多年生草本植物。根状茎十分发达。秆直立，高 1～8m、直径 1～4cm，具 20 多节，基部和上部的节间较短，最长节间位于下部第 4～6 节，长 20～40cm，节下被蜡粉。叶鞘下部者短于上部者而长于其节间；叶舌边缘密生一圈短纤毛，两侧缘毛易脱落；叶片披针状线形，长 30cm、宽 2cm，无毛，顶端长渐尖成丝形。圆锥花序大型，长 20～40cm、宽约 10cm，分枝多数，长 5～20cm，着生稠密下垂的小穗；小穗柄无毛；小穗长约 12mm，含 4 花；颖具 3 脉，第一颖长 4mm，第二颖长约 7mm；第一不育外稃雄性，长约 12mm，第二外稃长 11mm，具 3 脉，顶端长渐尖，基盘延长，两侧密生等长于外稃的丝状柔毛，与无毛的小穗轴相连接处具明显关节，成熟后易自关节上脱落；内稃长约 3mm，两脊粗糙；雄蕊 3 枚，花药黄色。颖果长约 1.5mm。为高多倍体和非整倍体的植物。

生境：生于江河湖泽、池塘沟渠沿岸和湖泊低湿地。

产地：江西全省常见。

分布：全国各地均有分布；亦为全球广泛分布。

生 境

植 株

水竹 *Phyllostachys heteroclada* Oliv.

形态特征： 刚竹属多年生草本植物。竿高达6m、粗达3cm，幼竿具白粉并疏生短柔毛；节内长约5mm；分枝角度大，以致接近于水平开展。箨鞘背面深绿带紫色，无斑点，被白粉，无毛或疏生短毛，边缘生白色纤毛；箨耳小，淡紫色，卵形，有时呈短镰形，边缘有数条紫色繸毛，边缘生白色短纤毛；箨片直立，三角形至狭长三角形，绿色，背部呈舟形隆起。末级小枝具2叶；叶鞘除边缘外无毛；无叶耳，易断落；叶舌短；叶片披针形，下表面在基部有毛。花枝呈紧密的头状，通常侧生于老枝上，基部托以4～6片逐渐增大的鳞片状苞片，纸质，广卵形，先端具短柔毛，边缘生纤毛，其他部分无毛，顶端具小尖头；小穗含3～7朵小花；小穗轴棒状，无毛，顶端近于截形；颖0～3片有时上部者则可与外稃相似；外稃披针形，上部或中上部被以斜开展的柔毛，9～13脉，背脊仅在上端可见，先端锥状渐尖；内稃多少短于外稃，除基部外均被短柔毛；鳞被菱状卵形，有7条细脉纹，边缘生纤毛；花柱柱头3枚，有时2枚，羽毛状。笋期5月，花期4—8月。

植　株

生境： 多生于河流两岸、湖泊湿地及山谷潮湿地。

产地： 江西全省常见。

分布： 黄河流域及其以南各地；为长江流域及其以南最常见的野生竹种。

花　序

生　境

白顶早熟禾 *Poa acroleuca* Steud.

形态特征：早熟禾属一年生或二年生草本植物。秆直立，高30～50cm、径约1mm，具3～4节。叶鞘闭合，平滑无毛，顶生叶鞘短于其叶片；叶舌膜质；叶片质地柔软，长7～15cm、宽2～6mm，平滑。圆锥花序金字塔形，长10～20cm；分枝2～5枚着生于各节，细弱，微糙涩，基部主枝长3～8cm，中部以下裸露；小穗卵圆形，含2～4小花，灰绿色；颖披针形，质薄，具狭膜质边缘，脊上部微粗糙，第一颖具1脉，第二颖具3脉；外稃长圆形，顶端钝，具膜质边缘，脊与边脉中部以下具长柔毛，间脉稍明显、无毛，第一外稃长2～3mm；内稃较短于外稃，脊具细长柔毛；花药淡黄色。颖果纺锤形。花果期5—6月。

生境：生于沟边、田边阴湿草地。

产地：江西全省可见，赣中以北地区常见。

分布：江西、安徽、江苏、浙江、福建、湖南、湖北、贵州、云南、四川、陕西、西藏、河南、山东、广西、广东、台湾；朝鲜、日本有分布。

植　株

金丝草 *Pogonatherum crinitum*（Thunb.）Kunth

形态特征： 金发草属多年生草本植物。秆高 15～20cm。叶片条形，宽 1.5～3.5mm。总状花序单生，乳黄色，穗轴逐节断落；小穗成对，均结实；有柄小穗较小；无柄小穗长约 2mm，仅含 1 枚两性小花；第一颖边缘扁平无脊，顶端截形并有纤毛；第二颖具细长而弯曲的芒；第二外稃的裂齿间伸出一弯曲的芒；雄蕊 1 枚。

植　株

生境： 生于田埂、路旁、山边、溪沟边、河岸及山丘石缝瘠土或灌木下阴湿地。

产地： 赣南地区常见。

分布： 江西、湖南、湖北、安徽、浙江、福建、台湾、广东、海南、广西、贵州、云南、四川诸省区。

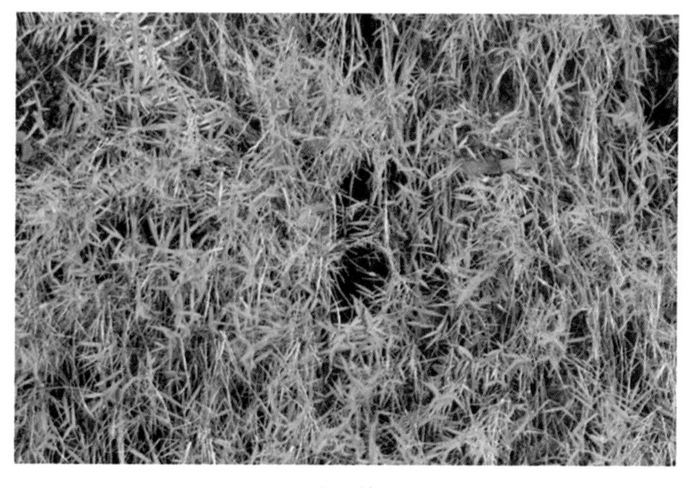

生　境

长稃伪针茅 *Pseudoraphis balansae* Henrard

形态特征：伪针茅属多年生草本植物。秆柔软，压扁，平滑无毛，上部常具分枝，下部横卧而节上生根，上升部分高20～35cm，节部无毛。叶鞘松弛，无毛，背部具脊，下部的短于节间，上部的长于节间；叶舌薄膜质，无毛，顶端近截平；叶片平展，柔软，线状披针形，长3～5cm、宽2～4mm，先端急尖，基部收窄，正面稍粗糙，背面平滑，主脉于背面明显凸起。圆锥花序稍紧缩，长4～5cm、宽1～1.5cm（刚毛除外），基部常包藏于顶生叶鞘内而最后抽出；分枝粗糙，互生，上举；小穗披针形，具极短的柄，单生于每一分枝上，但在花序基部的1～3小穗常直接着生于主轴上；刚毛常长于小穗的2～3倍；第一颖薄膜质，顶端钝圆，无脉；第二颖纸质，通常稍短于第一外稃，先端渐尖而稍粗糙，常具9脉，背面无毛；第一小花含3雄蕊，外稃与小穗等长，先端渐尖，具13脉，内稃膜质，略短于外稃；第二外稃长圆状披针形，内外稃近等长，均为膜质兼厚纸质；子房长圆形，压扁，花柱自基部分离，柱头羽毛状。花果期9—10月。

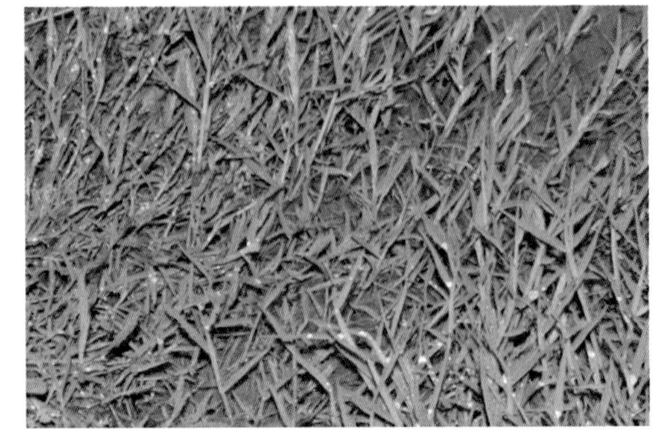
生　境

生境：多生于水田、水塘、溪沟泥泞地及湖泊湿地。

产地：江西全省常见。

分布：江西、广东、海南等省。

叶

花　序

鹅观草 *Elymus kamoji* (Ohwi) S. L. Chen

形态特征：披碱草属多年生草本植物。秆直立或基部倾斜，高 30～100cm。叶鞘外侧边缘常具纤毛；叶片扁平，长 5～40cm、宽 3～13mm。穗状花序长 7～20cm，弯曲；小穗绿色或带紫色，含 3～10 小花；颖卵状披针形至长圆状披针形，先端锐尖至具短芒，边缘为宽膜质，第一颖长 4～6mm，第二颖长 5～9mm；外稃披针形，具有较宽的膜质边缘，背部以及基盘近于无毛或仅基盘两侧具极微小的短毛，上部具明显的 5 脉，脉上稍粗糙；第一外稃先端延伸成芒，芒粗糙，劲直或上部稍有曲折；内稃约与外稃等长，先端钝头，脊显著具翼，翼缘具细小纤毛。花果期 5—6 月。

生境：多生长在山坡湿润草地、田埂、路旁及旷野荒地。

产地：江西全省常见。

分布：除青海、西藏等地外，全国各地有分布。

花　序

植　株

筒轴茅 *Rottboellia cochinchinensis*（Lour.）Clayton

形态特征： 筒轴茅属一年生粗壮草本植物。须根粗壮，常具支柱根。秆直立，高可达2m，亦可低矮丛生，直径可达8mm，无毛。叶鞘具硬刺毛；叶舌上缘具纤毛；叶片线形，中脉粗壮，无毛或上面疏生短硬毛，边缘粗糙。总状花序粗壮直立，上部渐尖，长可达15cm、直径3～4mm；花序轴节间肥厚，易逐节断落。无柄小穗嵌生于凹穴中，第一颖质厚，卵形，背面糙涩，先端钝或具2～3微齿，多脉，边缘具极窄的翅；第二颖质较薄，舟形；第一小花雄性，花药常较第二小花的短小而色深；第二小花两性，花药黄色；雌蕊柱头紫色。有柄小穗之小穗柄与花序轴节间愈合，小穗着生在花序轴节间1/2～2/3部位，绿色，卵状长圆形，含2雄性小花或退化。颖果长圆状卵形。花果期秋季。

花 序

生境： 多生于田野、荒地、路旁。

产地： 江西全省常见。

分布： 江西、福建、台湾、广东、广西、贵州、云南、四川等省区。

植 株

斑茅 *Saccharum arundinaceum* Retz.

形态特征：甘蔗属多年生植物。秆粗壮，高 2～4m、粗达 2cm，花序下无毛。叶片条状披针形，宽 3～6mm。圆锥花序大形，白色，长 30～60cm，主轴无毛；总状花序多节；穗轴逐节断落，节间有长丝状纤毛；小穗成对生于各节，一有柄，一无柄，均结实且同形，长 3.5～4mm，含 2 小花，仅第二小花结实，基盘的毛远短于小穗；第一颖顶端渐尖，两侧具脊，背部有长柔毛；第二外稃透明膜质，顶端仅有小尖头。

花 序

生境：生于山坡、林缘山脚及河岸、溪涧草地。

产地：江西全省常见。

分布：江西、湖北、湖南、浙江、福建、台湾、广东、海南、广西、贵州、云南、四川、陕西、河南等省区；江西各地常见。

植 株

甜根子草 *Saccharum spontaneum* L.

又名割手密。

形态特征： 甘蔗属多年生草本植物。具发达横走的长根状茎。秆高1～2m；中空，具多数节，节具短毛，节下常敷白色蜡粉，紧接花序以下部分被白色柔毛。叶鞘较长或稍短于其节间，鞘口具柔毛，有时鞘节或上部边缘具有柔毛，稀为全体被疣基柔毛；叶舌膜质，褐色，顶端具纤毛；叶片线形，基部多少狭窄，无毛，灰白色，边缘呈锯齿状粗糙。圆锥花序，稠密，主轴密生丝状柔毛；分枝细弱，下部分枝之基部多少裸露，直立或上升；总状花序，顶端稍膨大，边缘与外侧面疏生长丝状柔毛，有小穗柄。无柄小穗披针形，基盘具长于小穗3～4倍的丝状毛；两颖近相等，无毛，下部厚纸质，上部膜质，渐尖；第一颖上部边缘具纤毛；第二颖中脉成脊，边缘具纤毛；第一外稃卵状披针形，等长于小穗，边缘具纤毛；第二外稃窄线形，边缘具纤毛，第二内稃微小；鳞被倒卵形，顶端具纤毛；雄蕊3枚，花药柱头紫黑色，自小穗中部两侧伸出。有柄小穗与无柄者相似，有时较短或顶端渐尖。花果期7—8月。

花　序

生境： 生于山坡、旷野荒地、溪沟旁及河岸边，砾石沙滩荒洲居多。

产地： 江西全省常见。

分布： 江西、湖北、安徽、江苏、浙江、福建、台湾、广东、海南、广西、湖南、贵州、云南、四川、陕西等省区。

植　株

生　境

囊颖草 *Sacciolepis indica*（L.）Chase

形态特征：囊颖草属一年生草本植物。通常丛生。秆基常膝曲，高 20～100cm，有时下部节上生根。叶鞘具棱脊，短于节间，常松弛；叶舌膜质，顶端被短纤毛；叶片线形，长 5～20cm、宽 2～5mm，基部较窄，无毛或被毛。圆锥花序紧缩成圆筒状，长 1～16cm、宽 3～5mm，向两端渐狭或下部渐狭，主轴无毛，具棱，分枝短；小穗卵状披针形，向顶渐尖而弯曲，绿色，无毛；第一颖为小穗长的 1/3～2/3，通常具 3 脉，基部包裹小穗；第二颖背部囊状，与小穗等长，具明显的 7～11 脉，通常 9 脉；第一外稃等长于第二颖，通常 9 脉；第一内稃退化或短小，透明膜质；第二外稃平滑而光亮，长约为小穗的 1/2，边缘包着较其小而同质的内稃；鳞被 2，阔楔形，折叠，具 3 脉；花柱基分离。颖果椭圆形。

花　序

生境：多生于水田、水塘边、山谷林下及湖边低洼湿地或浅水中。

产地：江西全省常见。

分布：华东、华南、西南、中南各省区；印度至日本及大洋洲也有分布。

植　株

鼠尾囊颖草 *Sacciolepismyosuroides*（R. Br.）Chase ex E. G. Camus et A. Camus

形态特征：囊颖草属一年生草本植物。秆簇生，直立，纤细，高 30～100cm，基部稍倾斜，下部节上常生根。叶鞘光滑，常短于节间；叶舌膜质；叶片线形，长 10～20cm、宽 2～5mm，顶端渐尖。圆锥花序窄圆柱形，长 6～20cm、宽 2～5mm，主轴无毛，具棱，分枝很短；小穗通常紫色，卵状椭圆形，稍弯曲，顶端尖，无毛；第一颖长为小穗的 1/2～2/3，具 3～5 脉；第二颖与小穗等长，具 7～9 脉；第一外稃与第二颖等长，具 7～9 脉；第一内稃极小，透明膜质；第二外稃略短于小穗，平滑光亮，边缘包着同质而较小的内稃。花果期 2—10 月。

生境：生于水田边、溪沟旁、河滩、湖泊湿地或浅水中。

产地：江西全省可见，赣中、赣南地区常见。

分布：江西、华南、西南地区及西藏（墨脱）；亚洲热带和大洋洲亦有分布。

花　序

植　株

红裂稃草 *Schizachyrium sanguineum*（Retz.）Alston

形态特征：裂稃草属多年生草本植物。须根较坚韧。秆直立，常少数丛生，高 50～120cm、径 2～4mm，坚硬呈红褐色，单生或上部有分枝，无毛，上部节间一侧具 1 条凹沟。叶鞘光滑无毛，背部具脊；叶舌膜质；叶片线形，长 5～20cm、宽1～5mm，顶端尖，无毛，边缘粗糙。总状花序单生，长3～8cm，其下被鞘状苞；花序轴节间一侧扁平，等长于无柄小穗，顶端膨大而具 2 齿，边缘无毛。无柄小穗窄线形，稍陷入花序轴的凹穴内，基盘膜质；第一颖背部具细点状粗糙，顶端微 2 齿裂；第二颖舟形，脊上具极窄的翼；第一外稃线状披针形，稍短于颖，边缘具纤毛；第二外稃长约为颖的 2/3，2 深裂几达基部，芒自裂片间伸出，中部膝曲，芒柱扭转；雄蕊 3 枚，花药红褐色；花柱 2 枚。有柄小穗退化，柄长约为无柄小穗的 4/5，扁平倒披针形，边缘具纤毛；小穗退化至仅剩 1 颖，披针形，第一颖顶端具 1 直芒。颖果线形，扁平。花果期 7—12 月。

花　序

生境：生于山坡及荒野草地。

产地：江西全省常见。

分布：江西、福建、广东、广西、湖南、云南、四川、西藏等省区；印度、缅甸、斯里兰卡和马来西亚等地也有分布。

植　株

裂稃草 *Schizachyrium brevifolium*（Sw.）Nees ex Büse

植 株

形态特征： 裂稃草属一年生草本植物。秆高 10～70cm，细弱，多分枝，基部常平卧。叶鞘短于节间，松弛，无毛，压扁，具 1 脊；叶舌短，膜质，上缘撕裂并具睫毛；叶片线形，长 1.5～4cm、宽 1～7mm，平展，顶端通常钝而有短尖头，基部近圆形，无毛，主脉在背部明显突出，幼时黄绿色后呈红褐色。总状花序纤细，长 0.5～2cm，下托以鞘状总苞；花序轴节间扁平，无毛，顶端膨大近杯状而倾斜，常具 2 齿。无柄小穗线状披针形，基盘具短髯毛；第一颖近革质，背部扁平，顶端 2 齿裂，边缘稍内折，具 4～5 脉；第二颖舟形，厚膜质，有 3 脉，主脉呈脊状，沿脊稍粗糙；外稃透明膜质；第一外稃线状披针形，顶端急尖；第二外稃短于第一颖 1/3，2 深裂几达基部，裂片线形；芒自裂齿间伸出，长约 1cm，中部以下膝曲，芒柱扭转；雄蕊 3 枚，具分离的花柱，花药黄色。有柄小穗退化仅剩 1～2 颖，顶端具直芒。颖果线形，扁平。花果期 7—12 月。

生境： 生于阴湿山坡、荒野草地及山脚林缘。

产地： 江西全省常见。

分布： 我国华东、华中、华南、西南及陕西、西藏和东北南部等地均有分布；全世界温暖地区广布。

生 境

大狗尾草 *Setaria faberii* R. A. W. Herrm.

形态特征：狗尾草属一年生植物。通常具支柱根。秆粗壮而高大、直立或基部膝曲，光滑无毛。叶鞘松弛，边缘具细纤毛；叶片线状披针形，无毛，边缘具细锯齿。圆锥花序紧缩呈圆柱状，主轴具较密长柔毛，花序基部通常不间断；小穗椭圆形，下托以1～3枚较粗而直的刚毛；刚毛通常绿色，少具浅褐紫色，粗糙；内稃膜质，披针形；鳞被楔形；花柱基部分离。颖果椭圆形，顶端尖。花果期7～10月。本种与狗尾草高大植株的类型近似，但花序垂头，小穗长约3mm，第二颖长为小穗的2/3～1/2，第二颖顶端尖、较粗的横皱纹等特征可以区别。

花　序

生境：生于山坡、路旁、田园及荒野草地。

产地：江西全省常见。

分布：江西、湖北、安徽、江苏、浙江、台湾、广西、湖南、贵州、四川、黑龙江等省区；日本西南至南海诸岛有分布。

植　株

莩草 *Setaria chondrachne*（Steud.）Honda

形态特征：狗尾草属多年生草本植物。具鳞片状的横走根茎，鳞片质厚，密生棕色毛。秆直立或基部匍匐，高 60～170cm，基部质地较硬，光滑。叶鞘除边缘及鞘口具白色长纤毛外，余均无毛；叶舌极短，边缘不规则且撕裂状具纤毛；叶片扁平，线状披针形或线形，长 5～38cm、宽 5～20mm，先端渐尖，基部圆形，两面无毛，极少数具疏疣基毛，表面常粗糙。圆锥花序长圆状披针形、圆锥形或线形，长 10～34cm，主轴具角棱，其上具短毛和极疏长柔毛，毛在分枝处较密，分枝斜向上举，下部的分枝长 1～2.5cm；小穗椭圆形，顶端尖，常托以 1 枚刚毛，刚毛较细弱粗糙；第一颖卵形，顶端尖，长为小穗的 1/3～1/2，具 3 脉，边缘膜质；第二颖长为小穗的 3/4，顶端尖，具 5 脉；第一小花中性，第一外稃与小穗等长，顶端尖，具 5 脉，其内稃薄膜质，狭披针形，短于外稃；第二外稃等长于第一外稃，顶端呈喙状小尖头，平滑光亮，微现细纵条纹；花柱基部联合；花果期 8—10 月。

生境：生于路旁、林下、山坡阴湿处及山间溪沟边。

产地：江西全省可见，赣中以北地区常见。

分布：江西、江苏、安徽、湖北、湖南、广西、贵州、四川等省区。

植　株

狗尾草 *Setaria viridis*（L.）P. Beauv.

形态特征：狗尾草属一年生草本植物。根为须状，高大植株具支持根。秆直立或基部膝曲，高 10～100cm，基部径达 3～7mm。叶鞘松弛，无毛，边缘具较长的密绵毛状纤毛；叶舌极短，缘有纤毛；叶片扁平，长三角状狭披针形或线状披针形，先端长渐尖或渐尖，基部钝圆形，几呈截状或渐窄，长 4～30cm、宽 2～18mm，通常无毛，边缘粗糙。圆锥花序紧密呈圆柱状或基部稍疏离，直立或稍弯垂；主轴被较长柔毛，长 2～15cm、宽 4～13mm，刚毛长 4～12mm，粗糙，直，通常绿色；小穗 2～5 个簇生于主轴上，更多的小穗着生在短小枝上，椭圆形，先端钝，铅绿色；第一颖卵形、宽卵形，长约为小穗的 1/3，先端钝，具 3 脉；第二颖几与小穗等长，椭圆形，具 5～7 脉；第一外稃与小穗等长，具 5～7 脉，先端钝，其内稃短小狭窄；第二外稃椭圆形，顶端钝，具细点状皱纹，边缘内卷，狭窄；鳞被楔形，顶端微凹；花柱基分离。叶上下表皮脉间均为微波纹、壁较薄的长细胞。颖果灰白色。花果期 5—10 月。

植　株

生境：生于田间、路旁、果园、旱地及荒野草地。

产地：江西全省常见。

分布：全国各地广泛分布。

花　序

生　境

金色狗尾草 *Setaria glauca*（L.）P. Beauv.

花　序

形态特征： 狗尾草属一年生草本植物。秆单生，直立或基部倾斜膝曲，近地面节可生根，高20～90cm，光滑无毛，仅花序下面稍粗糙。叶鞘下部扁压具脊，上部圆形，光滑无毛，边缘薄膜质，光滑无纤毛；叶舌具一圈纤毛；叶片线状披针形，长5～40cm、宽2～10mm，先端长渐尖，基部钝圆，上面粗糙，下面光滑，近基部疏生长柔毛。圆锥花序紧密呈圆柱状，长3～17cm、宽4～8mm，直立；主轴具短细柔毛，刚毛金黄色，粗糙，先端尖；通常在一簇中仅具1个发育的小穗；第一颖宽卵形或卵形，长为小穗的1/3～1/2，先端尖，具3脉；第二颖宽卵形，长为小穗的1/2～2/3，先端稍钝，具5～7脉；第一小花雄性，第一外稃与小穗等长，具5脉，其内稃膜质，等长且等宽于第二小花，具2脉，通常含3枚雄蕊或无；第二小花两性，外稃革质，等长于第一外稃，先端尖，成熟时背部隆起，具明显的横皱纹；鳞被楔形；花柱基部联合。叶上表皮脉间均为无波纹、有角棱的壁薄的长细胞。花果期6—10月。

生境： 生于山坡、林缘、路边、荒芜园地及荒野草地。

产地： 江西全省常见。

分布： 全国各地广泛分布；欧亚大陆的温暖地带均有分布。

植　株

莠狗尾草 *Setaria geniculata* (Lam.) P. Beauv.

形态特征: 狗尾草属多年生草本植物。具短节状根茎或根头。秆丛生，直立或基部膝曲，高 30～90cm。叶鞘压扁具脊，近基部常具枯萎纤维的老叶鞘，鞘背无毛，边缘无纤毛；叶舌为一圈短纤毛；叶片质硬，常卷折呈线形，长 5～30cm、宽 2～5mm，无毛，先端渐尖，基部稍收窄，干时常卷折，边缘略粗糙。圆锥花序稠密呈圆柱状，顶端稍狭，长 2～7cm、宽约 5mm；主轴具短细毛，刚毛粗糙，8～12 枚，金黄色，褐锈色；小穗椭圆形，先端尖；第一颖卵形，长为小穗的 1/3，先端尖，具 3 脉；第二颖宽卵形，长约为小穗的 1/2，具 5 脉，先端稍钝；第一小花外稃与小穗等长，具 5 脉，内稃扁平薄纸质，明显窄于且略短于第二小花，具 2 脊，通常中性，少数有 3 枚雄蕊；第二小花两性，外稃软骨质，具较细的横皱纹，先端尖，边缘狭内卷包裹同质扁平的内稃；鳞被楔形，顶端较平，具多数脉纹；花柱基部联合。叶表皮细胞同金色狗尾草。花果期 2—11 月。

植　株

生境: 生于山坡、荒野草地及园地、路旁。

产地: 江西全省常见。

分布: 江西、湖南、广东、广西、福建、台湾、云南等省区。

花　序

皱叶狗尾草 *Setaria plicata*（Lam.）T. Cooke

形态特征： 狗尾草属多年生草本植物。须根细而坚韧，少数具鳞芽。秆通常瘦弱，直立或基部倾斜，高45～130cm，无毛；节和叶鞘与叶片交接处，常具白色短毛。叶鞘背脉常呈脊，密生较细疣毛，毛易脱落，边缘常密生纤毛，基部叶鞘边缘无毛而近膜质；叶舌边缘密生纤毛；叶片质薄，椭圆状披针形或线状披针形，先端渐尖，基部渐狭呈柄状，具较浅的纵向皱折，两面具疏疣毛，边缘无毛。圆锥花序狭长圆形，分枝斜向上升，上部者排列紧密，下部者具分枝，排列疏松而开展，主轴具棱角，有极细短毛而粗糙；小穗着生小枝一侧，卵状披针状，绿色，部分小穗下托以1枚细的刚毛，有时不显著；颖薄纸质，第一颖宽卵形，顶端钝圆，边缘膜质，具5～7脉；第一小花通常中性或具3雄蕊，第一外稃与小穗等长，具5脉，内稃膜质，狭短于外稃，边缘稍内卷，具2脉；第二小花两性，第二外稃等长于第一外稃，具明显的横皱纹；鳞被2；花柱基部联合。颖果狭长卵形，先端具硬而小的尖头。叶表皮细胞同棕叶狗尾类型。花果期6—10月。

花　序

生境： 生于山坡林下、林间路旁及沟谷地阴湿处。

产地： 江西全省常见。

分布： 江西、湖北、安徽、江苏、浙江、福建、台湾、广东、广西、湖南、贵州、云南、四川等省区。

生　境

棕叶狗尾草 *Setaria palmifolia* (J. Koenig) Stapf

形态特征：狗尾草属多年生草本植物。具根茎，须根较坚韧。秆直立或基部稍膝曲，高0.75～2m，具支柱根。叶鞘松弛，具密疣毛，上部边缘具较密而长的疣基纤毛，毛易脱落，下部边缘薄纸质，无纤毛；叶舌具纤毛；叶片纺锤状宽披针形，先端渐尖，基部窄缩呈柄状，具纵深皱折，两面具疣毛。圆锥花序主轴延伸甚长，呈开展或稍狭窄的塔形，主轴具棱角，分枝排列疏松，甚粗糙；小穗卵状披针形，紧密排列于小枝的一侧，部分小穗下托以1枚刚毛；第一颖三角状卵形，先端稍尖，长为小穗的1/3～1/2，具3～5脉；第二颖长为小穗的1/2～3/4，先端尖，具5～7脉；第一小花雄性，第一外稃与小穗等长，先端渐尖，呈稍弯的小尖头，具5脉，内稃膜质，窄而短小，呈狭三角形，长为外稃的2/3；第二小花两性，第二外稃具不甚明显的横皱纹，等长于第一外稃，先端为小而硬的尖头，成熟小穗不易脱落。鳞被楔形微凹，基部沿脉色深；花柱基部联合。颖果卵状披针形、成熟时往往不带着颖片脱落，具不甚明显的横皱纹。叶上下表皮脉间中央3～4行为深波纹的、壁较薄的长细胞，两边2～3行为深波纹的、壁较厚的长细胞，偶有短细胞。花果期8—12月。

生境：生于荒野草地、山坡、林间谷地及林下阴湿处。

产地：江西全省常见。

分布：江西、湖北、浙江、福建、台湾、广东、广西、湖南、贵州、云南、四川、西藏等省区。

植　株

花　序

光高粱 *Sorghum nitidum*（Vahl）Pers.

形态特征：高粱属多年生草本植物。须根较细而坚韧。秆直立，高60～150cm，基部具芽鳞，节上密被灰白色毛环。叶鞘紧密抱茎，无毛；叶舌较硬，具毛；叶片线形，长10～40cm、宽4～6mm，两面具粉屑状柔毛或疣基细毛，边缘具向上的小刺毛。圆锥花序松散，长圆形，长15～45cm、宽6～10cm，除主轴节上具棕褐色柔毛外，其余无毛；分枝近轮生，纤细，微曲折，长2～5cm，基部裸露；总状花序通常含1～5节，着生于分枝的顶端，长1～2cm。无柄小穗卵状披针形，基盘钝圆，具棕褐色髯毛；颖革质，成熟后变黑褐色，中部以下质地较硬，光亮无毛，上部及边缘具棕色柔毛，第一颖背部略扁平，先端渐尖而钝，第二颖略呈舟形；第一外稃膜质，稍短于颖，上部具细短毛，边缘内折；第二外稃透明膜质，无芒；第二内稃甚短小，透明膜质；鳞被2枚，有毛；雌蕊花柱分离，柱头棕褐色，帚状。有柄小穗为雄性，由于发育程度不同，大、小略有差异，通常为长椭圆形，较无柄小穗略小而窄；颖革质，但下部不变硬，黑棕色。颖果长卵形，棕褐色，成熟时不裸露于颖之外。花果期夏秋季。

茎、叶

穗

生境：生于向阳山坡草丛中。

产地：赣中以北可见。

分布：江西、湖北、安徽、江苏、浙江、福建、山东、台湾、广东、广西、湖南、云南；印度、斯里兰卡、中南半岛、日本、菲律宾及大洋洲有分布。

拟高粱 *Sorghum propinquum* (Kunth) Hitchc.

形态特征：高粱属多年生草本植物。根茎粗壮，须根坚韧。秆密集丛生，直立，高 1.5～3m，基部径 1～3cm，具多节，节上具灰白色短柔毛。叶鞘无毛；叶舌质较硬，具细毛；叶片线形，长 40～90cm、宽 3～5cm，两面无毛，中脉较粗，在两面隆起，绿黄色，边缘软骨质，疏生向上的微细小刺毛，稍粗糙。圆锥花序开展，长 30～50cm、宽 6～15cm；分枝纤细，3～6 枚轮生，下部者长 15～20cm，基部腋间具柔毛；总状花序具 3～7 节，其下裸露部分长 2～6cm；小穗成熟后，其柄与小穗均易脱落。无柄小穗椭圆形，先端尖，疏生柔毛，基盘钝，具细毛；颖薄革质，具不明显的横脉，第一颖具 9～11 脉，脉在上部明显，边缘内折，两侧具不明显的脊，顶端无齿；第二颖具 7 脉，上部具脊，略呈舟形，疏生柔毛；第一外稃透明膜质，宽披针形，稍短于颖，具纤毛；第二外稃短于第一外稃，顶端尖，无芒或具 1 细弱扭曲的芒；花药棕黄色；花柱 2，分离；柱头帚状。有柄小穗雄性，约与无柄小穗等长，但较狭，颜色亦较深，质地亦较软。颖果倒卵形，棕褐色。花果期夏秋季。

生境：生于田边、村边、路旁、河岸及湖滩潮湿地。

产地：赣中以北可见。

分布：江西、福建、浙江、江苏、广东、广西、云南、贵州、河南等省区；中南半岛、马来半岛、菲律宾及印度尼西亚有分布。

植　株

穗

稗荩 *Sphaerocaryummalaccense* (Trin.) Pilg.

形态特征： 稗荩属一年生草本植物。秆下部卧伏地面，于节上生根，上部稍斜升，具多节，高 10～30cm。叶鞘短于节间，被基部膨大的柔毛；叶舌短小，顶端具纤毛；叶片卵状心形，基部抱茎，长 1～1.5cm、宽 6～10mm，边缘粗糙，疏生硬毛。圆锥花序卵形，长 2～3cm、宽 1～2cm，秆上部的 1、2 叶鞘内常有隐藏的花序，分枝斜生；小穗柄长 1～3mm，中部具黄色腺点；小穗含 1 小花；颖透明膜质，无毛；第一颖长约为小穗的 2/3，无脉，第二颖与小穗等长，具 1 脉；外稃与小穗等长，被细毛，内稃与外稃同质且等长，稍内卷；雄蕊 3 枚，花药黄色，细小；花柱 2，柱头帚状。颖果卵圆形，棕褐色。花果期秋季。

花 序

生境： 生于山地灌丛、荒野草甸及低洼潮湿地或浅水中。

产地： 江西全省常见。

分布： 江西、安徽、浙江、福建、台湾、广东、广西、云南；印度、斯里兰卡、马来西亚、菲律宾、越南、缅甸也有分布。

植 株

大油芒 *Spodiopogon sibiricus* Trin.

形态特征： 大油芒属多年生草本植物。秆高90～110cm，通常不分枝。叶片阔条形，宽6～14mm。圆锥花序长15～20cm；总状花序2～4节，生于细长的枝端，穗轴逐节断落，节间及小穗柄呈棒状；小穗成对，一有柄、一无柄，均结实且同形，多少呈圆筒形，含2小花，仅第二小花结实；第一颖遍布柔毛，顶部两侧有不明显的脊；芒自第二外稃二深裂齿间伸出，中部膝曲。

植　株

生境： 生于山林边坡、路旁、撂荒地及林下。

产地： 江西全省常见。

分布： 江西、湖南、湖北、安徽、江苏、浙江、山东、河北、河南、山西、陕西、内蒙古、甘肃、黑龙江、吉林、辽宁等省区。

叶

穗

花　序

鼠尾粟 *Sporobolus fertilis* (Steud.) Clayton

形态特征：鼠尾粟属多年生草本植物。须根较粗壮且较长。秆直立，丛生，高25～120cm，基部径2～4mm，质较坚硬，平滑无毛。叶鞘疏松裹茎，基部者较宽，平滑无毛，下部者长于而上部者短于节间；叶舌极短，纤毛状；叶片质较硬，平滑无毛，通常内卷，先端长渐尖，长15～65cm、宽2～5mm。圆锥花序较紧缩呈线形，常间断，长7～44cm、宽0.5～1.2cm；分枝稍坚硬，直立，与主轴贴生或倾斜，通常长1～2.5cm，基部者较长，一般不超过6cm，但小穗密集着生其上；小穗灰绿色且略带紫色；颖膜质，第一颖小，先端尖，具1脉；外稃等长于小穗，先端稍尖，具1中脉及2不明显侧脉；雄蕊3枚，花药黄色。囊果成熟后红褐色，明显短于外稃和内稃，长圆状倒卵形，顶端截平。花果期3—12月。

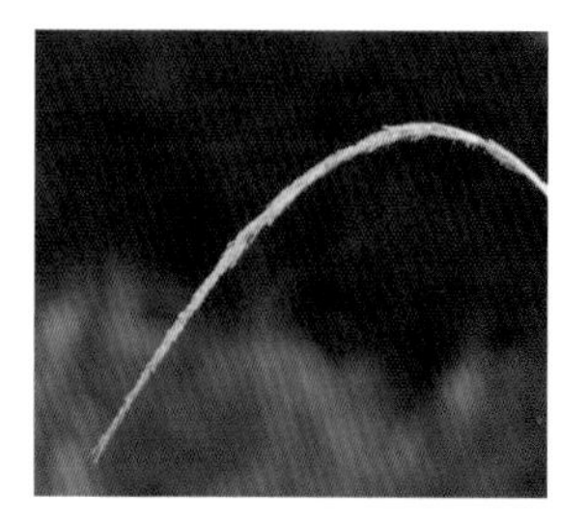
穗

生境：生于田野、田埂路边、园地、荒野草地及林下、林间山谷潮湿地。

产地：江西全省常见。

分布：华东、华中、西南、陕西、甘肃、西藏等地区。

植　株

苞子草 *Themeda caudata*（Nees）A. Camus

形态特征：营属多年生草本植物。秆簇生、粗壮，高1～3m，下部直径0.5～1cm，扁圆形而有棱，黄绿色，光滑，有光泽。叶鞘在秆基套叠，平滑，具脊；叶舌圆截形，有睫毛；叶片线形，长20～80cm、宽0.5～1cm，中脉明显，背面疏生柔毛，基部近圆形，顶端渐尖，边缘粗糙。大型伪圆锥花序，多回复出，由带佛焰苞的总状花序组成；佛焰苞长2.5～5cm，总花梗长1～2cm；总状花序由9～11枚小穗组成，总苞状2对小穗着生在不同水平面，总苞状小穗线状披针形，长1.2～1.5cm，第一颖背部通常无毛。无柄小穗圆柱形，颖背部常密被金黄色柔毛；第一颖革质，几乎完全包被同质的第二颖；第一外稃披针形，边缘具睫毛；第二外稃退化为芒基，芒长2～8cm，1～2回膝曲，芒柱粗壮而旋扭；内稃长圆形。有柄小穗形似总苞状小穗，且同为雄性。颖果长圆形，坚硬。花果期7—12月。

穗

植　株

生境：生于山坡草丛、路旁及林缘。

产地：江西全省常见。

分布：江西、浙江、福建、台湾、广东、广西、贵州、云南、四川等省区；印度、缅甸、越南、斯里兰卡、菲律宾等地亦有分布。

黄背草 *Themeda triandra* Forssk.

形态特征：黄背草属多年生草本植物。秆高约60cm，分枝少。叶鞘压扁具脊，具瘤基柔毛；叶片线形，长10～30cm、宽3～5mm，基部具瘤基毛。伪圆锥花序狭窄，长20～30cm，由具线形佛焰苞的总状花序组成；佛焰苞长约3cm；总状花序长约1.5cm，由7枚小穗组成，基部2对总苞状小穗着生在同一平面。有柄小穗雄性，第一颖草质，疏生瘤基刚毛，无膜质边缘。无柄小穗两性，纺锤状圆柱形，基盘具棕色糙毛；第一颖革质，上部粗糙；第二颖与第一颖同质，等长；第二外稃具长约4cm的芒，1～2回膝曲，芒柱粗糙。花果期6—9月。

花　序

生境：生于山坡、荒野草地、路旁、林缘及灌丛地。

产地：江西全省常见。

分布：我国除新疆、青海、内蒙古以外的省区均有分布。

小　穗

植　株

菅 *Themeda villosa*（Poir.）A. Camus

形态特征：菅属多年生草本植物。秆粗壮，多簇生，高1～2m；两侧压扁，通常黄白色，平滑无毛而有光泽，实心，髓白色。叶鞘光滑无毛，下部具粗脊；叶舌膜质，短，顶端具短纤毛；叶片线形，长可达1m；基部渐狭，顶端渐尖，两面微粗糙，中脉粗，白色，在叶背凸起，侧脉显著，叶缘稍增厚而粗糙。多回复出的大型伪圆锥花序，由具佛焰苞的总状花序组成，长可达1m；总花梗上部常被毛，顶端膨大，佛焰苞舟形，具脊，粗糙，多脉；每总状花序由9～11枚小穗组成；总苞状2对小穗披针形，着生在不同水平面上；颖草质，外稃透明，边缘具睫毛；内稃透明，卵状；雄蕊3枚，花药长4～5mm；基盘密具硬粗毛和褐色短毛；颖硬革质，第一颖长圆状披针形，顶端截形，边缘内卷，脊圆，背部及边缘密被褐色短毛，具7～8脉；第二颖狭披针形，具3脉，顶端钝，背面密被褐色短毛；第一小花不育，外稃透明，内稃小；第二小花两性，外稃狭披针形，主脉延伸成1个小尖头，不伸出颖外。有柄小穗似总苞状小穗。颖果被毛，成熟时栗褐色。花果期8月至次年1月。

植　株

生境：生于山坡草地、地埂路旁、灌丛地及林缘向阳处。

产地：江西全省常见。

分布：江西、浙江、福建、湖北、湖南、广东、广西、四川、贵州、云南、西藏等省区。

穗

草沙蚕 *Tripogon bromoides* Roem. et Schult. var. *bromoides*

形态特征：草沙蚕属多年生草本植物。秆直立，细弱，密集丛生，高15～30cm，平滑无毛。叶鞘大都无毛；叶舌很短，近于缺；叶片质较硬，内卷，长3～10cm、宽1～2mm，正面通常疏生柔毛，背面平滑无毛。穗状花序，长6～13cm，穗轴微扭卷，平滑无毛；小穗铅绿色，排列较紧密，含5～9朵小花；颖膜质，具1强壮的脉，第一颖上部贴向穗轴一侧常具小裂片，第二颖先端2裂，裂齿间伸出短芒；外稃无毛，具3脉，脉均延伸成直芒；第一外稃长3～3.5mm，主芒长3～4mm，侧芒长1～1.5mm，芒间裂片锐尖；内稃短于外稃，脊上具小纤毛，先端具纤毛；花药长1.5～2mm。花期9月。

生境：生于河岸、山坡及山地边坡石隙间。

产地：赣南地区可见。

分布：西藏、青海、四川、云南、江西等省区。

植　株

生　境

光尾稃草 *Urochloa reptans*（L.）Stapf var. *glabra* S. L. Chen et Y. X. Jin

花　序

形态特征： 尾稃草属一年生草本植物。秆纤细，下部横卧地面，节处生根，向上斜升，高 15～50cm。叶鞘短于节间，无毛，边缘一侧密被纤毛；叶舌极短小，具纤毛；叶片卵状披针形，长 2～6cm、宽 3～12mm，无毛，基部疏被疣基毛，边缘粗糙并常呈波状皱折。圆锥花序，由 3～6 枚总状花序组成；总状花序长 0.5～4cm；主轴具疣毛，棱边粗糙；穗轴及小穗柄无疣基长刺毛；小穗卵状椭圆形，通常无毛，孪生，一具长柄、一具短柄，柄长疏生白色长刺毛；第一颖短小，先端钝，截平，脉不明显；第二颖与小穗等长，具 7～9 脉；第一外稃与第二颖同形同质，具 5 脉，内稃膜质；第二外稃椭圆形，具横皱纹，顶端具微小尖头，边缘稍内卷，包着同质的内稃；鳞被 2，膜质，折叠，具细脉。花果期 8—12 月。

生境： 生于荒野草地及园地、路边。

产地： 江西全省常见。

分布： 云南、江西等省区；全世界热带地区均有分布。

植　株

菰 *Zizania latifolia*（Griseb.）Stapf

形态特征：菰属多年生植物。具匍匐根状茎；须根粗壮。秆高大直立，高1～2m、径约1cm；具多数节，基部节上生不定根。叶鞘长于其节间，肥厚，有小横脉；叶舌膜质，顶端尖；叶片扁平宽大，长50～90cm、宽15～30mm。圆锥花序长30～50cm，分枝多数簇生，上升，果期开展。雄小穗两侧压扁，着生于花序下部，带紫色；外稃具5脉，顶端渐尖具小尖头；内稃具3脉，中脉成脊，具毛；雄蕊6枚，花药长5～10mm。雌小穗圆筒形，着生于花序上部和分枝下方与主轴贴生处，外稃之5脉粗糙，芒长20～30mm，内稃具3脉。颖果圆柱形，胚小形，为果体之1/8。

植　株

生境：生长于溪沟旁、水塘边及湖泊湿地的浅水中。

产地：江西全省常见。

分布：江西、湖北、福建、台湾、广东、湖南、四川、陕西、甘肃、内蒙古、河北、黑龙江、吉林、辽宁等省区。

生　境

中华结缕草 *Zoysia sinica* Hance

植　株

形态特征： 结缕草属多年生草本植物。具根状茎。秆直立，高 13～30cm，茎部常具宿存枯萎的叶鞘。叶鞘无毛，长于节间，鞘口具长柔毛；叶舌短而不明显；叶片淡绿色，背面色较淡，长可达 10cm、宽 1～3mm，无毛，质地稍坚硬，扁平。总状花序穗形，小穗排列稍疏，长 2～4cm、宽 4～5mm，伸出叶鞘外；小穗披针形，黄褐色，具小穗柄；颖光滑无毛，侧脉不明显，中脉近顶端与颖分离，延伸成小芒尖；外稃膜质，具 1 明显的中脉；雄蕊 3 枚，花药长约 2mm；花柱 2 枚，柱头帚状。颖果棕褐色，长椭圆形。花果期 5—10 月。

生境： 生于河边沙滩、河岸、路旁的草丛中。

产地： 江西全省常见。

分布： 江西、安徽、河北、辽宁、山东、江苏、浙江、福建、台湾、广东；日本有分布。

生　境

三、菊科 Compositae (Asteraceae)

下田菊 *Adenostemma lavenia* (L.) Kuntze

形态特征：下田菊属一年生草本植物。茎直立，单生，高30～100cm，基部直径0.5～1cm，坚硬，通常自上部叉状分枝，被白色短柔毛，中部以下光滑无毛，全株有稀疏的叶。基部的叶片花期生存；中部的叶片较大，长椭圆状披针形，长4～12cm、宽2～5cm，顶端急尖，基部宽楔形，叶柄有狭翼，长0.5～4cm，边缘有圆锯齿，叶两面有稀疏的短柔毛，通常沿脉有较密的毛；上部和下部的叶片渐小，有短叶柄。头状花序小，少数稀多数在假轴分枝顶端排列成松散伞房状花序。花序分枝粗壮；花序梗长0.8～3cm，被灰白色短柔毛；总苞半球形，果期变宽；总苞片2层，近等长，狭长椭圆形，质地薄，几膜质，绿色，顶端钝，外层苞片大部合生，外面被白色稀疏长柔毛，基部的毛较密。花冠下部被黏质腺毛，上部扩大，有5齿，被柔毛。瘦果倒披针形，顶端钝，基部收窄，被腺点，熟时黑褐色。冠毛约4枚，棒状，基部结合成环状，顶端有棕黄色的黏质的腺体分泌物。花果期8—10月。

生境：生长于水边、路旁、荒野草地、河滩、湖边及林下或山坡灌丛中。

产地：江西全省常见。

分布：江西、安徽、江苏、浙江、福建、台湾、广东、广西、湖南、贵州、云南、四川等地。

植　株

藿香蓟 *Ageratum conyzoides* L.

形态特征：藿香蓟属一年生草本植物。茎稍带紫色，被白色多节长柔毛，幼茎幼叶及花梗上的毛较密。叶卵形或菱状卵形，长4～13cm、宽2.5～6.5cm，两面被稀疏的白色长柔毛，基部钝，边缘有钝圆锯齿；叶柄长1～3cm。头状花序较小，直径约1cm，在茎或分枝顶端排成伞房花序；总苞片矩圆形，顶端急尖，外面被稀疏白色多节长柔毛；花淡紫色或浅蓝色；冠毛鳞片状，上端渐狭成芒状，5枚。

花　序

生境：生长于山坡林下、山谷、林缘、河边及荒野草地、田边、园地。

产地：江西全省常见。

分布：江西、福建、广东、广西、贵州、云南、四川等地。

植　株

灯台兔儿风 *Ainsliaeamacroclinidioides* Hayata

形态特征：兔儿风属多年生草本植物。根细弱，簇生，长者可逾 20cm。根状茎短，直或曲膝状，直径 4～6mm，根茎密被深褐色绒毛；茎直立，单一，不分枝，高 25～65cm，下部无叶，密被长柔毛。叶聚生于茎的上部呈莲座状。叶柄长3～8cm，被长柔毛；叶片纸质，阔卵形至卵状披针形，稀近椭圆形，长 4～10cm、宽 2.5～6.5cm，顶端短尖，但中脉延伸具一芒状凸尖头，基部通常浅心形而凹缺中央略下延，稀有钝圆者，边缘具芒状疏齿，正面无毛，背面被疏长毛，脉上尤著；基出脉 3 条，侧生的 1 对其外侧常有细的分枝，弧形上升，于中部离缘弯拱连接，中脉中部 1 对明显的侧脉，弯拱向上几达叶片顶部，网状脉明显。头状花序具花 3 朵，无梗，单生，于茎的上部作总状花序式排列；花序无毛，有 1～2 片三角形的苞叶；总苞圆筒形；总苞片约 6 层，背部有纵纹，无毛，除最内层外顶端均钝，且呈紫红色，外层的卵形，中层的卵状披针形至近长圆形，最内层的狭长圆形，基部稍狭，顶端略尖；花托平，无毛。花全部两性；花冠管状，檐部稍扩大，5 深裂，裂片偏于一侧，线形，约与花冠管近等长；花药伸出于冠管之外，顶端截平，基部毗连的尾向下渐狭，长为花药的 1/3；花柱枝甚扁，开展，顶端钝。瘦果近圆柱形，基部稍狭，有纵棱，略被短柔毛。冠毛 1 层，污白色，羽毛状，基部联合。花期 8—11 月。

花　序

生境：生于山坡草丛、山林边坡、路旁、林下及河滩。

产地：江西中部地区可见。

分布：江西、湖北、湖南、广西、广东、福建、台湾、浙江、安徽等省区。

生　境

细穗兔儿风 *Ainsliaea spicata* Vaniot

花　序

形态特征： 兔儿风属多年生草本植物。须根较粗，肉质。根状茎粗直，根茎密被污白色绒毛；茎直立，纤弱，花葶状，被黄褐色丛卷毛。叶聚生于茎的基部，莲座状；叶柄近无，无翅；叶片纸质，倒卵形，顶端通常圆，基部钝，边缘具胼胝体状细尖齿及缘毛，两面被疏柔毛，唯下面较密而稍带苍白；中脉粗，在叶背极凸起，侧脉4～5对，弧形上升，离缘3～7mm弯拱连接，网脉明显；花葶上的苞叶疏离，长圆形，无柄，具数齿，毛被与基生叶的相同。头状花序具花3朵，单生，于花茎上部复排成疏松的穗状花序；花序轴纤弱，被长柔毛；总苞圆筒形；总苞片约6层，背部具1～3脉，外层质硬，卵形，顶端钝，无毛，中层长圆形，顶端红色，有小尖头，最内层狭椭圆形，顶端短渐尖，基部长渐狭，边缘薄，干膜质，无毛；花托平，无毛。花全部两性；花冠管状，管部细长，上下等粗，檐部稍扩大，5深裂，裂片偏于一侧，线形，略长于花冠管；花药顶端截平，基部的尾毗连，稍渐狭；花柱分枝略叉开，短，顶端钝。瘦果倒锥形，具10纵棱，密被白色粗毛。冠毛黄褐色，羽毛状，基部稍联合。花期4—6月及9—10月。

生境： 生于荒野草地、林缘及松林或杂木林下。

产地： 江西中部地区可见。

分布： 云南、贵州、四川、湖北、广东、广西和江西等省区。

植　株

黄花蒿 *Artemisia annua* L.

形态特征：蒿属一年生草本植物。茎直立，高50～150cm，多分枝，直径达6mm，无毛。基部及下部叶在花期枯萎；中部叶卵形，三次羽状深裂，长4～7cm、宽1.5～3cm，裂片及小裂片矩圆形，开展，顶端尖，基部裂片常抱茎，下面色较浅，两面被短微毛；上部叶小，常一次羽状细裂。头状花序极多数，球形，有短梗，排列成复总状，常有条形苞叶；总苞无毛；总苞片2～3层，外层狭矩圆形，绿色，内层椭圆形，除中脉外边缘宽膜质；花托长圆形；花筒状，外层雌性，内层两性。瘦果矩圆形，无毛。

生境：生于山坡、荒地、园地、路旁、疏林下及林缘。

产地：江西全省常见。

分布：广布于我国各地。

植　株

蒌蒿 *Artemisia selengensis* Turcz. ex Besser

形态特征： 蒿属多年生草本植物。有地下茎；茎直立，高 60～150cm、直径 4～8cm，无毛，常紫红色，上部有多少直立的花序枝。下部叶在花期枯萎；中部叶密集，羽状深裂，长 10～18cm，宽度约为长度的一半，侧裂片 2 对或 1 对，条状披针形，顶端渐尖，有疏浅锯齿，正面无毛，背面被白色薄茸毛，基部渐狭成楔形短柄，无假托叶；上部叶三裂。头状花序直立，有短梗，多数密集成狭长的复总状花序，有条形苞叶；总苞近钟状；总苞片约 4 层，外层卵形，黄褐色，被短绵毛，内层边缘宽膜质。花黄色，内层两性，外层雌性。瘦果微小，无毛。

生境： 生于河滩、湖泊湿地及潮湿的疏林、荒地、路旁等。

产地： 江西鄱阳湖地区常见。

分布： 江西、安徽、江苏、山东、河北、河南、湖北、贵州、云南、湖南、广东、四川、山西、陕西、甘肃、内蒙古、黑龙江、吉林、辽宁等省区。

植　株

奇蒿 *Artemisia anomala* S. moore

花　序

形态特征：蒿属多年生草本植物。主根稍明显，侧根多数。根状茎稍粗，弯曲，斜向上。茎单生，稀 2 至少数，高 80～150cm，具纵棱，黄褐色，初时被微柔毛，后渐脱落；上半部有分枝，枝弯曲，斜向上。叶厚纸质，正面绿色，初时微有疏短柔毛，后无毛；背面黄绿色，初时微有蛛丝状绵毛，后脱落；下部叶卵形，不分裂，先端锐尖，边缘具细锯齿，基部圆形，具短柄；中部叶卵形，先端锐尖，边缘具细锯齿，基部圆形；上部叶与苞片叶小，无柄。头状花序长圆形，无梗，在分枝上端排成密穗状花序，并在茎上端组成狭窄的圆锥花序；总苞片 3～4 层，半膜质至膜质，背面淡黄色，无毛，外层总苞片小，卵形，中、内层总苞片长卵形、长圆形或椭圆形；雌花 4～6 朵，花冠狭管状，檐部具 2 裂齿，花柱长，伸出花冠外，先端 2 叉，叉端钝尖；两性花 6～8 朵，花冠管状，花药线形，先端附属物尖，长三角形，基部圆钝，花柱略长于花冠，先端 2 叉，叉端截形，并有睫毛。瘦果倒卵形。花果期 6—11 月。

生境：生于山脚、林缘、荒坡、路旁、沟边、河岸及灌丛草地。

产地：江西全省常见。

分布：江西、湖北、河南、安徽、江苏、浙江、福建、台湾、广东、广西、湖南、贵州、四川等省区。

植　株

三脉紫菀 *Aster ageratoides* Turcz.

形态特征：紫菀属多年生草本植物。根状茎粗壮。茎直立，高 40～100cm，细，有棱及沟，被柔毛；上部有时屈折，有上升的分枝。下部叶在花期枯落，叶片宽卵圆形，急狭成长柄；中部叶椭圆形，中部以上急狭成楔形具宽翅的柄，顶端渐尖，边缘有 3～7 对浅锯齿；上部叶渐小，有浅齿；全部叶纸质，正面被短糙毛，背面浅色被短柔毛常有腺点，有离基三出脉，侧脉 3～4 对，网脉常显明。头状花序，排列成伞房状；总苞倒锥状；总苞片 3 层，覆瓦状排列，线状长圆形，下部近革质，上部绿色，有短缘毛。舌状花约十余个，舌片线状长圆形，紫色，管状花黄色。冠毛浅红褐色。瘦果倒卵状长圆形，灰褐色，有边肋，一面常有肋，被短粗毛。花果期 7—12 月。

生境：生于林间、林缘、山谷湿地、山脚及荒野灌丛草地。

产地：江西全省常见。

分布：我国东北部、北部、东部、南部至西部、西南部及西藏南部均有分布。

花 序

鬼针草 *Bidens pilosa* L.

形态特征：鬼针草属一年生草本植物。茎直立，高30～100cm，钝四棱形，无毛，基部直径可达6mm。茎下部叶较小，3裂，通常在开花前枯萎。茎中部叶具长1.5～5cm无翅的柄，三出羽状复叶，很少为五出羽状复叶；两侧小叶椭圆形，长2～4.5cm、宽1.5～2.5cm，先端锐尖，基部近圆形，有时偏斜，不对称，具短柄，边缘有锯齿；顶生小叶较大，长椭圆形，长3.5～7cm，先端渐尖，基部渐狭，具长1～2cm的柄，边缘有锯齿，无毛。茎上部叶小，3裂或不分裂，条状披针形。头状花序，有长1～6cm的花序梗；总苞基部被短柔毛，苞片7～8枚，条状匙形，上部稍宽，开花时长3～4mm，果时长至5mm，草质，边缘疏被短柔毛；外层托片披针形，果时长5～6mm，干膜质，背面褐色，具黄色边缘，内层较狭，条状披针形。无舌状花，盘花筒状，冠檐5齿裂。瘦果黑色，条形，略扁，具棱，上部具稀疏瘤状突起及刚毛，顶端芒刺3～4枚，具倒刺毛。

植　株

生境：生于旷野、荒地、溪沟边、河岸、园地及路旁。

产地：江西全省常见。

分布：华东、华中、华南、西南等各省区。

幼　苗

果

花　序

狼杷草 *Bidens tripartita* L.

形态特征：鬼针草属一年生草本植物。茎高20～150cm，圆柱状而稍呈四方形，无毛，绿色，上部分枝有自基部分枝。叶对生，下部的较小，不分裂，边缘具锯齿，通常于花期枯萎。中部叶具柄，有狭翅；叶片无毛，长椭圆状披针形，近基部浅裂成1对小裂片，通常3～5深裂，裂深几达中肋；两侧裂片披针形至狭披针形；顶生裂片较大，披针形，两端渐狭，与侧生裂片边缘均具疏锯齿。上部叶较小，披针形，3裂。头状花序单生茎端及枝端，具较长的花序梗；总苞盘状；外层苞片5～9枚，条形，先端钝，具缘毛，叶状；内层苞片长椭圆形，膜质，褐色，有纵条纹，具透明的边缘；托片条状披针形，约与瘦果等长，背面有褐色条纹，边缘透明。无舌状花，全为筒状两性花，冠檐4裂；花药基部钝，顶端有椭圆形附器，花丝上部增宽。瘦果扁，楔形，边缘有倒刺毛，顶端芒刺通常2枚，极少3～4枚，两侧有倒刺毛。

花　序

生境：生于旷野、荒地、溪沟边、河岸、园地及路旁。

产地：江西全省常见。

分布：华东、华中、东北、华北、西南及陕西、甘肃、新疆等省区。

植　株

球菊 *Epaltes australis* Less.

又名鹅不食草。

形态特征：球菊属一年生草本植物。茎枝铺散状，长6～20cm、径2～3mm，基部多分枝，有细沟纹，无毛，节间长约1cm。叶片无柄，倒卵形，长1.5～3cm、宽5～11mm，基部长渐狭，顶端钝，稀有短尖，边缘有不规则的粗锯齿，无毛；中脉在上面明显，在下面略凸起；侧脉2～3对，极细弱，网脉不明显。头状花序多数，扁球形，径约5mm，无短花序梗，侧生，单生；总苞半球形；总苞片4层，绿色，干膜质，无毛，外层苞片卵圆形、顶端浑圆，内层苞片倒卵形至倒卵状长圆形、顶端钝；花托稍凸，无毛。雌花多数，檐部3齿裂，有疏腺点。两性花约20朵，花冠圆筒形，檐部4裂，裂片三角形，顶端略钝，有腺点；雄蕊4枚。瘦果近圆柱形，有10条棱，有疣状突起，顶端截形，基部常收缩，且被疏短柔毛。无冠毛。花果期3—6月。

生境：生于旷野荒地、荒田及河滩沙地。

产地：江西鄱阳湖地区常见。

分布：江西、福建、台湾、广东、广西和云南等省区。

生　境

天名精 *Carpesium abrotanoides* L.

形态特征：天名精属多年生草本植物。茎粗壮、圆柱状，高 60～100cm；下部木质、近于无毛，上部密被短柔毛，有明显的纵条纹，多分枝。基叶于开花前凋萎；茎下部叶片广椭圆形，长 8～16cm、宽 4～7cm，先端钝，基部楔形，三面深绿色，被短柔毛，老时脱落，几无毛，叶面粗糙，下面淡绿色，密被短柔毛，有细小腺点，边缘具不规整的钝齿，齿端有腺体状胼胝体；叶柄密被短柔毛；茎上部节间长 1～2.5cm，叶较密，长椭圆形，先端渐尖，基部阔楔形，无柄。头状花序多数，生茎端及沿茎、枝生于叶腋，近无梗，成穗状花序式排列，着生于茎端及枝端者具椭圆形的苞叶 2～4 枚，腋生头状花序无苞叶；总苞钟球形，基部宽，上端稍收缩，成熟时开展成扁球形；苞片 3 层，外层较短，卵圆形，先端钝尖，膜质，具缘毛，背面被短柔毛，内层长圆形、先端圆钝。雌花狭筒状，两性花筒状，向上渐宽，冠檐 5 齿裂。瘦果。

植　株

生境：生于荒野草地、路边、溪边及林缘。

产地：江西全省常见。

分布：华东、华中、华南、西南各省区及河北、陕西等地。

花

石胡荽 *Centipedaminima*（L.）A. Braun et Asch.

形态特征： 石胡荽属一年生草本植物。茎多分枝，高 5～20cm，匍匐状，微被蛛丝状毛。叶互生，楔状倒披针形，长 7～18mm，顶端钝，基部楔形，边缘有少数锯齿，无毛。头状花序小，扁球形，直径约 3mm，单生于叶腋，无花序梗；总苞半球形；总苞片 2 层，椭圆状披针形，绿色，边缘透明膜质，外层较大；边缘花雌性，多层，花冠细管状，淡绿黄色，顶端 2～3 微裂；盘花两性，花冠管状，顶端 4 深裂，淡紫红色，下部有明显的狭管。瘦果椭圆形，具 4 棱，棱上有长毛，无冠状冠毛。花果期 6—10 月。

生境： 生于河滩、湖泊湿地、阴湿荒野地及路旁。

产地： 江西全省常见。

分布： 华东、华中、华南、华北、东北、西南等诸省区。

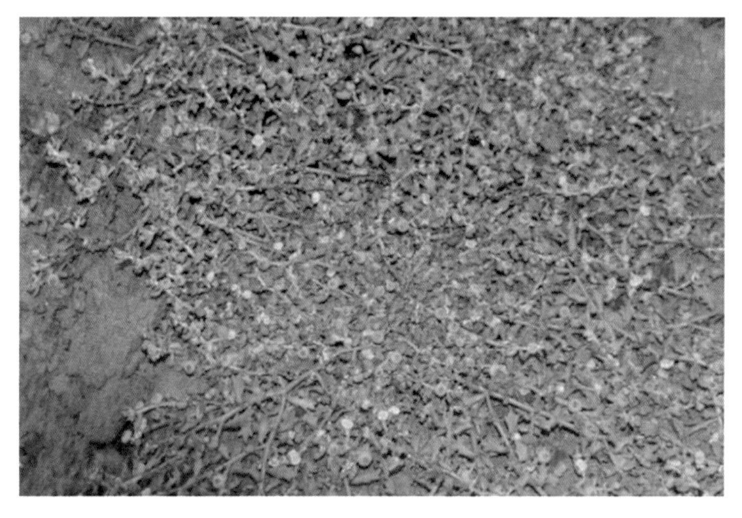

生　境

蓟 *Cirsium japonicum* Fisch. ex DC.

形态特征：蓟属多年生草本植物。块根纺锤状。茎直立，30～80cm，分枝，全部茎枝有条棱，被稠密的多细胞长节毛，接头状花序下部灰白色，被稠密绒毛及多细胞节毛。基生叶较大，全形卵形，羽状深裂，基部渐狭成短或长翼柄，柄翼边缘有针刺及刺齿；侧裂片6～12对，中部侧裂片较大，向下及向下的侧裂片渐小，全部侧裂片排列稀疏，卵状披针形，宽狭变化极大，边缘锯齿较大而使整个叶片呈现较为明显的二回状分裂状态，齿顶针刺长可达6mm，齿缘针刺小而密；顶裂片披针形。自基部向上的叶渐小，与基生叶同形并等样分裂，但无柄，基部扩大半抱茎。全部茎叶两面同色，绿色，两面沿脉有稀疏的多细胞长节毛。头状花序直立，少有下垂的，少数生茎端而花序极短，不呈明显的花序式排列，少有头状花序单生茎端的；总苞钟状；总苞片约6层，覆瓦状排列，向内层渐长，外层与中层卵状三角形至长三角形，顶端长渐尖，有长1～2mm的针刺；内层披针形，顶端渐尖呈软针刺状。全部苞片外面有微糙毛并沿中肋有粘腺。小花红色。瘦果压扁，偏斜楔状倒披针状，顶端斜截形。冠毛浅褐色，多层，基部联合成环，整体脱落；冠毛刚毛长羽毛状，内层向顶端纺锤状扩大。花果期4～11月。

生境：生于疏林下、林缘、山脚、荒地、田间、路旁及溪沟边。

产地：江西全省常见。

分布：江西、浙江、江苏、山东、河北、陕西、四川、云南、贵州、湖北、湖南、广西、广东、福建和台湾等省区。

植　株

小蓬草 *Conyza canadensis*（L.）Cronquist

形态特征：白酒草属一年生草本植物。根纺锤状，具纤维状根。茎直立，高 50～100cm，圆柱状，多少具棱，有条纹，被疏长硬毛，上部多分枝。叶密集，基部叶花期常枯萎；下部叶倒披针形，长 6～10cm、宽 1～1.5cm，顶端尖，基部渐狭成柄，边缘具疏锯齿；中部和上部叶较小，线状披针形，近无柄，全缘，两面被疏短毛边缘常被上弯的硬缘毛。头状花序多数，小，排列成顶生多分枝的大圆锥花序；花序梗细，总苞近圆柱状；总苞片 2～3 层，淡绿色，线状披针形，顶端渐尖，外层约短于内层之半背面被疏毛，边缘干膜质，无毛；花托平，具不明显的突起；雌花多数，舌状，白色，舌片小，稍超出花盘，线形，顶端具 2 个钝小齿；两性花淡黄色，花冠管状，上端具 4 个齿裂，管部上部被疏微毛。瘦果线状披针形，稍扁压，被贴微毛；冠毛污白色，1 层，糙毛状。花期5—9 月。

幼　苗

植　株

生境：生长于旷野、荒地、田间、园地和路旁。

产地：江西全省常见。

分布：原产北美洲；我国南北各省区均有分布。

山芫荽 *Cotula hemisphaerica* Wall.

形态特征： 山芫荽属一年生草本植物。茎自基部多分枝，分枝铺散，长5～20cm，多少被淡褐色长柔毛。叶互生，二回羽状全裂，两面近无毛；基生叶倒披针形，长3～5cm、宽1～2cm，基部有稍膜质扩大的短柄，一回裂片约5对，向下裂片渐小而直展；中部茎生叶长圆形，长2～3cm、宽1～1.5cm，基部半抱茎，上部叶渐小，1～2回羽状全裂；全部叶末回裂片线形，顶端渐尖，有细长的尖头。头状花序单生枝端；梗纤细，被淡褐色长柔毛；总苞片2层，矩圆形，绿色，具1红褐色中脉，顶端钝，边缘膜质，内层较短小；花托乳突果期伸长成果柄；边缘花雌性，较中心两性花多，无花冠，花柱2裂；中心花少数，两性，有管状黄色花冠，冠檐4裂。瘦果矩圆形，稍扁，有很狭的翅状边缘，被腺点。花果期1—5月。

生境： 生长于河滩湖边沙地、稻田边及潮湿草地。

产地： 鄱阳湖地区常见。

分布： 四川、湖北、江西等省区。

植　株

野茼蒿 *Crassocephalum crepidioides* (Benth.) S. moore

形态特征：野茼蒿属草本植物。茎直立，高20～120cm，有纵条棱，无毛。叶柄长2～2.5cm；叶膜质，椭圆形，长7～12cm、宽4～5cm，顶端渐尖，基部楔形，边缘有不规则锯齿，两面无或近无毛。头状花序数个在茎端排成伞房状，直径约3cm；总苞钟状，长1.0～1.2cm，基部截形，有数枚不等长的线形小苞片；总苞片1层，线状披针形，等长，具狭膜质边缘，顶端有簇状毛；小花全部管状，两性，花冠红褐色，檐部5齿裂；花柱基部呈小球状，分枝，顶端尖，被乳头状毛。瘦果狭圆柱形，赤红色，有肋，被毛；冠毛极多数，白色，绢毛状，易脱落。花果期7—12月。

幼　苗

生境：生长于旷野、荒地、田间、园地和路旁。

产地：江西全省常见。

分布：江西、湖北、福建、广东、广西、湖南、贵州、云南、四川、西藏等省区。

植　株

野菊 *Chrysanthemum indicum* L.

花

形态特征：菊属多年生草本植物。有地下长匍匐茎；茎直立，高0.25～1m，有伞房状花序分枝；茎枝被稀疏的毛，上部及花序枝上的毛稍多。基生叶和下部叶花期脱落；中部叶卵形，长3～7cm、宽2～4cm，羽状半裂、浅裂而边缘有浅锯齿；基部截形，叶柄长1～2cm，柄基无耳；两面同色，淡绿色，有稀疏的短柔毛。头状花序，多数在茎枝顶端排成疏松的伞房圆锥花序；总苞片约5层，外层卵形，中层卵形，内层长椭圆形；全部苞片边缘白色宽膜质，顶端钝。舌状花黄色，舌片顶端全缘或2～3齿。瘦果。花期6—11月。野菊是一个多型性的种，有许多生态的、地理的或生态地理的居群，表现出体态、叶形、叶序、伞房花序式样以及茎叶毛被性等诸特征上的极大的多样性。

生境：生于山坡灌丛草地、河边水湿地、滨海盐渍地、田边、路旁、地埂边坡、疏林下及林缘。

产地：江西全省常见。

分布：华中、华北、东北、华南及西南各地。

植　株

地胆草 *Elephantopus scaber* L.

花

形态特征：地胆草属多年生草本植物。根状茎平卧，具多数纤维状根；茎直立，高 20～60cm、，基部径 2～4mm；常多少二歧分枝，稍粗糙，密被白色贴生长硬毛。基部叶花期生存，莲座状，匙形，长 5～18cm、宽 2～4cm，顶端圆钝，基部渐狭成宽短柄，边缘具圆齿状锯齿；茎叶少数而小，倒披针形，向上渐小；全部叶正面被疏长糙毛，背面密被长硬毛和腺点。头状花序多数，在茎或枝端束生的团球状的复头状花序，基部被 3 个叶状苞片所包围；苞片绿色，草质，宽卵形，顶端渐尖，具明显凸起的脉，被长糙毛和腺点；总苞狭；总苞片绿色，长圆状披针形，顶端渐尖而具刺尖，具 1 脉，被短糙毛和腺点；花 4 个，淡紫色，花冠长 7～9mm，管部长 4～5mm。瘦果长圆状线形，顶端截形，基部缩小，具棱，被短柔毛；冠毛污白色，具 5 稀 6 条硬刚毛，基部宽扁。花期 7—11 月。

生境：生长于开阔的山坡草地、路旁及山谷、林缘。

产地：江西全省常见。

分布：江西、浙江、福建、台湾、广东、广西、湖南、贵州及云南等省区；美洲、亚洲、非洲各热带地区广泛分布。

植　株

一点红 *Emilia sonchifolia*（L.）DC.

形态特征：一点红属一年生草本植物。茎直立，高 25～40cm，稍弯，通常自基部分枝，灰绿色，无毛。叶质较厚。下部叶密集，大头羽状分裂，长 5～10cm、宽 2.5～6.5cm；顶生裂片大，宽卵状三角形，顶端钝，具不规则的齿；侧生裂片通常 1 对，长圆形，顶端钝，具波状齿；正面深绿色，背面常变紫色，两面被短卷毛。中部茎叶疏生，较小，卵状披针形，无柄，基部箭状抱茎，顶端急尖，全缘。上部叶少数，线形。头状花序，在开花前下垂，花后直立，通常 2～5，在枝端排列成疏伞房状；花序梗细，长 2.5～5cm，无苞片，总苞圆柱形，基部无小苞片；总苞片 1 层，长圆状线形，黄绿色，约与小花等长，顶端渐尖，边缘窄膜质，背面无毛。小花粉红色，管部细长，檐部渐扩大，具 5 深裂。瘦果圆柱形，具 5 棱，肋间被微毛；冠毛丰富，白色，细软。花果期 7—10 月。

花

植　株

生境：常生于旷野、荒地、田埂、路旁。

产地：江西全省常见。

分布：江西、云南、贵州、四川、湖北、湖南、广东、海南、福建、台湾、浙江、江苏、安徽。

一年蓬 *Erigeron annuus*（L.）Pers.

形态特征：飞蓬属一年生草本植物。茎直立、粗壮，高 30～100cm、基部径 6mm；上部有分枝，绿色，被较密的上弯的短硬毛，下部被开展的长硬毛。基部叶花期枯萎，长圆形，长 4～17cm、宽 1.5～4cm，顶端尖，基部狭成具翅的长柄，边缘具粗齿；下部叶与基部叶同形，但叶柄较短；中部和上部叶较小，长圆状披针形，顶端尖，具短柄，边缘有不规则的齿；最上部叶线形，全部叶边缘被短硬毛，两面被疏短硬毛。头状花序数个，排列成疏圆锥花序；总苞半球形，总苞片 3 层，草质，披针形，近等长，淡绿色，背面密被腺毛和疏长节毛；外围的雌花舌状，2 层，上部被疏微毛，舌片平展，白色，线形，顶端具 2 小齿，花柱分枝线形；中央的两性花管状，黄色檐部近倒锥形，裂片无毛。瘦果披针形，扁压，被疏贴柔毛。冠毛异形：雌花的冠毛极短，膜片状连成小冠；两性花的冠毛 2 层，外层鳞片状，内层为 10～15 条刚毛。花期 6—9 月。

生境：生长于旷野、荒地、田间、园地和路旁。

产地：江西全省常见。

分布：江西、福建、湖南、湖北、安徽、江苏、山东、河南、河北、四川、西藏和吉林等省区。

植　株

花

林泽兰 *Eupatorium lindleyanum* DC.

江西又叫白鼓钉。

花

形态特征：泽兰属多年生草本植物。根茎短，有多数细根。茎直立，高 30～150cm、基部径达 2cm，下部及中部红色，常自基部分枝而上部仅有伞房状花序分枝；全部茎枝被稠密的白色长柔毛。下部茎叶花期脱落；中部茎叶长椭圆状披针形，不分裂，质厚，基部楔形，顶端急尖，两面粗糙，被白色长粗毛及黄色腺点，上面及沿脉的毛密；自中部向上与向下的叶渐小，与中部茎叶同形同质；全部茎叶基出三脉，边缘有深犬齿，无柄。头状花序多数，在茎顶排成紧密的伞房花序，花序枝及花梗紫红色，被白色密集的短柔毛。花白色，花冠外面散生黄色腺点。瘦果黑褐色，椭圆状，散生黄色腺点；冠毛白色，与花冠等长。花果期 5—12 月。

生境：生长于阴湿林下、山谷湿地、溪沟边及山脚、林缘。

产地：江西全省常见。

分布：除新疆未见记录外，全国各地均有分布。

植　株

大吴风草 *Farfugium japonicum*（L.）Kitam.

花

形态特征：大吴风草属多年生草本植物。根茎粗壮；花葶高达70cm，幼时被密的淡黄色柔毛。叶全部基生，莲座状，有长柄，幼时被与花葶上一样的毛，后多脱毛，基部扩大，呈短鞘，抱茎，鞘内被密毛；叶片肾形，先端圆形，全缘，基部弯缺宽，叶质厚，近革质。头状花序辐射状，排列成伞房状花序；花序梗长2～13cm，被毛；总苞钟形或宽陀螺形，总苞片长圆形，先端渐尖，背部被毛，内层边缘褐色宽膜质。舌状花，黄色，花药基部有尾，冠毛白色与花冠等长。瘦果圆柱形，被成行的短毛。花果期8月至翌年3月。

生境：生长在荒野灌草丛、荒芜草地、疏林下、山谷及山脚。

产地：江西中、高山区常见。

分布：湖北、湖南、广西、广东、福建、台湾和江西。

生　境

粗毛牛膝菊 *Galinsoga quadriradiata* Ruiz et Pav.

形态特征：牛膝菊属一年生草本植物。茎多分枝，具浓密刺芒和细毛，尤以花序以下被稠密的长柔毛。单叶，对生，具叶柄，卵形至卵状披针形，叶缘粗锯齿状。头状花多数，顶生，具花梗，呈伞形状排列；总苞近球形，绿色；舌状花5，白色；筒状花黄色，多数，具冠毛。瘦果，黑色。

产地：仅见于庐山、安福武功山林间路旁。

分布：江西。

生境：生长于荒野、林下、河滩、湖边、溪边、园地及路旁。

叶

茎

植　株

鼠麴草 *Gnaphalium affine* D. Don

形态特征：鼠麴草属越年生草本植物植物。茎直立，高 10～40cm 或更高，基部径约 3mm，上部不分枝，有沟纹，被白色厚棉毛，节间长 8～20mm，上部节间罕有达 5cm。叶无柄，匙状倒披针形，长 5～7cm、宽 11～14mm，基部渐狭，稍下延，顶端圆，具刺尖头，两面被白色棉毛，正面常较薄；叶脉 1 条，在背面不明显。头状花序较多，近无柄，在枝顶密集成伞房花序，花黄色至淡黄色；总苞钟形；总苞片 2～3 层，金黄色，膜质，有光泽，外层倒卵形，背面基部被棉毛，顶端圆，基部渐狭，内层长匙形，背面通常无毛，顶端钝；花托中央稍凹入，无毛。雌花多数，花冠细管状，花冠顶端扩大，3 齿裂，裂片无毛。两性花较少，管状，向上渐扩大，檐部 5 浅裂，裂片三角状渐尖，无毛。瘦果倒卵形，有乳头状突起。冠毛粗糙，污白色，易脱落，基部联合成 2 束。花果期 1—4 月。

生境：生长于旷野、荒地、河滩、湖边、溪边、田间、园地、路旁及疏林下。

产地：江西全省常见。

分布：我国华东、华南、华中、华北、西北及西南各省区有分布。

生　境

细叶鼠麹草 *Gnaphalium japonicum* Thunb.

形态特征： 鼠麹草属一年生草本植物。茎稍直立、细弱，不分枝，高 8～27cm，基部径约 1mm，有细沟纹，密被白色棉毛；基部节间不明显，花葶节间长 1～3cm，紧接于花序下的最长，有时可达 9cm。基生叶在花期宿存，呈莲座状，线状剑形，长 3～9cm、宽 3～7mm，基部渐狭，下延，顶端具短尖头，边缘多少反卷；正面绿色、疏被棉毛，背面白色、厚被白色棉毛；叶脉 1 条，在正面常凹入，在背面明显突起。茎叶少数，线状剑形，长 2～3cm、宽 2～3mm，其余与基生叶相似；紧接复头状花序下面有 3～6 片呈放射状小叶。头状花序少数，无梗，在枝端密集成球状，作复头状花序式排列，花黄色；总苞近钟形。总苞片 3 层：外层宽椭圆形，干膜质，带红褐色，顶端钝，背面被疏毛；中层倒卵状长圆形，上部带红褐色，基部渐狭，顶端钝；内层线形，顶端钝而带红褐色，3/5 处以下为浅绿色。雌花多数，花冠丝状，顶端 3 齿裂；两性花少数，花冠管状，顶部稍扩大，檐部 5 浅裂，裂片顶端骤然紧缩而具短尖头。瘦果纺锤状圆柱形，密被棒状腺体。冠毛粗糙，白色。花期 1—5 月。

生境： 生长于荒地、园地、田间、路旁及河滩、湖边湿地，喜光。

产地： 江西全省常见。

分布： 长江流域以南各省区，河南、陕西一带有分布；日本、朝鲜、澳大利亚及新西兰等地也分布。

植　株

红凤菜 *Gynura bicolor*（Roxb. ex Willd.）DC.

形态特征： 菊科菊三七属多年生草本植物。全株无毛。茎直立，柔软，基部稍木质，上部有伞房状分枝，干时有条棱。叶具柄或近无柄。叶片倒卵形或倒披针形，稀长圆状披针形，顶端尖或渐尖，基部楔状渐狭成具翅的叶柄，或近无柄而多少扩大，但不形成叶耳。边缘有不规则的波状齿或小尖齿，稀近基部羽状浅裂，侧脉7～9对，弧状上弯，上面绿色，下面干时变紫色，两面无毛；上部和分枝上的叶小，披针形至线状披针形，具短柄或近无柄。头状花序多数直径10mm，在茎、枝端排列成疏伞房状；花序梗细，有1～3丝状苞片。总苞狭钟状，基部有7～9个线形小苞片；总苞片1层，约13个，线状披针形或线形，顶端尖或渐尖，边缘干膜质，背面具3条明显的肋，无毛。小花橙黄色至红色，花冠明显伸出总苞，管部细，裂片卵状三角形；花药基部圆形，或稍尖；花柱分枝钻形，被乳头状毛。瘦果圆柱形，淡褐色，具10～15肋，无毛；冠毛丰富，白色，绢毛状，易脱落。花果期5—10月。

叶

分布： 江西、云南、贵州、四川、广西、广东、台湾。印度、尼泊尔、不丹、缅甸、日本也有分布。

产地： 赣中南地区常见。

生境： 生于山坡林下、岩石上或河边处，海拔600～1 500m。

植　株

泥胡菜 *Hemistepta lyrata*（Bunge）Bunge

形态特征：泥胡菜属一年生草本植物。高 30～100cm。茎单生，很少簇生，通常纤细，被稀疏蛛丝毛；上部长分枝，少有不分枝的。基生叶长椭圆形，花期通常枯萎；中下部茎叶与基生叶同形，全部叶大头羽状深裂，侧裂片 2～6 对，通常 4～6 对，倒卵形，向基部的侧裂片渐小，顶裂片大，长菱形、三角形，全部裂片边缘三角形锯齿，侧裂片边缘通常稀锯齿，最下部侧裂片通常无锯齿；有时全部茎叶不裂，边缘有锯齿。全部茎叶质地薄，两面异色，正面绿色、无毛，背面灰白色、被厚绒毛；基生叶及下部茎叶有长叶柄，柄基扩大抱茎，上部茎叶的叶柄渐短，最上部茎叶无柄。头状花序，在茎枝顶端排成疏松伞房花序，少有植株仅含 1 个头状花序而单生茎顶的。总苞宽钟状。总苞片多层，覆瓦状排列，最外层长三角形，外层及中层椭圆形，最内层线状长椭圆形；全部苞片质地薄，草质；中外层苞片外面上方近顶端有直立的鸡冠状突起的附片，附片紫红色；内层苞片顶端长渐尖，上方染红色，但无鸡冠状突起的附片。小花紫色，花冠深 5 裂，花冠裂片线形，细管部为细丝状。瘦果小，楔状，深褐色，压扁，有 13～16 条粗细不等的突起的尖细肋，顶端斜截形，有膜质果缘，基底着生面平。冠毛异型，白色，2 层；外层冠毛刚毛羽毛状，基部连合成环，整体脱落；内层冠毛刚毛极短，鳞片状，3～9 个，着生一侧，宿存。花果期 3—8 月。

生境：生长于荒地、河滩、湖边、园地、田间、路旁及林下、林缘。

产地：江西全省常见。

分布：除新疆、西藏外，全国各地均有分布。

植　株

茎　叶

苦荬菜 *Ixeris polycephala* Cass.

形态特征：苦荬菜属一年生草本植物。根垂直直伸，生多数须根。茎直立，高10～80cm，基部直径2～4mm；上部伞房花序状分枝，分枝弯曲斜生；全部茎枝无毛。基生叶花期生存，线形，包括叶柄长7～12cm、宽5～8mm，顶端急尖，基部渐狭成长柄；中下部茎叶披针形，长5～15cm、宽1.5～2cm，顶端急尖，基部箭头状半抱茎，向上或最上部的叶渐小，与中下部茎叶同形，基部箭头状半抱茎，基部收窄，但不成箭头状半抱茎；全部叶两面无毛，边缘全缘，极少下部边缘有稀疏的小尖头。头状花序多数，在茎枝顶端排成伞房状花序，花序梗细。总苞圆柱状，果期扩大成卵球形；总苞片3层，外层及最外层极小，卵形，顶端急尖，内层卵状披针形，顶端急尖，外面近顶端有鸡冠状突起。舌状小花黄色，10～25枚。瘦果压扁，褐色，长椭圆形，无毛，有10条高起的尖翅肋，顶端急尖成长喙，喙细，细丝状。冠毛白色，纤细，微糙，不等长。花果期3—6月。

花

植　株

生境：生长于荒地、河滩、湖边、园地、田间、路旁及林缘。

产地：江西全省常见。

分布：江西、安徽、江苏、浙江、福建、台湾、广东、广西、湖南、贵州、云南、四川、陕西。

抱茎小苦荬 *Ixeridium sonchifolium*（Maxim.）C. Shih

形态特征：小苦荬属多年生草本植物。根垂直直伸，不分叉。根状茎极短。高15～60cm。茎单生，直立，上部伞房花序状分枝，全部茎枝无毛。基生叶莲座状，匙形、长倒披针形，包括基部渐狭的宽翼柄，边缘有锯齿，顶端圆形，侧裂片3～7对，半椭圆形、三角形，边缘有小锯齿；中下部茎叶长椭圆形，与基生叶等大，羽状浅裂，极少大头羽状分裂，向基部扩大，心形抱茎；上部茎叶及接花序分枝处的叶心状披针形，边缘全缘，极少有锯齿，顶端渐尖，向基部心形状扩大抱茎；全部叶两面无毛。头状花序多数，在茎枝顶端排成伞房花序，含舌状小花约17枚。总苞圆柱形，总苞片3层，外层及最外层短，卵形，顶端急尖；内层长披针形，顶端急尖；全部总苞片外面无毛。舌状小花黄色。瘦果黑色，纺锤形，有10条高起的钝肋，上部沿肋有上指的小刺毛，向上渐尖成细喙，喙细丝状。冠毛白色，微糙毛状。花果期3—5月。

花

生境：生长于荒地、河滩、湖边、园地、田间、路旁及林下、林缘、山岩边。

产地：江西全省常见。

分布：江西、湖北、河南、江苏、浙江、山东、辽宁、河北、内蒙古、甘肃、山西、陕西、四川、贵州等省区均有分布。

植　株

马兰 *Kalimeris indica*（L.）Sch. - Bip.

形态特征：马兰属多年生草本植物。根状茎有匍枝，有时具直根。茎直立，高30～70cm，上部有短毛，上部或从下部起有分枝。基部叶在花期枯萎；茎部叶倒披针形，顶端钝或尖，基部渐狭成具翅的长柄，边缘从中部以上具有小尖头的钝齿；上部叶小，全缘，基部急狭无柄；全部叶稍薄质，两面有疏微毛，边缘及下面沿脉有短粗毛，中脉在下面凸起。头状花序，单生于枝端并排列成疏伞房状。总苞半球形。总苞片2～3层，覆瓦状排列；外层倒披针形；内层倒披针状矩圆形，顶端钝，上部草质，有疏短毛，边缘膜质，有缘毛。花托圆锥形。舌状花1层，15～20个，舌片浅紫色，管状花，被短密毛。瘦果倒卵状矩圆形，极扁，褐色，边缘浅色而有厚肋，上部被腺及短柔毛。冠毛弱而易脱落，不等长。花期5—9月，果期8—10月。

花

生境：生长于荒地、河滩、湖边、园地、路旁及林缘。

产地：江西全省常见。

分布：江西、湖北、安徽、江苏、浙江、福建、台湾、广东、广西、湖南、云南、贵州、四川、陕西、河南、山东及辽宁等省区。

植　株

林生假福王草 *Paraprenanthes sylvicola* C. Shih

形态特征： 假福王草属一年生草本植物。高 50～150cm。茎直立，单生，上部总状圆锥花序状或狭圆锥花序状分枝，分枝纤细；全部茎枝光滑无毛。基生叶及中下部茎叶三角状戟形，长 5.5～15cm、宽 4.5～9cm，顶端急尖，边缘波状浅锯齿，有小尖头，基部戟形，叶柄长 5～9cm，有翼；上部茎叶与基生叶及中下部茎叶同形，或三角形、椭圆状披针形，有长 1.5～2.5cm 的翼柄；全部叶两面光滑无毛。头状花序多数，在茎枝顶端排列成总状圆锥花序。总苞片 4 层，外层及最外层最短，卵状三角形，顶端急尖；内层及最内层长，线状长椭圆形，顶端急尖；全部总苞片绿色，极少染红紫色，外面光滑无毛。舌状小花约 11 枚，紫红色。瘦果粗厚，纺锤状，微压扁，向顶端渐窄，顶端白色，无喙，每面有 5～6 条不等粗的细肋。冠毛 2 层，白色，糙毛状。花果期 2—8 月。

茎、叶

生境： 生长于山地林下、山谷潮湿地。

产地： 江西中部地区可见。

分布： 江西、浙江、福建、湖南、广西、云南、四川、陕西。

果

翅果菊 *Pterocypsela indica*（L.）C. Shih

形态特征：翅果菊属一年生草本植物。根垂直直伸，生多数须根。茎直立，单生，高0.4～2m，上部圆锥状或总状圆锥状分枝，全部茎枝无毛。全部茎叶线形，边缘大部全缘或仅基部或中部以下两侧边缘有小尖头，或全部茎叶线状长椭圆形，中下部茎叶边缘有稀疏的尖齿或几全缘，有三角形锯齿；全部茎叶顶端长渐急尖，基部楔形渐狭，无柄，两面无毛。头状花序果期卵球形，多数沿茎枝顶端排成圆锥花序。总苞片4层，外层卵形、顶端急尖，中内层长披针、顶端钝；全部苞片边缘染紫红色。舌状小花25枚，黄色。瘦果椭圆形，黑色，压扁，边缘有宽翅，顶端急尖成喙，每面有1条细纵脉纹。冠毛2层，白色，几单毛状。花果期4—11月。

生境：生长于旷野、荒地、河滩、湖边、园地、田间、路旁及疏林下、林缘草地。

产地：江西全省常见。

分布：江西、湖北、安徽、江苏、浙江、山东、河北、陕西、北京、吉林、广东、海南、湖南、贵州、云南、四川、西藏。

植　株

三角叶风毛菊 *Saussurea deltoidea*（DC.）Sch. -Bip.

形态特征：风毛菊属二年生草本植物。茎直立，高 0.4～2m，被稠密的锈色多细胞节毛及稀疏的蛛丝状毛，有棱，基部直径达 1.5cm 以上。中下部茎叶有叶柄，被锈色的稀疏的多细胞节毛，柄基扩大；叶片大头羽状全裂，顶裂片大，三角形，基部宽戟形，顶端渐尖，边缘有锯齿，齿顶有小尖头；侧裂片小，1～2 对，长椭圆形，对生，边缘全缘，顶端急尖，有小尖头，羽轴有狭翼。上部茎叶小，不分裂，有短柄，三角形、三角状卵形，边缘有锯齿，齿顶有小尖头；最上部茎叶更小，有短柄，披针形，边缘有尖锯齿。全部叶两面异色，正面绿色，粗糙，被稀疏的糠秕状短糙毛；背面灰白色，被密厚的绒毛。头状花序大，下垂，有长花梗，单生茎端或单生枝端排列成稠密的圆锥花序；总苞半球形，被稀疏蛛丝状毛。总苞片 5～7 层：外层卵状披针形，顶端草质绿色扩大，边缘有细锯齿；中层长披针形，顶端扩大，草质，绿色，边缘有锯齿；内层长披针形，顶端渐尖。小花淡紫红色，外面有淡黄色的小腺点。瘦果倒圆锥状，黑色，有横皱纹，顶端截形，有具锯齿的小冠。冠毛 1 层，白色，羽毛状。花果期 5—11 月。

生境：生于山坡、草地、荒地、灌丛、杂木林中及河谷林缘。

产地：江西全省常见。

分布：江西、湖北、浙江、福建、广东、广西、湖南、云南、贵州、四川、陕西、西藏。

花

幼　苗

千里光 *Senecio scandens* Buch. - Ham. ex D. Don

形态特征：千里光属多年生攀援草本植物。根状茎木质，茎达 1.5cm。茎伸长，弯曲，长 2～5m，多分枝，被柔毛；老时变木质，皮淡色。叶柄长0.5～1cm，具柔毛，无耳；叶片卵状披针形至长三角形，长 2.5～12cm、宽2～4.5cm，顶端渐尖，基部宽楔形，通常具齿，向基部具1～3 对较小的侧裂片，两面被短柔毛；羽状脉，侧脉7～9 对，叶脉明显；上部叶变小，披针形。头状花序有舌状花，在茎枝端排列成顶生复聚伞圆锥花序；分枝和花序梗被密短柔毛；花序梗长 1～2cm，具苞片，小苞片通常 1～10，线状钻形。总苞圆柱状钟形，具外层苞片；苞片约 8，线状钻形。总苞片 12～13，线状披针形，渐尖，上端和上部边缘有缘毛状短柔毛，草质，背面有短柔毛，具 3 脉。舌状花 8～10，管部长 4.5mm；舌片黄色，长圆形，具 3 细齿，具 4 脉。管状花多数，花冠黄色，檐部漏斗状；裂片卵状长圆形，尖，上端有乳头状毛。花药基部有钝耳；耳长约为花药颈部 1/7；附片卵状披针形；花药颈部伸长，向基部略膨大；花柱分枝长 1.8mm，顶端截形，有乳头状毛。瘦果圆柱形，被柔毛；冠毛白色。

花

生境：多生长于灌丛、林间、沟溪边及林缘，常攀援于灌木、岩石上。

产地：江西全省常见。

分布：江西、湖北、安徽、浙江、福建、台湾、广东、广西、湖南、贵州、云南、四川、陕西、西藏等省区；印度、尼泊尔、不丹、缅甸、泰国、中南半岛、菲律宾和日本有分布。

植　株

花　序

虾须草 *Sheareria nana* S. moore

形态特征：虾须草属一年生草本植物。茎直立，绿色，无毛，高15～40cm，下部径2～3mm；自下部起分枝。叶稀疏，线形，长1～3cm、宽3～4mm，无柄，顶端尖，全缘，中脉明显，下面突起；上部叶小，鳞片状。头状花序顶生，有长3～5mm的花序梗。总苞片2层，4～5个，宽卵形，长约2mm，稍被细毛，外层较内层小。雌花舌状，白色；舌片宽卵状长圆形，近全缘。两性花管状，上部钟状，有5齿。瘦果长椭圆形，褐色，无冠毛。

生境：生长于荒野草地、田边、路旁、湖边及河滩沙地。

产地：鄱阳湖地区常见。

分布：江西、湖北、安徽、江苏、浙江、广东、湖南、贵州、云南等省。

生　境

豨莶 *Siegesbeckia orientalis* L.

形态特征：豨莶属一年生草本植物。茎直立，高约30～100cm，分枝斜生，上部的分枝常成复二歧状；全部分枝被灰白色短柔毛。基部叶花期枯萎；中部叶三角状卵圆形，基部阔楔形，下延成具翼的柄，顶端渐尖，边缘有规则的浅裂，纸质，正面绿色，背面淡绿，具腺点，两面被毛，三出基脉，侧脉及网脉明显；上部叶渐小，卵状长圆形，边缘浅波状，近无柄。头状花序，多数聚生于枝端，排列成具叶的圆锥花序；花梗密生短柔毛；总苞阔钟状；总苞片2层，叶质，背面被紫褐色头状具柄的腺毛；外层苞片5～6枚，线状匙形，开展；内层苞片卵状长圆形。外层托片长圆形，内弯，内层托片倒卵状长圆形。花黄色；雌花花冠的管部长0.7mm；两性管状花上部钟状，上端有4～5卵圆形裂片。瘦果倒卵圆形，有4棱，顶端有灰褐色环状突起。花期4—9月，果期6—11月。

花

生境：常见于山野荒地、灌丛、林缘、林下和耕地。

产地：江西全省常见。

分布：江西、安徽、江苏、浙江、福建、广东、海南、台湾、广西、湖南、贵州、云南、四川、陕西、甘肃等省区。

植　株

蒲儿根 *Sinosenecio oldhamianus*（Maxim.）B. Nord.

形态特征：蒲儿根属多年生草本植物。根状茎木质，粗，具多数纤维状根。茎单生或有时数个，直立，高40～80cm或更高，基部不分枝，被白色蛛丝状毛及疏长柔毛。基部叶在花期凋落，具长叶柄；下部茎叶具柄，叶片卵状圆形，顶端尖，基部心形，边缘具浅至深重齿，齿端具小尖，膜质，正面绿色、被疏蛛丝状毛，背面被白蛛丝状毛，掌状5脉，叶脉两面明显；叶柄被白色蛛丝状毛，基部稍扩大；上部叶渐小，叶片卵形，基部楔形，具短柄；最上部叶卵形。头状花序多数，排列成顶生复伞房状花序；花序梗细，被疏柔毛，基部通常具1枚线形苞片；总苞宽钟状，无外层苞片；总苞片约13枚，单层，长圆状披针形，顶端渐尖，紫色，草质，具膜质边缘，外面被白色蛛丝状毛。舌状花约13枚，管部无毛，舌片黄色，长圆形，顶端钝，具3细齿，4条脉；管状花多数，花冠黄色，循部钟状；裂片卵状长圆形，顶端尖；花药长圆形，基部钝，附片卵状长圆形；花柱分枝外弯，顶端截形，被乳头状毛。瘦果圆柱形，舌状花瘦果无毛，在管状花被短柔毛；冠毛在舌状花缺，管状花冠毛白色。花期1—12月。

花

生境：生长于林缘、溪边、潮湿岩石边及荒野草地、田边、路旁。

产地：江西中部地区可见。

分布：江西、湖北、安徽、江苏、浙江、福建、广东、香港、广西、湖南、贵州、云南、四川、陕西、河南、山西、甘肃、西藏等省区。

植 株

武夷蒲儿根 *Sinosenecio wuyiensis* Y. L. Chen

形态特征：蒲儿根属多年生草本植物。根状茎细，颈部具残存叶柄，被黄色蛛状毛，具少数纤维状根。茎纤细，直立或斜升，高10～20cm，不分枝，下部被疏蛛丝状毛，上部无毛。基生叶莲座状，具长叶柄；叶片纸质，宽扇形，掌状深裂，稀具粗齿；裂片宽长圆形，顶端常具2～3齿，正面绿色，背面紫红色，两面无毛，具5～7条掌状脉，主脉在背面明显凸起；叶柄基部略扩大；茎生叶与基生叶同形，叶柄较短，基部稍扩大而半抱茎；最上部叶苞片状，倒披针形至线形，3～5裂，无柄。头状花序辐射状，通常2～3个，稀5个在茎端近伞房状排列，稀单生；花序梗细；小苞片线形，全缘。总苞半球状钟形；总苞片1层，约13枚，草质，长圆状披针形，顶端尖，变紫色，有缘毛，边缘干膜质，背面被疏柔毛，具不明显3脉。舌状花13～14，舌片黄色，长圆形，顶端具3细齿；管状花多数，黄色，檐部钟状；裂片卵状披针形。花药长圆形，基部钝；花柱分枝外弯，顶端截形，被乳头状毛。瘦果圆柱形，被疏微毛；冠毛白色。花果期8月。

生　境

生境：生长于山地草甸、山顶边坡、岩壁上。

产地：江西武功山可见。

分布：江西、福建等省区。

植　株

裸柱菊 *Soliva anthemifolia* (Juss.) R. Br.

形态特征：裸柱菊属一年生草本植物。植株矮小，茎通常短于叶，丛生。叶互生，具叶柄，长5～10cm，2回羽状分裂，裂片条形，全缘，被长柔毛。头状花序无梗，聚生于短茎上，近球状；总苞片约2层，矩圆形，边缘干膜质；花托扁平，无托片。花异型：外围的雌花数层，无花冠；中央的两性花筒状，基部渐狭，有2或3个齿裂，常不结实。瘦果扁平，边缘有横皱纹的翅，顶部冠以宿存的芒状花柱和蛛丝状毛。

生境：生长潮湿荒地、田野、河滩及湖泊滩地。

产地：鄱阳湖地区可见。

分布：江西、广东、台湾、福建等省区。

生　境

植　株

金钮扣 *Spilanthes paniculata* Wall. ex DC.

形态特征：金钮扣属一年生草本植物。茎直立，高15～70cm，多分枝，带紫红色，有明显的纵条纹，被短柔毛；节间长2～6cm。叶卵形，长3～5cm、宽0.6～2.5cm，顶端短尖，基部宽楔形，全缘，波状；侧脉细，2～3对，在背面稍明显；两面无毛，叶柄被短毛。头状花序单生，卵圆形，有舌状花；花序梗较短，长2.5～6cm，少有更长，顶端有疏短毛；总苞片约8个，2层，绿色，卵形，顶端钝，无毛；花托锥形，托片膜质，倒卵形；花黄色；雌花舌状，舌片宽卵形，顶端3浅裂；两性花花冠管状，有4～5个裂片。瘦果长圆形，稍扁压，暗褐色，基部缩小，有白色的软骨质边缘，上端稍厚，有疣状腺体及疏微毛，边缘有缘毛，顶端有1～2个不等长的细芒。花果期4—11月。

花与叶

生境：常生长于田边、沟边、溪旁潮湿地、荒地、路旁及林缘。

产地：赣南地区常见。

分布：江西、广东、广西、云南和台湾；印度、锡金、尼泊尔、缅甸、泰国、越南、老挝、柬埔寨、印度尼西亚、马来西亚、日本有分布。

植 株

金腰箭 *Synedrella nodiflora* (L.) Gaertn.

形态特征：金腰箭属一年生草本植物。茎直立，高0.5～1m，基部径约5mm；二歧分枝，被贴生的粗毛；节间长6～22cm，通常长约10cm。下部和上部叶具柄，阔卵形，连叶柄长7～12cm、宽3.5～6.5cm，基部下延成2～5mm宽的翅状宽柄，顶端短渐尖，两面被贴生、基部为疣状的糙毛，在背面的毛较密；近基三出主脉，在正面明显，在背面稍凸起，有时两侧的1对基部外向分枝而似5主脉，中脉中上部常有1～4对细弱的侧脉，网脉明显。头状花序，无短花序梗，常2～6簇生于叶腋，稀单生；小花黄色；总苞卵形；外层总苞片绿色，叶状，卵状长圆形，背面被贴生的糙毛，顶端钝，基部有时渐狭；内层总苞片干膜质，鳞片状，长圆形，背面被疏糙毛。托片线形。舌状花，舌片椭圆形，顶端2浅裂；管状花向上渐扩大，檐部4浅裂，裂片卵状渐尖。雌花瘦果倒卵状长圆形，扁平，深黑色，边缘有增厚、污白色宽翅，翅缘各有6～8个长硬尖刺；冠毛2，挺直，刚刺状，向基部粗厚，顶端锐尖。两性花瘦果倒锥形，黑色，有纵棱，腹面压扁，两面有疣状突起，腹面突起粗密；冠毛2～5，叉开，刚刺状，等长，基部略粗，顶端锐尖。花果期6—10月。

花

植　株

生境：生长于旷野、荒地、园地、田间、路旁。

产地：江西中部以南地区常见。

分布：我国东南至西南部各省区，东起台湾，西至云南；原产美洲，现广泛分布于世界热带和亚热带地区。

山牛蒡 *Synurus deltoides*（Aiton）Nakai

形态特征：山牛蒡属多年生草本植物。根状茎粗。茎直立，单生，粗壮，高 0.7～1.5m，基部直径达 2cm，上部分枝，全部茎枝粗壮，有条棱，灰白色，被密厚绒毛。基部叶与下部茎叶有长叶柄，有狭翼；叶片心形，不分裂，基部心形，边缘有三角形粗大锯齿，但通常半裂。向上的叶渐小，卵形，边缘有锯齿，有短叶柄。全部叶两面异色：正面绿色，粗糙，有多细胞节毛；背面灰白色，被密厚的绒毛。头状花序大，下垂，生枝头顶端。总苞球形，被稠密而蓬松的蛛丝毛。总苞片多层多数，通常 13～15 层，向内层渐长，有时变紫红色，外层与中层披针形；内层绒状披针形。全部苞片上部长渐尖，中外层平展，内层上部外面有稠密短糙毛。小花全部为两性，管状；花冠紫红色，花冠裂片不等大，三角形。瘦果长椭圆形，浅褐色，顶端截形，有果缘，果缘边缘细锯齿，侧生着生面。冠毛褐色，多层，不等长，向内层渐长，基部连合成环，整体脱落；冠毛刚毛糙毛状。花果期 6—10 月。

花

生境：生于山坡林缘、林下及山地草甸。

产地：赣中、赣北地区可见。

分布：江西、浙江、安徽、湖北、河南、河北、辽宁、吉林、黑龙江、内蒙古、四川等省区。

植　株

苍耳 *Xanthium sibiricum* Patrin ex Widder

形态特征： 苍耳属一年生草本植物。根纺锤状，分枝。茎直立少有分枝，高 20～90cm；下部圆柱形，径 4～10mm，上部有纵沟，被灰白色糙伏毛。叶三角状卵形，长 4～9cm、宽 5～10cm，近全缘，顶端尖，基部稍心形，与叶柄连接处成相等的楔形，边缘有不规则的粗锯齿；基出 3 脉，侧脉弧形，直达叶缘，脉上密被糙伏毛；正面绿色，背面苍白色，被糙伏毛；叶柄长 3～11cm。雄性的头状花序球形有花序梗，总苞片长圆状披针形，被短柔毛；花托柱状，托片倒披针形，顶端尖，有微毛；雄花多数；花冠钟形，管部上端有 5 宽裂片；花药长圆状线形。雌性的头状花序椭圆形；外层总苞片小，披针形，被短柔毛；内层总苞片结合成囊状，宽卵形，绿色，在瘦果成熟时变坚硬，外面有疏生的具钩状的刺，刺极细而直，基部微增粗，长基部被柔毛，常有腺点，喙坚硬，锥形，上端略呈镰刀状，常不等长，少有结合而成1个喙。瘦果 2，倒卵形。花期7—8月，果期 9—10 月。

果

生境： 常生长于旷野、荒地、溪沟边、湖泊滩地、河岸、田间、园地及路旁。

产地： 江西全省常见。

分布： 我国华东、华南、华北、东北、西北及西南各省区广泛分布；前苏联、伊朗、印度、朝鲜和日本也有分布。

幼 苗

黄鹌菜 *Youngia japonica*（L.）DC.

形态特征：黄鹌菜属一年生草本植物。根垂直直伸，生多数须根。茎直立，单生，粗壮，高10～100cm；顶端伞房花序状分枝，下部被稀疏的皱波状长毛。基生叶全形倒披针形，大头羽状深裂，有狭翼；顶裂片卵形、倒卵形，顶端圆形，边缘有锯齿；侧裂片3～7对，椭圆形，向下渐小，最下方的侧裂片耳状，全部侧裂片边缘有锯齿，极少边缘全缘；无茎叶或极少有1～2枚茎生叶，且与基生叶同形并等样分裂；全部叶及叶柄被皱波状长柔毛。头状花序，含10～20枚舌状小花；少数在茎枝顶端排成伞房花序，花序梗细。总苞圆柱状；总苞片4层，外层及最外层极短，宽卵形，顶端急尖，边缘白色宽膜质，内面有贴伏的短糙毛；全部总苞片外面无毛。舌状小花黄色，花冠管外面有短柔毛。瘦果纺锤形，压扁，褐色，向顶端有收缩，顶端无喙，有11～13条粗细不等的纵肋，肋上有小刺毛。冠毛糙毛状。花果期4—10月。

花

生境：生于山坡、荒地、田间、路旁、河滩、湖泊湿地及山沟林缘、林下潮湿地。

产地：江西全省常见。

分布：江西、安徽、江苏、浙江、福建、广东、广西、湖南、湖北、河南、山东、北京、云南、四川、陕西、甘肃、西藏等地。

植　株

四、莎草科 Cyperaceae

球柱草 *Bulbostylis barbata*（Rottb.）C. B. Clarke

形态特征：球柱草属一年生草本植物。无根状茎。秆丛生，细，无毛，高6～25cm。叶纸质，极细，线形，长4～8cm、宽0.4～0.8mm，全缘，边缘微外卷，顶端渐尖，背面叶脉间疏被微柔毛；叶鞘薄膜质，边缘具白色长柔毛状缘毛，顶端部分毛较长。苞片2～3枚，极细，线形，边缘外卷，背面疏被微柔毛，长1～2.5cm；长侧枝聚伞花序头状，具密聚的无柄小穗3个；小穗披针形，基部钝，顶端急尖，具7～13朵花；鳞片膜质，卵形，棕色，顶端有向外弯的短尖，仅被疏缘毛，背面具龙骨状突起，具黄绿色脉1条，罕3条；雄蕊1个，花药长圆形，顶端急尖。小坚果倒卵形，三棱形，白色，表面细胞呈方形网纹，顶端截形，具盘状的花柱基。花果期4—10月。

花　序

生境：生长于河滩沙地、湖泊湿地、田边、山脚泥沙地。

产地：江西全省常见。

分布：江西、安徽、湖北、河南、河北、辽宁、山东、浙江、福建、台湾、广东、海南、广西等省区。

植　株

白颖薹草 *Carex duriuscula* C. A. mey. subsp. *rigescens* (Franch.) S. Yun Liang et Y. C. Tang

形态特征: 薹草属多年生草本植物。根状茎细长、匍匐。秆高 5～20cm，纤细，平滑。基部叶鞘灰褐色，细裂成纤维状；叶短于秆，宽 1～1.5mm，叶片平张，边缘稍粗糙。苞片鳞片状。穗状花序卵形，小穗 3～6 个，卵形，密生，雄雌顺序，具少数花。花柱基部膨大，柱头 2 个。雌花鳞片宽卵形，锈褐色，顶端及大宽度边缘为白色膜质，顶端锐尖，具短尖。果囊稍长于鳞片，宽椭圆形，平凸状，革质，锈色，成熟时稍有光泽，两面具多条脉，基部近圆形，有海绵状组织。小坚果稍疏松地包于果囊中，近圆形。花果期 4—6 月。

花　序

生境: 生于山坡草地、路旁、林缘及林间低湿地。

产地: 赣中、赣北地区可见。

分布: 分布于吉林、辽宁、内蒙古、河北、山西、河南、山东、陕西、甘肃、宁夏、青海，江西也有发现；俄罗斯（远东地区）有分布。

生　境

广东薹草 *Carex adrienii* E. G. Camus

形态特征： 薹草属多年生草本植物。根状茎近木质。秆丛生，侧生，高30～50cm，三棱形，密被短粗毛，基部有淡褐色无叶的叶鞘。叶基生与秆生。基生叶数枚丛生，短于秆；叶片狭椭圆形，基部渐狭并下延至叶柄，全缘，顶端渐尖，背面密被短粗毛，正面无毛，具3条隆起的脉及多数细脉；叶柄无毛。秆生叶退化呈佛焰苞状，下部绿色，上部淡褐色，密生褐色斑点和短线，边缘疏被短粗毛，后变无毛。苞片与秆生叶同型。圆锥花序复出，具2～6个支花序；总花序柄及花序轴密被短粗毛；

叶

支花序近伞房状，单生，彼此稍疏远，轮廓为三角状卵形；支花序柄纤细，稍伸出苞鞘之外，密被短粗毛；小苞片鳞片状，密被短粗毛。小穗20个，全部从囊状、内无花的支先出叶中生出，水平开展，两性，雄雌顺序，长圆状圆柱形；基部小穗柄向上部者渐短，密被短粗毛；雄花部分长于雌花部分，轮廓为长圆形，具10余朵雄花；雌花部分具3～10朵稍密生的花。雄花鳞片卵状长圆形，顶端钝，膜质，褐色；雌花鳞片卵状长圆形，顶端钝，膜质，褐白色，密生褐色斑点和短线，有1条中脉。果囊椭圆形，三棱形，斜展至横展，膜质，褐白色，密生褐色斑点和短线，腹面具二侧脉，基部钝，顶端渐收缩成中等长的喙，喙长稍短于果囊的1/2，喙口斜截形。小坚果卵形，三棱形，成熟时褐色；花柱基部增粗，柱头3个。花果期5—6月。

生境： 生于常绿阔叶林林下、林缘边坡、溪水旁及阴湿地。

产地： 江西中部地区可见。

分布： 江西、福建、广东、广西、湖南、云南、四川等省区。

生 境

花葶薹草 *Carex scaposa* C. B. Clare

形态特征：薹草属多年生草本植物。根状茎匍匐，粗壮，木质。秆侧生，高 20～80cm、粗 1～3mm，三棱形，幼时被短柔毛，基部具淡褐色无叶的鞘。叶基生和秆生。基生叶数枚丛生，长于秆，狭椭圆形，长 10～35cm、宽 2～5cm，基部渐狭，顶端渐尖，两面光滑，有 3 条隆起的脉及多数细脉；叶柄稍扁而对折，无毛，有时具叶基下延所形成的狭翅。秆生叶退化呈佛焰苞状，生于秆中部以下，褐色，纸质，无毛。苞片与秆生叶同型，但顶端具线形苞叶，通常短于支花序。圆锥花序复出，具 3 枚支花序；支花序圆锥状，轮廓为三角状卵形，长2～3.5cm、宽1.5～3cm，单生；支花序柄坚挺，三棱形，密被短柔毛；支花序轴锐三棱形，密被短柔毛和褐色斑点；小苞片鳞片状，披针形，褐白色有深褐色斑点，无毛。小穗 10 余个，全部从囊状、内无花的支先出叶中生出，开展，两性，雄雌顺序，长圆状圆柱形；雄花部分的轮廓为线状披针形，短于雌花部分；雌花部分具 2～7 朵花。雄花鳞片卵状披针形，膜质，淡褐色；雌花鳞片卵形，顶端渐尖，膜质，中间黄绿色，有褐色斑点，具 3 条脉，两侧褐色，幼时边缘疏生纤毛。果囊椭圆形，三棱形，纸质，淡黄绿色，密生褐色斑点腹面具 2 侧脉，无毛，基部几无柄，顶端渐渐收缩成中等长的喙，喙稍短于果囊的 1/2 喙口微凹。小坚果椭圆形，三棱形，成熟时褐色；花柱基部不增粗，柱头 3 个。花果期 5—11 月。

花 序

生境：生于常绿阔叶林林下、林间溪水旁、林缘及山坡阴处或石灰岩山坡峭壁上。

产地：江西全省常见。

分布：江西、浙江、福建、广东、广西、湖南、贵州、四川南部、云南东部和东南部；越南也有分布。

植 株

灰化薹草 *Carexmicrantha* Kük.

形态特征：薹草属多年生草本植物。根状茎丛生。秆纤细，高 30～50cm，有三锐棱，基部具褐色旧叶鞘。叶短于秆，宽 3～4mm。小穗 4～5，接近；雄小穗顶生，圆柱形，长 2.5～4cm；雌小穗侧生，矩圆形至圆柱形，长 2～4cm；基部小穗梗长 5～20mm，其余近无梗；苞片叶状，基部 1 枚近等长于花序；枝先出叶棕色，鞘状；雌花鳞片矩圆披针形，长约 2.5mm，中间淡褐色，两侧棕色，具狭的白色膜质边缘，顶端锐尖，少有钝，具小尖头，有 3 条脉；果囊椭圆形，稍长或等长于鳞片而较鳞片宽 1 倍，平凸状，淡绿色，表面具瘤状小突起，脉不明显，顶端急缩成短喙，喙口微凹。小坚果倒卵状矩圆形；花柱基部稍增大，柱头 2。

植　株

生境：生于湖泊湿地、河滩沼泽地及山坡草地。

产地：鄱阳湖地区常见。

分布：华东、华中各省区。

植　株

浆果薹草 *Carex baccans* Nees

形态特征：薹草属多年生草本植物。根状茎木质。秆密丛生，直立而粗壮，高80～150cm、粗5～6mm，三棱形，无毛，中部以下生叶。叶基生和秆生，长于秆，平张，宽8～12mm，背面光滑，正面粗糙，基部具红褐色、分裂成网状的宿存叶鞘。苞片叶状，长于花序，基部具长鞘。圆锥花序复出，长10～35cm；支圆锥花序3～8个，单生，轮廓为长圆形，下部的1～3个疏远，其余的甚接近。小苞片鳞片状，披针形，革质，仅基部1个具短鞘，其余无鞘，顶端具芒；支花序柄坚挺，基部的1个长12～14cm，上部的渐短，通常不伸出苞鞘之外；花序轴钝三棱柱形，几无毛；小穗多数，全部从内无花的囊状枝先出叶中生出，圆柱形，长3～6cm，两性，雄雌顺序；雄花部分纤细，具少数花，长为雌花部分的1/2或1/3；雌花部分具多数密生的花。雄花鳞片宽卵形，顶端具芒，膜质，栗褐色；雌花鳞片宽卵形，顶端具长芒，纸质，紫褐色，仅具1条绿色的中脉，边缘白色膜质。果囊倒卵状球形，肿胀，近革质，成熟时鲜红色，有光泽，具多数纵脉，上部边缘与喙的两侧被短粗毛，基部具短柄，顶端骤缩呈短喙，喙口具2小齿。小坚果椭圆形，三棱形，成熟时褐色，基部具短柄，顶端具短尖；花柱基部不增粗，柱头3个。花果期8—12月。

花　序

生境：生于山林边坡、林下、路旁及河岸边。

产地：江西全省常见。

分布：江西、福建、台湾、广东、海南、广西、贵州、云南、四川；马来西亚、越南、尼泊尔、印度也有分布。

植　株

镜子薹草 *Carex phacota* Spreng.

形态特征： 薹草属多年生草本植物。根状茎短。秆丛生，高20～75cm，锐三棱形，基部具淡黄褐色的叶鞘，细裂成网状。叶与秆近等长，宽3～5mm，平张，边缘反卷。苞片下部的叶状，明显长于花序，无鞘，上部的刚毛状。小穗3～5个，接近，顶端1个雄性，稀少顶部有少数雌花，线状圆柱形，长4.5～6.5cm、宽1.5～2mm，具柄；侧生小穗雌性，稀少顶部有少数雄花，长圆柱形，长2.5～6.5cm、宽3～4mm，密花；小穗柄纤细，最下部的1枚长2～3cm，向上渐短，略粗糙，下垂。雌花鳞片长圆形，顶端截形，具粗糙芒尖，中间淡绿色，两侧苍白色，具锈色点线，有3条脉。果囊长于鳞片，宽卵形，双凸状，密生乳头状突起，暗棕色，无脉，基部宽楔形，顶端急尖成短喙，喙口全缘。小坚果稍松地包于果囊中，近圆形，褐色，密生小乳头状突起；花柱长，基部不膨大；柱头2个。花果期3—5月。

生境： 生于溪沟边、山谷水沟边和路旁潮湿处。

产地： 江西全省常见。

分布： 江西、安徽、江苏、浙江、山东、福建、台湾、广东、海南、广西、湖南、贵州、云南、四川；尼泊尔、印度、印度尼西亚、马来西亚、斯里兰卡和日本有分布。

叶

植　株

刘氏薹草 *Carex liouana* F. T. Wang et Tang

形态特征： 薹草属多年生草本植物。根状茎木质。秆丛生，侧生，高30～60cm、粗2～3mm，三棱形，幼时疏被短柔毛，后变光滑，基部具褐色的叶鞘。叶基生和秆生。基生叶数枚丛生，长于秆；叶片带形，两面光滑，下面粗糙，基部渐狭并下延至叶柄，边缘全缘，顶端渐尖，有3条隆起的脉和多数细脉；叶柄长4～20cm，无毛。秆生叶退化成佛焰苞状，黄褐色，密生褐色斑点，下部及边缘密生短粗毛。苞片佛焰苞状，与秆生叶近同型。圆锥花序复出，具3～5个支花序；支花序近伞房状，轮廓为三角状卵形，单生；支花序柄纤细，稍扁，长4～6cm，密被短粗毛；支花序轴三棱形，棱上密被毛；小苞片鳞片状，披针形，淡黄色，密生褐色斑点，密被短粗毛。小穗10余个，全部从囊状、内无花的枝先出叶中生出，两性，雄雌顺序。雄花部分轮廓为圆形，短于雌花部分；雌花部分具3～10余朵花。雄花鳞片披针形，膜质，淡黄褐色；雌花鳞片卵形，顶端钝，淡黄褐色，具暗褐色斑点和短线，具1条中脉。果囊卵形，少有椭圆形，三棱形，纸质，淡褐色，密生暗褐色斑点和短线，无毛，腹面具2侧脉，基部几无柄，顶端收缩为中等长的喙，喙长约为果囊的1/4，喙口斜截形。小坚果卵形，三棱形，成熟时褐色；花柱基部增粗，柱头3个。花果期5—6月。

叶

生境： 生于山地林下、林间路旁阴湿地。

产地： 江西全省常见。

分布： 江西、福建、湖南、广东、广西等省区。

植　株

青绿薹草 *Carex breviculmis* R. Br.

形态特征：薹草属多年生草本植物。根状茎短。秆丛生，高8～40cm，纤细，三棱形，上部稍粗糙；基部叶鞘淡褐色，撕裂成纤维状。叶短于秆，宽2～3mm，平张，边缘粗糙，质硬。苞片最下部的叶状，长于花序，具短鞘，鞘长1.5～2mm，其余的刚毛状，近无鞘。小穗2～5个，上部的接近，下部的远离；顶生小穗雄性，长圆形，长1～1.5cm、宽2～3mm，近无柄，紧靠近其下面的雌小穗；侧生小穗雌性，长圆形，长0.6～1.5cm、宽3～4mm，具稍密生的花，无柄。雄花鳞片倒卵状长圆形，顶端渐尖，具短尖，膜质，黄白色，背面中间绿色；雌花鳞片长圆形，倒卵状长圆形，先端截形，膜质，苍白色，背面中间绿色，具3条脉，向顶端延伸成长芒。果囊近等长于鳞片，倒卵形，钝三棱形，膜质，淡绿色，具多条脉，上部密被短柔毛，基部渐狭，具短柄，顶端急缩成圆锥状的短喙，喙口微凹。小坚果紧包于果囊中，卵形，栗色，顶端缢缩成环盘；花柱基部膨大成圆锥状，柱头3个。花果期3—6月。

植　株

生境：生于荒野草地、路边、溪沟边及林间山谷。

产地：江西全省常见。

分布：江西、湖北、安徽、江苏、浙江、福建、台湾、广东、湖南、贵州、云南、四川、陕西、甘肃、山西、河南、河北、山东、辽宁、吉林、黑龙江等省区。

生　境

十字薹草 *Carex cruciata* Wahlenb.

形态特征：薹草属多年生草本植物。根状茎粗壮，木质，具匍匐枝，须根甚密。秆丛生，高40～90cm、粗3～5mm，坚挺，三棱形，平滑。叶基生和秆生，长于秆，扁平，宽4～13mm，背面粗糙，正面光滑，边缘具短刺毛，基部具暗褐色、分裂成纤维状的宿存叶鞘。苞片叶状，长于支花序，基部具长鞘。圆锥花序复出，长20～40cm；支圆锥花序数个，通常单生，轮廓为卵状三角形，长4～15cm、宽3～6cm；支花序柄坚挺，钝三棱形，最下部1个长10～18cm，向上部的渐短，平滑；支花序轴锐三棱形，密生短粗毛；小苞片鳞片状，背面被短粗毛；枝先出叶囊状、内无花，背面有数脉，被短粗毛。小穗极多数，全部从枝先出叶中生出，横展，两性，雄雌顺序；雄花部分与雌花部分近等长。雄花鳞片披针形，顶端渐尖，具短尖，膜质，淡褐白色，密生棕褐色斑点和短线；雌花鳞片卵形，顶端钝，具短芒，膜质，淡褐色，密生褐色斑点和短线，具3条脉；果囊长于鳞片，椭圆形，肿胀三棱形，淡褐白色，具棕褐色斑点和短线，平滑，有数条隆起的脉，基部几无柄，上部渐狭成中等长的喙，喙长及果囊的1/3，两侧疏生短刺毛，喙口斜截形。小坚果卵状椭圆形，三棱形，成熟时暗褐色；花柱基部增粗，柱头3个。花果期5—11月。

花　序

生境：生于林间边坡、路旁、溪沟边及林下。

产地：江西全省常见。

分布：江西、湖北、浙江、福建、台湾、广东、海南、广西、湖南、贵州、云南、四川、西藏等省区。

套鞘薹草 *Carexmaubertiana* Boott

形态特征：薹草属多年生草本植物。根状茎粗短，木质，无地下匍匐茎。秆丛生，高 60～80cm，稍细而坚挺，钝三棱形，基部具褐色无叶片的鞘。叶较密生，上部的长于秆，下部的较短，宽 4～6mm，较坚挺，边缘稍外卷，背面有明显的小横隔脉；叶鞘较长，常上下互相套叠而紧包着秆，鞘口具明显的紫红色叶舌。苞片叶状，长于花序，具鞘。小穗 6～9 个，上面的小穗间距短，下面的小穗间距较长些；顶生小穗为雄小穗，狭圆柱形，长 2～3cm，具短柄；其余小穗为雌小穗，圆柱形，长 2～3cm，密生多数花，具短柄。雌花鳞片宽卵形，顶端急尖，具短尖，膜质，淡黄色，具锈色短条纹，中间具 1 条淡绿色中脉。果囊近直立，长于鳞片，宽倒卵形，钝三棱形，膜质，黄绿色，具锈色短条纹，密被白色短硬毛，背面具 2 条明显的侧脉，基部急狭成短柄，顶端急狭成较短的喙，喙口具 2 短齿。小坚果紧包于果囊内，宽椭圆形，三棱形，基部急狭成短柄，顶端急尖；花柱短，基部稍增粗，柱头 3 个。花果期 6—9 月。

叶

生境：生于山林边坡、林下或路边阴湿处。

产地：江西全省常见。

分布：江西、福建、浙江、湖北、云南、四川等省区。

生　境

条穗薹草 *Carex nemostachys* Steud.

形态特征：薹草属多年生草本植物。根状茎粗短，木质，具地下匍匐茎。秆高40～90cm，粗壮，三棱形，上部粗糙，基部具黄褐色撕裂成纤维状的老叶鞘。叶长于秆，宽6～8mm，较坚挺，下部常折合，上部平张，两侧脉明显，脉和边缘均粗糙。苞片下面的叶状，上面的呈刚毛状，长于或短于秆，无鞘。小穗5～8个，常聚生于秆的顶部；顶生小穗为雄小穗，线形，长5～10cm，近于无柄；其余小穗为雌小穗，长圆柱形，长4～12cm，密生多数花，近于无柄。雄花鳞片披针形，顶端具芒，芒常粗糙，膜质，边缘稍内卷；雌花鳞片狭披针形，顶端具芒，芒粗糙，膜质，苍白色，具1～3条脉。果囊后期向外张开，稍短于鳞片，卵形或宽卵形，钝三棱形，膜质，褐色，具少数脉，疏被短硬毛，基部宽楔形，顶端急缩成长喙，喙向外弯，喙口斜截形。小坚果较松地包于果囊内，宽倒卵形，三棱形，淡棕黄色；柱头3个。花果期9—12月。

花　序

生境：生于溪沟边、林间路旁、林下阴湿处。

产地：江西全省常见。

分布：江西、广东、福建、浙江、江苏、安徽、湖北、湖南、贵州、云南等省区。

生　境

矮莎草 *Cyperus pygmaeus* Rottb.

形态特征：莎草属一年生草本植物。无根状茎，具许多须根。秆丛生，扁锐三棱形，三面均下凹，高 12～18cm，基部具少数叶。叶短于秆，宽 2～2.5mm，平张，上部边缘及背面中肋上具疏小刺；叶鞘红棕色。叶状苞片 4～7 枚，长于花序，极展开；长侧枝聚伞花序聚缩成头状，具极多数小穗；小穗密集，长圆状披针形或近长圆形，具十几至二十几朵花；鳞片二列，长圆状披针形，顶端急尖，具外弯的短尖，黄白色，中间具锈色短条纹，背面上部稍呈龙骨状突起，绿色，具 3 条脉；雄蕊常 1 个，花药短，线形，顶端具红色突出的药隔；花柱短，柱头 2，很少 3，长于花柱。小坚果狭长圆形，近于三棱形，长为鳞片的 2/3～3/4，表面具很细小的六角形网纹。花果期 10—11 月。

花　序

生境：生长于池塘边缘、湖泊湿地及河滩等近水处。

产地：江西全省常见。

分布：江西、广西等省区。

生　境

扁穗莎草 *Cyperus compressus* L.

形态特征：莎草属一年生草本植物。根为须根。秆丛生，稍纤细，高5～25cm，锐三棱形，基部具较多叶。叶短于秆，宽1.5～3mm，折合，灰绿色；叶鞘紫褐色。苞片3～5枚，叶状，长于花序；长侧枝聚伞花序简单，具2～7个辐射枝，辐射枝最长达5cm；穗状花序近于头状；花序轴很短，具3～10个小穗；小穗排列紧密，斜展，线状披针形，近于四棱形，具8～20朵花；鳞片紧贴的复瓦状排列，稍厚，卵形，顶端具稍长的芒，背面具龙骨状突起，中间较宽部分为绿色，两侧苍白色，有时有锈色斑纹，脉9～13条；雄蕊3，花药线形，药隔突出于花药顶端；花柱长，柱头3，较短。小坚果倒卵形，三棱形，侧面凹陷，长约为鳞片的1/3，深棕色，表面具密的细点。花果期7—12月。

生境：生长于空旷田野、河滩及湖泊湿地。

产地：江西全省常见。

分布：江西、湖北、安徽、江苏、浙江、福建、台湾、海南、广东、湖南、贵州、四川等省区。

花　序

风车草 *Cyperus alternifolius* L. subsp. *flabelliformis*（Rottb.）Kük.

形态特征：莎草属多年生草本植物。根状茎短，粗大，须根坚硬。秆稍粗壮，高 30～150cm，近圆柱状，上部稍粗糙，基部包裹以无叶的鞘，鞘棕色。苞片 20 枚，长几相等，较花序长约 2 倍，宽 2～11mm，向四周展开，平展；多次复出长侧枝聚伞花序具多数第一次辐射枝，辐射枝最长达 7cm，每个第一次辐射枝具 4～10 个第二次辐射枝，最长达 15cm；小穗密集于第二次辐射枝上端，椭圆形或长圆状披针形，压扁，具 6～26 朵花；小穗轴不具翅；鳞片紧密的复瓦状排列，膜质，卵形，顶端渐尖，苍白色，具锈色斑点，或为黄褐色，具 3～5 条脉；雄蕊 3，花药线形，顶端具刚毛状附属物；花柱短，柱头 3。小坚果椭圆形，近于三棱形，长为鳞片的 1/3，褐色。

生境：生长于林间溪沟边、河边及湖泊沼泽滩地。

产地：赣南地区可见。

分布：原产于非洲；我国南北各省均有分布。

植 株

毛轴莎草 *Cyperus pilosus* Vahl

形态特征：莎草属多年生草本植物。匍匐根状茎细长。秆散生，粗壮，高25～80cm，锐三棱形，平滑，有时秆上部的棱上稍粗糙。叶短于秆，宽6～8mm，平张，边缘粗糙；叶鞘短，淡褐色。苞片通常3枚，长于花序，边缘粗糙；复出长侧枝聚伞花序具3～10个第一次辐射枝，辐射枝长短不等，最长达14cm，每个第一次辐射枝具3～7个第二次辐射枝，聚成宽金字塔形的轮廓；穗状花序卵形，长2～3cm、宽10～21mm，近于无总花梗，具较多小穗；穗状花序轴上被较密的黄色粗硬毛；小穗二列，排列疏松，平展，线状披针形，稍肿胀，具8～24朵花；小穗轴上具很狭的白色透明的边；鳞片排列稍松，宽卵形，背面具不明显的龙骨状突起，绿色，顶端具很短的短尖，脉5～7条，两侧褐色，边缘具白色透明的边；雄蕊3，花药短，线状长圆形，红色，药隔突出于花药顶端；花柱短，白色，具棕色斑点，柱头3。小坚果宽椭圆形，三棱形，长为鳞片的1/2～3/5，顶端具短尖，成熟时黑色。花果期8—11月。

花　序

生境：多生长于水田边、河滩、湖边等潮湿地。

产地：江西全省常见。

分布：江西、浙江、福建、广东、海南、广西、贵州、云南、四川等省区。

植　株

畦畔莎草 *Cyperus haspan* L.

形态特征：莎草属多年生草本植物。根状茎短缩，具许多须根。秆丛生，稍细弱，高2～100cm，扁三棱形，平滑。叶短于秆，宽2～3mm，有时仅剩叶鞘而无叶片。苞片2枚，叶状，常较花序短，罕长于花序；长侧枝聚伞花序复出，少数为多次复出，具多数细长松散的第一次辐射枝，辐射枝最长达17cm；小穗通常3～6个呈指状排列，少数可多至14个，线形，具6～24朵花；小穗轴无翅。鳞片密复瓦状排列，膜质，长圆状卵形，顶端具短尖，背面稍呈龙骨状突起，绿色，两侧紫红色，具三条脉；雄蕊1～3枚，花药线状长圆形，顶端具白色刚毛状附属物；花柱中等长，柱头3。小坚果宽倒卵形，三棱形，长约为麟片的1/3，淡黄色，具疣状小突起。花果期很长，随地区而改变。

生境：多生长于水田、浅水塘、河滩、湖边等多水湿地及低山坡地。

产地：江西全省常见。

分布：江西、福建、台湾、广西、广东、云南、四川各省区；朝鲜、日本、越南、印度、马来亚、印度尼西亚、菲律宾以及非洲也有分布。

植　株

碎米莎草 *Cyperus iria* L.

形态特征：莎草属一年生草本植物。无根状茎，具须根。秆丛生，细弱，高8～85cm，扁三棱形，基部具少数叶。叶短于秆，宽2～5mm，平张，叶鞘红棕色。叶状苞片3～5枚，下面的2～3枚常较花序长；长侧枝聚伞花序复出，具4～9个辐射枝，辐射枝最长达12cm，每个辐射枝具5～10个穗状花序；穗状花序卵形，长1～4cm，具5～22个小穗；小穗排列松散，斜展开，长圆形，压扁，具6～22花；小穗轴上近于无翅；鳞片排列疏松，膜质，宽倒卵形，顶端微缺，具极短的短尖，不突出于鳞片的顶端，背面具龙骨状突起，缘色，有3～5条脉，两侧呈黄色，上端具白色透明的边；雄蕊3，花丝着生在环形的胼胝体上，花药短，椭圆形，药隔不突出于花药顶端；花柱短，柱头3。小坚果倒卵形，三棱形，与鳞片等长，褐色，具密的微突起细点。花果期6—10月。

生境：生长于田间、山坡、路旁及林缘阴湿处。

产地：江西全省常见。

分布：江西、安徽、江苏、浙江、福建、台湾、广东、广西、湖南、贵州、云南、四川、陕西、新疆、甘肃、河北、河南、湖北、山东及东北三省。

植　株

香附子 *Cyperus rotundus* L.

形态特征：莎草属多年生草本植物。匍匐根状茎长，具椭圆形块茎。秆稍细弱，高 15～95cm，锐三棱形，平滑，基部呈块茎状。叶较多，短于秆，宽 2～5mm，平张；鞘棕色，常裂成纤维状。叶状苞片 2～5 枚，常长于花序；长侧枝聚伞花序，具 3～10 个辐射枝；辐射枝最长达 12cm；穗状花序轮廓为陀螺形，稍疏松，具 3～10 个小穗；小穗斜展开，线形，长 1～3cm、宽约 1.5mm，具 8～28 朵花；小穗轴具较宽的、白色透明的翅；鳞片稍密地复瓦状排列，膜质，卵形，顶端急尖，无短尖，中间绿色，两侧紫红色，具 5～7 条脉；雄蕊 3，花药长，线形，暗血红色，药隔突出于花药顶端；花柱长，柱头 3，细长，伸出鳞片外。小坚果长圆状倒卵形，三棱形，长为鳞片的 1/3～2/5，具细点。花果期 5—11 月。

生　境

生境：生长于山坡荒地、旱地、潮湿草地、路旁及溪沟水边。

产地：江西全省常见。

分布：江西、安徽、江苏、浙江、福建、台湾、广东、广西、贵州、云南、四川、陕西、甘肃、山西、河南、河北、山东等省区；世界各地广布。

植　株

异型莎草 *Cyperus difformis* L.

形态特征：莎草属一年生草本植物。根为须根。秆丛生，稍粗，高 2～65cm，扁三棱形，平滑。叶短于秆，宽 2～6mm，平张；叶鞘稍长，褐色。苞片 2 枚，少 3 枚，叶状，长于花序；长侧枝聚伞花序简单，少数为复出，具 3～9 个辐射枝；辐射枝长短不等，最长达 2.5cm；头状花序球形，具极多数小穗；小穗密聚，披针形，具 8～28 朵花；小穗轴无翅；鳞片排列稍松，膜质，近于扁圆形，顶端圆，中间淡黄色，两侧深红紫色边缘具白色透明的边，具 3 条不很明显的脉；雄蕊 2，有时 1 枚，花药椭圆形，药隔不突出于花药顶端；花柱极短，柱头 3，短。小坚果倒卵状椭圆形，三棱形，几与鳞片等长，淡黄色。花果期 7—10 月。

花　序

生境：生长于低洼湿地、沟溪水边、稻田及山脚林缘潮湿处。

产地：江西全省常见。

分布：江西、安徽、江苏、浙江、福建、广东、海南、广西、湖南、湖北、云南、四川、河北、山西、陕西、甘肃、东北三省等省区。

花　序

砖子苗 *Mariscus umbellatus* Vahl

形态特征： 莎草属多年生草本植物。根状茎短。秆疏丛生，高 10～50cm，锐三棱形，平滑，基部膨大，具稍多叶。叶短于秆，宽 3～6mm，下部常折合，向上渐成平张，边缘不粗糙；叶鞘褐色。叶状苞片 5～8 枚，通常长于花序，斜展；长侧枝聚伞花序简单，具 6～12 个辐射枝，；辐射枝长短不等，有时短缩，最长达 8cm；穗状花序圆筒形，具多数密生的小穗；小穗平展，线状披针形，具 1～2 个小坚果；小穗轴具宽翅，翅披针形，白色透明；鳞片膜质，长圆形，顶端钝，无短尖，边缘常内卷，淡黄色，背面具多数脉，中间 3 条脉明显，绿色；雄蕊 3，花药线形，药隔稍突出；花柱短，柱头 3 个，细长。小坚果狭长圆形，三棱形，长约为鳞片的 2/3，初期麦秆黄色，表面具微突起细点。花果期 4—10 月。

生境： 生长于山坡向阳处、路旁草地、溪边及松林下。

产地： 江西全省常见。

分布： 江西、湖北、安徽、江苏、浙江、福建、台湾、广东、海南、广西、湖南、贵州、云南、四川、陕西等省区。

花　序

短尖飘拂草 *Fimbristylis squarrosa* Vahl var. *esquarrosa* makino

形态特征：飘拂草属一年生草本植物。无根状茎。秆丛生，细弱，一般较矮，高10～25cm，扁钝三棱形，基部具少数叶。叶短于秆，极狭，宽不及1mm，平张，被疏柔毛；鞘淡棕色，被较密的柔毛。苞片3～7枚，叶状，最下面的苞片等长于花序，其余均短于花序，基部稍扩大，被稍密的柔毛；长侧枝聚伞花序复出，疏散，具多数辐射枝；辐射枝最长达2.5cm，稍细；小穗单生于辐射枝顶端，披针形，顶端急尖，具多数花；鳞片较松地螺旋状排列，膜质，长圆形，顶端钝，黄棕色，下部色常较淡，背面具1条中脉，脉稍隆起，顶端延伸成短芒，芒长约为鳞片的1/5，稍外弯；雄蕊1，花药线形，药隔稍突出；花柱长，稍扁，具疏缘毛，基部膨大，具白色下垂的丝状长柔毛，常覆盖于小坚果顶部；花柱2，具乳头状小突起。小坚果倒卵形，扁双凸状，长约0.5mm，黄色，具短柄，表面近于平滑或具极不明显的六角形网纹。

花　序

生境：生长于河滩、湖边、水沟旁及低洼湿地。

产地：赣北地区可见。

分布：黑龙江、江苏、江西等省区；朝鲜、日本有分布。

植　株

两歧飘拂草 *Fimbristylis dichotoma*（L.）Vahl

形态特征：飘拂草属一年生草本植物。秆丛生，高15～50cm，无毛。叶线形，略短于秆，宽1～2.5mm，被柔毛，顶端急尖；鞘革质，上端近于截形，膜质部分较宽而呈浅棕色。苞片3～4枚，叶状，通常有1～2枚长于花序，无毛；长侧枝聚伞花序复出，少有简单，疏散；小穗单生于辐射枝顶端，卵形，具多数花；鳞片卵形，褐色，有光泽，脉3～5条，中脉顶端延伸成短尖；雄蕊1～2个，花丝较短；花柱扁平，长于雄蕊，上部有缘毛，柱头2。小坚果宽倒卵形，双凸状，具7～9显著纵肋，网纹近似横长圆形，无疣状突起，具褐色的柄。花果期7—10月。

花 序

生境：生长于空旷草地、林缘、路边、稻田及潮湿滩地。

产地：江西全省常见。

分布：江西、江苏、浙江、福建、台湾、广东、广西、贵州、云南、四川、山西、河北、山东及东北各省等广大地区。

植 株

水虱草 *Fimbristylismiliacea*（L.）Vahl

形态特征： 飘拂草属一年生草本植物。无根状茎。秆丛生，高 10～60cm，扁四棱形，具纵槽，基部包着 1～3 个无叶片的鞘；鞘侧扁，鞘口斜裂，向上渐狭窄，有时成刚毛状，长 3.5～9cm。叶长于秆，侧扁，套褶，剑状，边上有稀疏细齿，向顶端渐狭成刚毛状，宽 1.5～2mm；鞘侧扁，背面呈锐龙骨状，前面具膜质、锈色的边，鞘口斜裂，无叶舌。苞片 2～4 枚，刚毛状，基部宽，具锈色、膜质的边，较花序短；长侧枝聚伞花序复出，有许多小穗；辐射枝 3～6 个，细而粗糙，长 0.8～5cm；小穗单生于辐射枝顶端，球形，顶端极钝；鳞片膜质，卵形，顶端极钝，栗色，具白色狭边，背面具龙骨状突起，具有 3 条脉，沿侧脉处深褐色，中脉绿色；雄蕊 2，花药长圆形，顶端钝，为花丝长的 1/2；花柱三棱形，基部稍膨大，无缘毛，柱头 3，为花柱长的 1/2。小坚果倒卵形，钝三棱形，长 1mm，麦秆黄色，具疣状突起和横长圆形网纹。

生境： 生于田间、水边、路旁、空旷草地及河滩、湖泊湿地。

产地： 江西全省常见。

分布： 除东北三省、山东、山西、甘肃、内蒙古、新疆、西藏尚无记载外，全国其他省区都有分布。

植　株

花　序

黑莎草 *Gahnia tristis* Nees

形态特征：黑莎草属多年生草本植物。具根状茎，须根粗。秆丛生粗壮，高 0.5～1.5m，圆柱状，坚实，空心，有节。叶基生和秆生，具鞘；鞘红棕色，长 10～20cm；叶片狭长，极硬，硬纸质，长 40～60cm、宽 0.7～1.2cm，从下而上叶渐狭，顶端成钻形，边缘通常内卷，边缘及背面具刺状细齿。苞片叶状，具长鞘，愈上则鞘愈短，边缘及背面亦具刺状细齿；圆锥花序紧缩成穗状，长 14～35cm，由 7～15 个卵形或矩形穗状枝花序所组成，下面的穗状枝花序较长，相距较远，渐上则渐短而相距渐紧密；小苞片鳞片状，卵状披针形小穗排列紧密，纺锤形，具 8 片鳞片。鳞片螺旋状排列；基部 6 片鳞片中空无花，初期为黄棕色，后期为暗褐色，卵状披针形，具 1 条脉，坚硬；最上面的 2 片鳞片最小，宽卵形，顶端微凹并微具缘毛，其中上面 1 片具两性花，下面 1 片具雄蕊；无下位刚毛。雄蕊 3，花丝细长，花药线状长圆形，药隔顶端突出于药外；花柱细长，柱头 3，细长。小坚果倒卵状长圆形，三棱形，平滑，具光泽，骨质，未成熟时为白色，成熟时为黑色。花果期 3—12 月。

生境：生长于干燥的荒山坡地、疏林下及林缘山脚灌木丛中。

产地：赣中以南地区常见。

分布：江西、福建、海南岛、广东、广西和湖南。

生　境

植　株

贝壳叶荸荠 *Heleocharis chaetaria* Roem. et Schult.

形态特征：荸荠属多年生草本植物。无匍匐根状茎，有须根。秆多数，丛生，四棱柱状，弯曲，软弱，细若毫发，高 2～16cm。叶鳞片状，膜质，阔卵形，顶端钝，长 2mm、宽 1mm，摺合呈贝壳状，透明，有 1 条中脉，具鞘；鞘膜质，微红色，管状，除在里面最高的 1 个叶鞘有叶片外，其它各鞘无叶片。小穗卵形，长 4mm、宽 2mm，稍扁，紫红色，小，只有几朵花；在小穗下部的若干鳞片近 2 行排列，其余鳞片螺旋状排列。在基部的 1 片鳞片中空无花，近椭圆形，顶端钝，膜质，背部绿色，有 3 条脉，抱小穗基部一周；其它鳞片全有花，卵形，顶端急尖，舟状，背部绿色，具 1 条中脉。下位刚毛 6 条，长等于小坚果，上部有倒刺；柱头 3。小坚果宽倒卵形，顶端非常宽，不缢缩，截形，三棱形，具 3 个尖角的肩，各面稍凸起，各棱具狭边，淡奶油黄色，表面细胞呈近四角形隆起的网纹，不包括花柱基在内长 1.7mm、宽 1.3mm；花柱基呈三棱金字塔形，基部与小坚果等宽。花果期 11 月。

生境：生长在田间、湖滩等潮湿地。

产地：江西北部可见。

分布：江西、广东等省区。

植　株

龙师草 *Heleocharis tetraquetra* Nees

形态特征：荸荠属一年生草本植物。有时有短的匍匐根状茎。秆多数，丛生，锐四棱柱状，直，无毛，高 25～90cm，有时达 100 多 cm、直径 1mm。叶缺如，只在秆基部有 2～3 个叶鞘；鞘膜质，下部紫红色，上部灰绿色，在最里面的一个鞘最高，鞘口近平，绿褐色，顶端短三角形兼有短尖，高 7～10cm。小穗稍斜生，长圆状卵形，顶端钝，基部渐狭，褐缘色，有多数花。在小穗基部的 3 片鳞片内无花，下面 2 片对生，最下面的 1 片抱小穗基部一周，背部宽，较硬，绿色，边缘淡褐色，膜质；其余鳞片全有花，大致相似，紧密地覆瓦排列，长圆形，顶端钝，舟状，纸质，不透明，背部较宽，绿色，有 1 条脉，两侧近锈色，边缘为狭干膜质；下位刚毛 6 条，微红淡褐色，稍硬而直，有少数倒刺，长于小坚果；柱头 3。小坚果倒卵形，微扁三棱形，腹面微凸，背面十分隆起，渐向基部渐狭，淡褐色，嫩时微绿，具粗而短的小柄；花柱基圆锥形，顶端渐尖，扁三棱形，有少数乳头状突起，长约为小坚果的 2/3，宽约为小坚果的 7/9。花果期 9—11 月。

生境：生长于水塘边、溪沟旁、河滩及湖泊湿地。

产地：江西全省常见。

分布：江西、湖南、广西、台湾、福建、浙江、江苏、安徽、河南等省区。

植　株

牛毛毡 *Heleocharis yokoscensis*（Franch. et Sav.）Tang et F. T. Wang

形态特征： 荸荠属多年生草本植物。匍匐根状茎非常细。秆多数，细如毫发，密集丛生如牛毛毡，因而有此俗名，高2～12cm。叶鳞片状，具鞘；鞘微红色，膜质，管状；高5～15mm。小穗卵形，顶端钝，淡紫色，只有几朵花，所有鳞片全有花；鳞片膜质，在下部的少数鳞片近2列；在基部的1片鳞片长圆形，顶端钝，背部淡绿色，有3条脉，两侧微紫色，边缘无色，抱小穗基部一周；其余鳞片卵形，顶端急尖，背部微绿色，有1条脉，两侧紫色，边缘无色；下位刚毛1～4条，长为小坚果2倍，有倒刺；柱头3。小坚果狭长圆形，无棱，呈浑圆状，顶端缢缩，不包括花柱基在内长1.8mm、宽0.8mm，微黄玉白色，表面细胞包呈横矩形网纹，网纹隆起，细密，整齐，因而呈现出纵纹15条和横纹约50条；花柱基稍膨大呈短尖状，直径约为小坚果宽的1/3。花果期4—11月。

花　序

生境： 生长在水田、池塘边、湖泊湿地及林缘山脚潮湿地。

产地： 江西全省常见。

分布： 分布于全国各地；俄罗斯远东地区、朝鲜、日本、印度、缅甸和越南有分布。

植　株

单穗水蜈蚣 *Kyllingamonocephala* Rottb.

形态特征： 水蜈蚣属多年生草本植物。具匍匐根状茎。秆散生，细弱，扁锐三棱形，基部不膨大。叶通常短于秆，宽 2.5～4.5mm，平张，柔弱，边缘具疏锯齿；叶鞘短，褐色，或具紫褐色斑点，最下面的叶鞘无叶片。苞片 3～4 枚，叶状，斜展，较花序长很多；穗状花序 1 个，少 2～3 个，圆卵形，具极多数小穗；小穗近于倒卵形，顶端渐尖，压扁，具 1 朵花；鳞片膜质，舟状，长同于小穗，苍白色，具锈色斑点，两侧各具 3～4 条脉，背面龙骨状突起具翅，翅的下部狭，从中部至顶端较宽，且延伸出鳞片顶端呈稍外弯的短尖，翅边缘具缘毛状细刺；雄蕊 3；花柱长，柱头 2。小坚果长圆形，较扁，长约为鳞片的 1/2，棕色，具密的细点，顶端具很短的短尖。花果期 5—8 月。

花　序

生境： 生长于山坡林下、溪沟边、湖泊湿地、田间及旷野潮湿处。

产地： 江西全省常见。

分布： 江西、广东、海南、广西、云南等省区。

植　株

鳞籽莎 *Lepidosperma chinense* Nees etmeyen ex Kunth

形态特征： 鳞籽莎属多年生草本植物。具匍匐根状茎和须根。秆丛生，高45～90cm，圆柱状，直立，坚挺，基部被枯萎的叶鞘。叶鞘紫黑色、淡紫黑色，长3～8cm，开裂，边缘膜质，叶舌不甚显著。叶圆柱状，基生，较秆稍短，直径2～3mm，平滑，坚挺，无毛。苞片具鞘，圆柱状，与鞘等长，顶端稍扁，急尖，无毛；圆锥花序紧缩成穗状，长3～10cm；小穗密集，纺锤状长圆形，具5片鳞片，有1～2朵花；鳞片卵形，顶端钝，具短尖，背面龙骨状突起粗糙，表面略被白粉；最下面的2片鳞片中空无花，其上面2片鳞片内各具1朵两性花，下面一朵雌蕊不发育，或有时下面1鳞片内无花，最上面的鳞片不发达；下位鳞片6枚，很短；雄蕊3，花丝较花药长1.5倍，花药线形，顶端药隔突出；花柱细长，柱头3，较花柱稍短。小坚果椭圆形，褐黄色，平滑，有光泽，无喙，基部为硬化的鳞片所包。花果期7—12月，有时在5月抽穗。

花　序

生境： 生长于山坡、山谷阴湿地及溪沟边。

产地： 赣南地区可见。

分布： 江西、福建、湖南、广东；马来亚有分布。

植　株

毛毯细莞 *Lipocarpha squarrosa*（L.）Goetgh.

形态特征： 湖瓜草属一年生草本植物。无根状茎；茎丛生，直立，纤细，圆柱状，具多数纵条纹，高5～20cm，平滑，无毛，基部具1个叶鞘；叶鞘圆筒形，膜质，红棕色，鞘口斜裂，无叶片。叶片存在时长2.5～5cm，细弱，边缘内卷，顶端渐尖。苞片1枚，长达6cm，似茎的延长，顶端渐尖，基部扩大；花序紧缩呈头状，假侧生，仅具2个小穗；小穗无柄，卵形，毛毯状，具多数两性花；鳞片螺旋状排列，易脱落，膜质，狭椭圆形，顶端长尾状渐尖而外弯，具5～7条脉，仅中脉明显且为绿色，两侧淡黄色；无下位刚毛；雄蕊1枚，花药长椭圆形，黄色，药隔不突出；花柱极短，柱头3枚。小坚果狭倒卵形，三棱形，黄棕色，成熟时灰黑色，具不明显的疣状突起。抽穗期：秋季。

生境： 生长在山谷、低洼潮湿地带及湖泊湿地。

产地： 江西全省常见。

分布： 江西、福建、广东、海南；印度和马来西亚也有分布。

生　境

矮扁莎 *Pycreus pumilus*（L.）Domin

形态特征： 扁莎属一年生草本植物。具须根。秆丛生，高1～15cm，稍纤细，扁三棱形，平滑。叶少，短于秆，宽约2mm，折合。苞片3～5枚，叶状，长于花序，长侧枝聚伞花序简单，具3～5个辐射枝，有时紧缩成头状；辐射枝长达2cm，每一辐射枝具10～20个小穗；小穗长圆形，线状长圆形，压扁，具8～30朵花，少数至40朵花；小穗轴直，无翅；鳞片密覆瓦状排列，膜质，卵形，顶端截形，背面具明显龙骨状突起，绿色，具3～5条脉，常延伸出顶端成一短尖，两侧苍白色；雄蕊通常1个，花药短，长圆形；花柱中等长，柱头2，约与花柱等长。小坚果倒卵形，双凸状，长约为鳞片的1/3～2/5，顶端具小短尖，灰褐色，密被微凸起细点。花果期8—11月。

生境： 生长于田野阴湿处、湖泊湿地。

产地： 江西全省常见。

分布： 江西、福建、广东等省区。

植　株

红鳞扁莎 *Pycreus sanguinolentus*（Vahl）Nees

形态特征： 扁莎属一年生草本植物。根为须根。秆密丛生，高 7～40cm，扁三棱形，平滑。叶稍多，常短于秆，少有长于秆，宽 2～4mm，平张，边缘具白色透明的细刺。苞片 3～4 枚，叶状，近于平向展开，长于花序；简单长侧枝聚伞花序具 3～5 个辐射枝；辐射枝有时极短，因而花序近似头状，有时可长达 4.5cm，由 4～12 个或更多的小穗密聚成短的穗状花序；小穗辐射展开，长圆形，具 6～24 朵花；小穗轴直，四棱形，无翅；鳞片稍疏松地覆瓦状排列，膜质，卵形，顶端钝，背面中间部分黄绿色，具 3～5 条脉，两侧具较宽的槽，麦秆黄色，边缘暗血红色；雄蕊 3，少 2，花药线形；花柱长，柱头 2，细长，伸出于鳞片之外。小坚果圆倒卵形，双凸状，稍肿胀，长为鳞片的 1/2～3/5，成熟时黑色。花果期 7—12 月。

生境： 生长于山谷、田边、河滩、湖泊湿地及浅水处，多在向阳的地方。

产地： 江西全省常见。

分布： 江西、江苏、福建、广东、广西、湖南、贵州、云南、四川、陕西、山西、甘肃、新疆、内蒙古、黑龙江、吉林、辽宁、山东、河北、河南等省区。

植 株

球穗扁莎 *Pycreus flavidus*（Retz.）T. Koyama

形态特征：扁莎属一年生草本植物。根状茎短，具须根。秆丛生，细弱，高7～50cm，钝三棱形，一面具沟，平滑。叶少，短于秆，宽1～2mm，折合；叶鞘长，下部红棕色。苞片2～4枚，细长，较长于花序；简单长侧枝聚伞花序具1～6个辐射枝；辐射枝长短不等，最长达6cm，有时极短缩成头状；每一辐射枝具2～20个小穗；小穗密聚于辐射枝上端呈球形，辐射展开，线状长圆形，极压扁，具12～66朵花；小穗轴近四棱形，两侧有具横隔的槽；鳞片稍疏松排列，膜质，长圆状卵形，顶端钝，背面龙骨状突起绿色；具3条脉，两侧黄褐色，具白色透明的狭边；雄蕊2，花药短，长圆形；花柱中等长，柱头2，细长。小坚果倒卵形，顶端有短尖，双凸状，稍扁，长约为鳞片的1/3，褐色，具白色透明有光泽的细胞层和微突起的细点。花果期6—11月。

花　序

生境：生长于田边、溪沟旁潮湿处及湖泊湿地，宜沙土。

产地：江西全省常见。

分布：江西、安徽、江苏、浙江、福建、广东、海南、贵州、云南、四川、陕西、山西、河北、山东、东北三省等省区。

植　株

刺子莞 *Rhynchospora rubra*（Lour.）makino

形态特征： 刺子莞属多年生草本植物。根状茎极短。秆丛生，直立，高30～65cm、直径0.8～2mm，圆柱状，平滑，具细的条纹；基部不具无叶片的鞘。叶基生，叶片狭长，钻状线形，长达秆的1/2～2/3，宽1.5～3.5mm，纸质，向顶端渐狭，顶端稍钝，三棱形，稍粗糙。苞片4～10枚，叶状，不等长，长1～5cm，下部具密缘毛，上部粗糙且多少反卷，背面中脉隆起且粗糙，顶端渐尖；头状花序顶生，球形，棕色，具多数小穗；小穗钻状披针形，有光泽，具鳞片7～8枚，有2～3朵花；鳞片卵状披针形，有花鳞片较无花鳞片大，棕色，背面具隆起的中脉，上部几呈龙骨状，顶端钝，具短尖，最上面1片鳞片具雄花，其下1枚为雌花；下位刚毛4～6条，长短不一，不到小坚果长的1/2或1/3；雄蕊2，花丝短于鳞片，花药线形，药隔突出于顶端；花柱细长，基部膨大，柱头2，很短，顶端细尖。小坚果宽倒卵形，双凸状，近顶端被短柔毛，上部边缘具细缘毛，成熟后为黑褐色，表面具细点；宿存花柱基短小，三角形。花果期5—11月。

花　序

生境： 生长在山坡草地、疏林草地及旷野荒地。

产地： 江西全省常见。

分布： 广布于长江流域以南各省区及台湾省。

生　境

华刺子莞 *Rhynchospora chinensis* Nees etmeyen

形态特征： 刺子莞属多年生草本植物。根状茎极短。秆丛生，直立，纤细，高25～60cm，罕达127cm，三棱形，下部平滑，上部粗糙，基部具1～2个无叶片的鞘，鞘边缘膜质。叶基生和秆生，狭线形，长不超过花序，宽1.5～2.5mm，向顶端渐狭，顶端渐尖，三棱形，边缘粗糙。苞片狭线形，叶状，下面的具鞘，最上的具短鞘；圆锥花序，由顶生和侧生伞房状长侧枝聚伞花序所组成，具多数小穗；小穗通常2～9个簇生成头状，披针形，褐色，基部稍钝，顶端急尖，具鳞片7～8片，有2～3朵两性花，仅最下面一朵结实。最下部2～3片鳞片中空无花，无花鳞片椭圆状卵形，较有花鳞片短小；有花鳞片2～3片，宽卵形；最上的鳞片不发达，无花；所有鳞片均有一条隆起的脉，顶端具短尖。下位刚毛6条，被顺刺；雄蕊3，花丝略长于小坚果和花柱基，花药线形，顶端药隔突出；子房倒卵形，花柱基部膨大，柱头2，较花柱短。小坚果宽椭圆状倒卵形，双凸状，栗色，表面具皱纹；宿存花柱基长于小坚果，狭圆锥状，基部较小坚果狭，顶端稍细尖。花果期5—10月。

生境： 生长在河滩、湖泊湿地及沼泽等潮湿地。

产地： 江西全省常见。

分布： 江西、安徽、山东、江苏、福建、台湾、广东、广西；缅甸、印度、越南、印度尼西亚、日本、马达加斯加、塞舌尔、斯里兰卡等地有分布。

植　株

花　序

节茎藨草 *Scirpus chunianus* Tang et F. T. Wang

形态特征： 藨草属多年生草本植物。茎粗壮，高 90～150cm，具节，钝三棱形，近花序部分为锐三棱形，具秆生叶。叶扁平，坚挺，长于秆，宽 8～14mm，背面具微突起的横脉，背面中肋上和边缘均粗糙；叶鞘长 5～7.5cm。叶状苞片 7 枚，长于花序，边缘和中肋上均粗糙；长侧枝聚伞花序单一，顶生，复出，大而舒展，具多数辐射枝；辐射枝粗糙，第一次辐射枝粗壮，三棱形，长可达 9cm；小穗无柄，通常 3～7 个聚集成头状着生于辐射枝顶端，椭圆形，顶端钝，具叶多花；鳞片三角状卵形，顶端钝圆，膜质，棕色，具深棕色短条纹，5 条脉；下位刚毛 2～3 条，稍长于小坚果，直，白色，约 2/3 部分有稀疏的顺刺；柱头 2。小坚果宽椭圆形，双凸状，长约 1mm，具细小疣状突起，黄色。花果期 3—4 月。

幼　苗

生境： 生长在山谷林间、溪沟边及低洼潮湿地带。

产地： 江西全省常见。

分布： 江西、海南等地分布。

植　株

根　系

水葱 *Schoenoplectus tabernaemontani* (CC. Gmel.) Palla

形态特征：水葱属多年生草本植物。匍匐根状茎粗壮，具许多须根。秆高大，圆柱状，高1～2m，平滑，基部具3～4个叶鞘。叶鞘长可达38cm，管状，膜质，最上面一个叶鞘具叶片。叶片线形，长约1.5cm。苞片1枚，为秆的延长，直立，钻状，常短于花序，极少数稍长于花序；长侧枝聚伞花序简单，假侧生，具4～13个辐射枝；辐射枝长可达5cm，一面凸、一面凹，边缘有锯齿；小穗单生于辐射枝顶端，卵形，顶端急尖，具多数花；鳞片椭圆形，顶端稍凹，具短尖，膜质，棕色，有时基部色淡，背面有铁锈色突起小点，脉1条，边缘具缘毛；下位刚毛6条，等长于小坚果，红棕色，有倒刺；雄蕊3，花药线形，药隔突出；花柱中等长，柱头2，罕3，长于花柱。小坚果倒卵形，双凸状，少有三棱形。花果期6—9月。

植　株

生境：生长在湖边、浅水塘及湖泊湿地。

产地：江西全省常见。

分布：江西、江苏、河北、贵州、云南、四川、陕西、山西、甘肃、新疆、内蒙古、东北三省等省区。

生　境

水毛花 *Schoenoplectusmucronatus*（L.）Palla subsp. *robustus*（Miq.）T. Koyama

形态特征：水葱属多年生草本植物。根状茎粗短，无匍匐根状茎，具细长须根。秆丛生，稍粗壮，高50～120cm，锐三棱形，基部具2个叶鞘；叶鞘棕色，长7～23cm，顶端呈斜截形，无叶片。苞片1枚，为秆的延长，直立，长2～9cm；小穗2～20聚集成头状，假侧生，卵形，顶端钝圆，具多数花；鳞片卵形，顶端急缩成短尖，近于革质，淡棕色，具红棕色短条纹，背面具1条脉；下位刚毛6条，有倒刺，较小坚果长一半或与之等长；雄蕊3，花药线形，药隔稍突出；花柱长，柱头3。小坚果倒卵形，扁三棱形，成熟时暗棕色，具光泽，稍有皱纹。花果期5—8月。

花　序

生境：生于水塘边、溪沟边、河滩、湖边等沼泽地。

产地：江西全省常见。

分布：我国除新疆、西藏外，广布于全国各地；朝鲜、日本以及亚洲其他国家和马尔加什（马达加斯加、塞舌尔）、欧洲等也有分布。

植　株

萤蔺 *Schoenoplectus juncoides*（Roxb.）Palla

形态特征：水葱属一年生草本植物。根状茎短，具许多须根。秆丛生，稍坚挺，圆柱状，少数近于有棱角，平滑，基部具2～3个鞘；鞘的开口处为斜截形，顶端急尖，边缘为干膜质，无叶片。苞片1枚，为秆的延长，直立，长3～15cm；小穗2～7个，聚成头状，假侧生，卵形，棕色，具多数花；鳞片宽卵形，顶端骤缩成短尖，近于纸质，背面绿色，具1条中肋，两侧棕色或具深棕色条纹；下位刚毛5～6条，长等于小坚果，有倒刺；雄蕊3，花药长圆形，药隔突出；花柱中等长，柱头2，极少3个。小坚果宽倒卵形，平凸状，稍皱缩，但无明显的横皱纹；成熟时黑褐色，具光泽。花果期8—11月。

生境：生长在路旁、荒野草地潮湿处、水田边、池塘边、溪沟旁及沼泽地或浅水中。

产地：江西全省常见。

分布：除内蒙古、甘肃、西藏尚未见到外，全国各地均有分布；亚洲热带和亚热带地区如印度、缅甸、中印半岛、马来亚以及澳洲、北美洲有分布。

植　株

五、蓼科 Polygonaceae

短毛金线草 *Antenoron filiforme*（Thunb.）Roberty et Vautier var. *neofiliforme*（Nakai）A. J. Li

形态特征： 金线草属多年生草本植物。根状茎粗壮。茎直立，高 50～80cm，具糙伏毛，有纵沟，节部膨大。叶片椭圆形，长 6～15cm、宽 4～8cm，顶端长渐尖，基部楔形，全缘，两面疏生短糙伏毛；叶柄长 1～1.5cm，具糙伏毛；托叶鞘筒状，膜质，褐色，具短缘毛。总状花序呈穗状，通常数个，顶生，花序轴延伸，花排列稀疏；花梗长 3～4mm；苞片漏斗状，绿色，边缘膜质，具缘毛；花被 4 深裂，红色，花被片卵形，果时稍增大；雄蕊 5；花柱 2，果时伸长，硬化，顶端呈钩状，宿存，伸出花被之外。瘦果卵形，双凸镜状，褐色，有光泽，长约 3mm，包于宿存花被内。花期 7—8 月，果期9—10 月。

生境： 生长于山间边坡、山谷路旁及山脚林缘。

产地： 江西全省常见。

分布： 我国华东、华中、华南、西南地区及陕西南部、甘肃南部等有分布。

植　株

花　序

金线草 *Antenoron filiforme*（Thunb.）Roberty et Vautier var. *filiforme*

形态特征：金线草属多年生草本植物。根状茎粗壮。茎直立，高 50～80cm，具糙伏毛，有纵沟，节部膨大。叶片椭圆形，长 6～15cm、宽 4～8cm，顶端短渐尖，基部楔形，全缘，两面均具糙伏毛；叶柄长 1～1.5cm，具糙伏毛；托叶鞘筒状，膜质，褐色，具短缘毛。总状花序呈穗状，通常数个，顶生，花序轴延伸，花排列稀疏；花梗长 3～4mm；苞片漏斗状，绿色，边缘膜质，具缘毛；花被 4 深裂，红色，花被片卵形，果时稍增大；雄蕊 5；花柱 2，果时伸长，硬化，顶端呈钩状，宿存，伸出花被之外。瘦果卵形，双凸镜状，褐色，有光泽，包于宿存花被内。花期 7—8 月，果期 9—10 月。

花、叶

生境：生长于山地林下、山间边坡、山谷路旁及山脚林缘。

产地：江西全省可见。

分布：我国华东、华中、华南、西南地区及陕西南部、甘肃南部等有分布；朝鲜、日本、越南也有分布。

花　序

植　株

金荞麦 *Fagopyrum dibotrys* (D. Don) H. Hara

形态特征：荞麦属多年生草本植物。根状茎木质化，黑褐色。茎直立，高50～100cm，分枝，具纵棱；无毛，有时一侧沿棱被柔毛。叶片三角形，长4～12cm、宽3～11cm，顶端渐尖，基部近戟形，边缘全缘，两面具乳头状突起；叶柄长可达10cm；托叶鞘筒状，膜质，褐色，偏斜，顶端截形，无缘毛。花序伞房状，顶生；苞片卵状披针形，顶端尖，边缘膜质，每苞内具2～4花；花梗中部具关节，与苞片近等长；花被5深裂，白色，花被片长椭圆形，雄蕊8，比花被短，花柱3，柱头头状。瘦果宽卵形，具3锐棱，黑褐色，无光泽，超出宿存花被2～3倍。花期7—9月，果期8—10月。

叶

生境：常生长于荒野草地、荒芜园地、路旁、河滩、溪沟边及山谷湿地。

产地：江西全省常见。

分布：华东、华中、华南、西南各省区及陕西省。

生　境

苦荞麦 *Fagopyrum tataricum*（L.）Gaertn.

形态特征：荞麦属一年生草本植物。茎直立，高30～70cm，分枝，绿色，有细纵棱，一侧具乳头状突起。叶片宽三角形，长2～7cm，两面沿叶脉具乳头状突起，下部叶具长叶柄，上部叶较小具短柄；托叶鞘偏斜，膜质，黄褐色。花序总状，顶生，花排列稀疏；苞片卵形，长2～3mm，每苞内具2～4花，花梗中部具关节；花被5深裂，白色，花被片椭圆形；雄蕊8，比花被短；花柱3，短，柱头头状。瘦果长卵形，具3棱及3条纵沟，上部棱角锐利，下部圆钝有时具波状齿，黑褐色，无光泽，比宿存花被长。花期6—9月，果期8—10月。

生境：生长于荒野草地、田间、园地、路旁、河滩及溪沟边。

产地：江西全省常见。

分布：在我国东北、华北、西北等地都有分布；亚洲、欧洲及美洲也有分布。

植　株

何首乌 *Fallopiamultiflora*（Thunb.）Haraldson

形态特征：何首乌属多年生草本植物。块根肥厚，长椭圆形，黑褐色。茎缠绕，长 2～4m，多分枝，具纵棱，无毛，微粗糙，下部木质化。叶片卵形，长 3～7cm、宽 2～5cm，顶端渐尖，基部心形，两面粗糙，边缘全缘；叶柄长 1.5～3cm；托叶鞘膜质，偏斜，无毛。花序圆锥状，顶生，长 10～20cm，分枝开展，具细纵棱，沿棱密被小突起；苞片三角状卵形，具小突起，顶端尖，每苞内具 2～4 花；花梗细弱，下部具关节，果时延长；花被 5 深裂，白色，花被片椭圆形，大小不相等，外面 3 片较大背部具翅，果时增大，花被果时外形近圆形；雄蕊 8，花丝下部较宽；花柱 3，极短，柱头头状。瘦果卵形，具 3 棱，黑褐色，有光泽，包于宿存花被内。花期 8—9 月，果期 9—10 月。

生　境

生境：常生长于山地疏林间、荒野灌木地、路旁、溪沟边、河岸及山间边坡。

产地：江西全省常见。

分布：我国华东、华中、华南及四川、云南、贵州、陕西南部、甘肃南部有分布。

花　序

植　株

赤胫散 *Polygonum runcinatum* Buch. - Ham. ex D. Don var. *sinense* Hemsl.

形态特征：蓼属多年生草本植物。具根状茎。茎近直立，具纵棱，节部通常具倒生伏毛。叶片羽裂，顶生裂片较大，三角状卵形，顶端渐尖，侧生裂片通常1对；两面无毛或疏生短糙伏毛；下部叶叶柄具狭翅，基部有耳，上部叶叶柄较短；托叶鞘膜质，筒状，有柔毛，顶端截形，具缘毛。花序头状，头状花序较小，数个再集成圆锥状；顶生通常成对，花序梗具腺毛；苞片长卵形，边缘膜质；花梗细弱，比苞片短；花淡红色，花被片长卵形。瘦果卵形，具3棱，黑褐色，无光泽，包于宿存花被内。花期4—8月，果期6—10月。

植　株

生境：生长于山地草甸、荒野草地及山谷灌丛草地。

产地：赣中以北常见。

分布：江西、浙江、安徽、湖北、湖南、广西、贵州、云南、四川及河南、陕西、甘肃、西藏。

生　境

杠板归 *Polygonum perfoliatum* L.

形态特征： 蓼属一年生草本植物。茎攀援，多分枝，长1～2m，具纵棱，沿棱具稀疏的倒生皮刺。叶片三角形，长3～7cm、宽2～5cm，顶端钝，基部截形，薄纸质，正面无毛，背面沿叶脉疏生皮刺；叶柄与叶片近等长，具倒生皮刺，盾状着生于叶片的近基部；托叶鞘叶状，草质，绿色，圆形，穿叶，直径1.5～3cm。总状花序呈短穗状，不分枝顶生，长1～3cm；苞片卵圆形，每苞片内具花2～4朵；花被5深裂，白色或淡红色，花被片椭圆形，果时增大，呈肉质，深蓝色；雄蕊8，略短于花被；花柱3，中上部合生；柱头头状。瘦果球形，黑色，有光泽，包于宿存花被内。花期6—8月，果期7—10月。

果

生境： 生长于荒野草地、田间、园地、路旁、河滩及湖边。

产地： 江西全省常见。

分布： 江西、湖南、湖北、河北、河南、陕西、甘肃、黑龙江、吉林、辽宁、山东、江苏、浙江、安徽、福建、台湾、广东、海南、广西、贵州、云南、四川等省区。

植　株

红蓼 *Polygonum orientale* L.

形态特征：蓼属一年生草本植物。茎直立，粗壮，高1～2m，上部多分枝，密被开展的长柔毛。叶片宽卵形，长10～20cm、宽5～12cm，顶端渐尖，基部圆形，微下延，边缘全缘，密生缘毛，两面密生短柔毛，叶脉上密生长柔毛；叶柄长2～10cm，具开展的长柔毛；托叶鞘筒状，膜质，长1～2cm，被长柔毛，具长缘毛，通常沿顶端具草质、绿色的翅。总状花序呈穗状，顶生，长3～7cm，花紧密，微下垂，通常数个再组成圆锥状；苞片宽漏斗状，草质，绿色，被短柔毛，边缘具长缘毛，每苞内具3～5花；花梗比苞片长；花被5深裂，淡红色或白色；花被片椭圆形；雄蕊7，比花被长；花盘明显；花柱2，中下部合生，比花被长，柱头头状。瘦果近圆形，双凹，黑褐色，有光泽，包于宿存花被内。花期6—9月，果期8—10月。

生　境

生境：生长于荒野草地、荒芜园地、村边、路旁、河滩及湖边湿地。

产地：江西全省常见。

分布：除西藏外，全国各地均有广布。

花　序

植　株

火炭母 *Polygonum chinense* L.

形态特征：蓼属多年生草本植物。根状茎粗壮。茎直立，高 70～100cm，基部近木质，通常无毛，具纵棱，多分枝，斜上。叶片卵形，长 4～10cm、宽 2～4cm，顶端短渐尖，基部截形，边缘全缘，两面无毛，有时背面沿叶脉疏生短柔毛；下部叶具叶柄，叶柄长 1～2cm，通常基部具叶耳，上部叶近无柄；托叶鞘膜质，无毛，长 1.5～2.5cm，具脉纹，顶端偏斜，无缘毛。花序头状，通常数个排成圆锥状，顶生，花序梗被腺毛；苞片宽卵形，每苞内具 1～3 花；花被 5 深裂，白色或淡红色，裂片卵形，果时增大，呈肉质，蓝黑色；雄蕊 8，比花被短；花柱 3，中下部合生。瘦果宽卵形，具 3 棱，黑色，无光泽，包于宿存的花被。花期 7—9 月，果期 8—10 月。

生境：生长于山谷湿地、山坡草地。

产地：江西全省可见，赣中、赣南地区常见。

分布：我国华东、华中、华南和西南地区及陕西南部、甘肃南部有分布；日本、菲律宾、马来西亚、印度也有分布。

花　蕾

戟叶蓼 *Polygonum thunbergii* Siebold et Zucc.

形态特征：蓼属一年生草本植物。茎直立，高30～90cm，具纵棱，沿棱具倒生皮刺，基部外倾，节部生根。叶片戟形，长4～8cm、宽2～4cm，顶端渐尖，基部截形，两面疏生刺毛，极少具稀疏的星状毛，边缘具短缘毛；中部裂片卵形，侧生裂片较小，卵形；叶柄长2～5cm，具倒生皮刺，通常具狭翅；托叶鞘膜质，边缘具叶状翅，翅近全缘，具粗缘毛。花序头状，顶生，分枝，花序梗具腺毛及短柔毛；苞片披针形，顶端渐尖，边缘具缘毛，每苞内具2～3花；花梗无毛，比苞片短，花被5深裂，淡红色或白色，花被片椭圆形；雄蕊8，成2轮，比花被短；花柱3，中下部合生，柱头头状。瘦果宽卵形，具3棱，黄褐色，无光泽，包于宿存花被内。花期7—9月，果期8—10月。

花

生境：生长于山地草甸、山谷湿地及山坡草丛。

产地：江西全省常见。

分布：我国华东、华中、华南、华北、东北及陕西、甘肃、四川、贵州、云南有分布。

植　株

箭叶蓼 *Polygonum sieboldii* meisn.

形态特征：蓼属一年生草本植物。茎基部外倾，上部近直立，有分枝，无毛，四棱形，沿棱具倒生皮刺。叶片宽披针形，长 2.5～8cm、宽 1～2.5cm，顶端急尖，基部箭形，正面绿色，背面淡绿色，两面无毛，背面沿中脉具倒生短皮刺，边缘全缘，无缘毛；叶柄长 1～2cm，具倒生皮刺；托叶鞘膜质，偏斜，无缘毛，长 0.5～1.3cm。花序头状，通常成对，顶生，花序梗细长，疏生短皮刺；苞片椭圆形，顶端急尖，背部绿色，边缘膜质，每苞内具2～3 花；花梗短，比苞片短；花被 5 深裂，白色或淡紫红色，花被片长圆形；雄蕊 8，比花被短；花柱 3，中下部合生。瘦果宽卵形，具 3 棱，黑色，无光泽，包于宿存花被内。花期 6—9 月，果期 8—10 月。

花

生境：生长于山地草甸、山谷湿地、河滩、湖边及水边湿地。

产地：鄱阳湖地区常见。

分布：我国华东、华中、东北、华北地区及陕西、甘肃、四川、贵州、云南等省区。

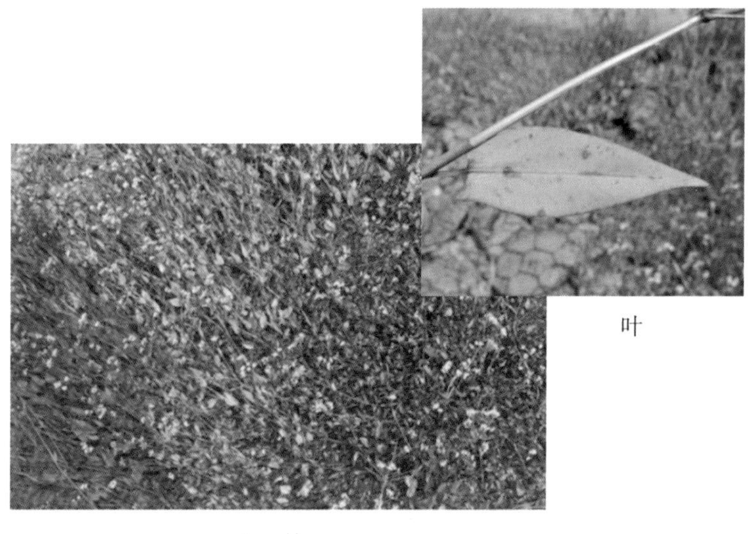

叶

生　境

蓼子草 *Polygonum criopolitanum* Hance

形态特征： 蓼属一年生草本植物。茎丛生，自基部分枝，平卧，高 10～15cm，被长糙伏毛及稀疏的腺毛；节部生根。叶片狭披针形，长 1～3cm、宽 3～8mm，顶端急尖，基部狭楔形，两面被糙伏毛，边缘具缘毛及腺毛；叶柄极短或近无柄；托叶鞘膜质，密被糙伏毛，顶端截形，具长缘毛。花序头状，顶生，花序梗密被腺毛；苞片卵形，密生糙伏毛，具长缘毛，每苞内具 1 花；花梗比苞片长，密被腺毛，顶部具关节；花被 5 深裂，淡紫红色，花被片卵形；雄蕊 5，花药紫色；花柱 2，中上部合生。瘦果椭圆形，双凸镜状，有光泽，包于宿存花被内。花期 7—11 月，果期 9—12 月。

生境： 常生长在湖泊湿地、河滩沙地及溪水沟边潮湿地。

产地： 鄱阳湖地区常见。

分布： 江西、安徽、江苏、浙江、福建、广东、广西、湖南、湖北、河南、陕西。

植　株

尼泊尔蓼 *Polygonum nepalense* meisn.

形态特征： 蓼属一年生草本植物。茎外倾，自基部多分枝，高20～40cm，无毛。茎下部叶片卵形，长3～5cm、宽2～4cm，顶端急尖，基部宽楔形，沿叶柄下延成翅，两面无毛，疏生黄色透明腺点，茎上部叶片较小；叶柄长1～3cm，抱茎；托叶鞘筒状，膜质，淡褐色，顶端斜截形，无缘毛，基部具刺毛。花序头状，顶生，基部常具1叶状总苞片，花序梗细长，上部具腺毛；苞片卵状椭圆形，通常无毛，边缘膜质，每苞内具1花；花梗比苞片短；花被通常4裂，淡紫红色或白色，花被片长圆形，顶端圆钝；雄蕊5～6，与花被近等长，花药暗紫色；花柱2，下部合生，柱头头状。瘦果宽卵形，双凸镜状，黑色，密生洼点，无光泽，包于宿存花被内。花期5—8月，果期7—10月。

植　株

生境： 生长于山地草甸、山谷湿地及山坡路旁。

产地： 江西全省常见。

分布： 除新疆外，全国各地均有分布。

花

生　境

水蓼 *Polygonum hydropiper* L.

形态特征： 蓼属一年生草本植物。茎直立，高 40～70cm，多分枝，无毛，节部膨大。叶片披针形或椭圆状披针形，长 4～8cm、宽 0.5～2.5cm，顶端渐尖，基部楔形，边缘全缘，具缘毛，两面无毛，被褐色小点，有时沿中脉具短硬伏毛，具辛辣味，叶腋具闭花受精花；叶柄长 4～8mm；托叶鞘筒状，膜质，褐色，长 1～1.5cm，疏生短硬伏毛，顶端截形，具短缘毛，通常托叶鞘内藏有花簇。总状花序呈穗状，顶生，长 3～8cm，通常下垂，花稀疏，下部间断；苞片漏斗状，绿色，边缘膜质，疏生短缘毛，每苞内具 3～5 花；花梗比苞片长；花被 5 深裂，稀 4 裂，绿色，上部白色或淡红色，被黄褐色透明腺点，花被片椭圆形；雄蕊 6，稀 8，比花被短；花柱 2～3，柱头头状。瘦果卵形，双凸镜状或具 3 棱，密被小点，黑褐色，无光泽，包于宿存花被内。花期 5—9 月，果期 6—10 月。

生境： 生长于山地草甸、山谷湿地、荒野草地、村边、路旁、河滩及湖边。

产地： 江西全省常见。

分布： 我国南北各省区均有分布。

花

植　株

习见蓼 *Polygonum plebeium* R. Br.

形态特征：蓼属一年生草本植物。茎平卧，自基部分枝，长 10～40cm，具纵棱，沿棱具小突起，通常小枝的节间比叶片短。叶片狭椭圆形，长 0.5～1.5cm、宽 2～4mm，顶端钝，基部狭楔形，两面无毛，侧脉不明显；叶柄极短；托叶鞘膜质，白色，透明，顶端撕裂，花 3～6 朵，簇生于叶腋，遍布于全植株；苞片膜质；花梗中部具关节，比苞片短；花被 5 深裂；花被片长椭圆形，绿色，背部稍隆起，边缘白色或淡红色；雄蕊 5，花丝基部稍扩展，比花被短；花柱 3，稀 2，极短，柱头头状。瘦果宽卵形，具 3 锐棱或双凸镜状，黑褐色，平滑，有光泽，包于宿存花被内。花期 5—8 月，果期 6—9 月。

生境：多生长于田间低湿地、溪水沟边、路旁、河滩及湖泊湿地。

产地：江西全省常见。

分布：除西藏外，全国各省区均有分布。

植　株

细叶蓼 *Polygonum taquetii* H. Lév.

形态特征：蓼属一年生草本植物。茎细弱，基部近平卧，高30～50cm，下部多分枝，无毛，节部生根。叶片狭披针形，长2～4cm、宽3～6mm，顶端急尖，基部狭楔形，两面疏被短柔毛，边缘全缘；叶柄极短；托叶鞘筒状，膜质，疏生柔毛，顶端截形，缘毛长3～5mm。总状花序呈穗状，顶生，长3～10cm，细弱，间断，下垂，长3～10cm，通常数个再组成圆锥状；苞片漏斗状，长约2mm，绿色，边缘具长缘毛，每苞内生3～4花，花梗细长，比苞片长；花被5深裂，淡红色，花被片椭圆形；雄蕊7，比花被短；花柱2～3，中下部合生。瘦果卵形，双凸镜状或具3棱，褐色，有光泽，包于宿存花被内。花期8—9月，果期9—10月。

生境：多生长于田间低湿地、溪水沟边、路旁、河滩及湖泊湿地。

产地：江西全省常见。

分布：江西、湖北、安徽、江苏、浙江、福建、湖南、广东等省区。

植　株

虎杖 *Reynoutria japonica* Houtt.

形态特征：虎杖属多年生草本植物。根状茎粗壮，横走。茎直立，高 1～2m，粗壮，空心，具明显的纵棱，具小突起，无毛，散生红色斑点。叶片宽卵形，长 5～12cm、宽 4～9cm，近革质，顶端渐尖，基部宽楔形、截形，边缘全缘，疏生小突起，两面无毛，沿叶脉具小突起；叶柄长 1～2cm，具小突起；托叶鞘膜质，偏斜，褐色，具纵脉，无毛，顶端截形，无缘毛，常破裂，早落。花序圆锥状，长 3～8cm，腋生；花单性，雌雄异株；苞片漏斗状，顶端渐尖，无缘毛，每苞内具 2～4 花；花梗长 2～4mm，中下部具关节；花被 5 深裂，淡绿色；雄花花被片具绿色中脉，无翅，雄蕊 8，比花被长；雌花花被片外面 3 片背部具翅，果时增大，翅扩展下延，花柱 3，柱头流苏状。瘦果卵形，具 3 棱，黑褐色，有光泽，包于宿存花被内。花期 8—9 月，果期 9—10 月。

生境：多生长于山坡灌丛草地、山谷疏林、荒地、溪沟边、田间低湿地、路旁及河岸。

产地：江西全省常见。

分布：我国华东、华中、华南及云南、贵州、四川和陕西南部、甘肃南部都有分布；朝鲜、日本有分布。

植　株

花

酸模 *Rumex acetosa* L.

形态特征：酸模属多年生草本植物。根为须根。茎直立，高40～100cm，具深沟槽，通常不分枝。基生叶和茎下部叶箭形，长3～12cm、宽2～4cm，顶端急尖，基部裂片急尖，全缘；叶柄长2～10cm；茎上部叶较小，具短叶柄；托叶鞘膜质，易破裂。花序狭圆锥状，顶生，分枝稀疏；花单性，雌雄异株；花梗中部具关节；花被片6，成2轮；雄花内花被片椭圆形，外花被片较小，雄蕊6；雌花内花被片果时增大，近圆形，全缘，基部心形，网脉明显，基部具极小的小瘤，外花被片椭圆形，反折。瘦果椭圆形，具3锐棱，两端尖，黑褐色，有光泽。花期5—7月，果期6—8月。

生 境

生境：生长于山坡荒草地、溪沟边、田间低湿地、村边、路旁、河岸、湖滩及山脚林缘。

产地：江西全省常见。

分布：我国南北各省区均有分布；朝鲜、日本、高加索、哈萨克斯坦、俄罗斯、欧洲及美洲也有分布。

植 株

六、苋科 Amaranthaceae

土牛膝 *Achyranthes aspera* L.

形态特征： 牛膝属多年生草本植物。根细长，直径 3～5mm，土黄色；茎四棱形，高 20～120cm，有柔毛，节部稍膨大，分枝对生。叶片纸质，宽卵状倒卵形，长 1.5～7cm、宽 0.4～4cm，顶端圆钝，具突尖，基部楔形，全缘，两面密生柔毛；叶柄长 5～15mm，密生柔毛。穗状花序顶生，直立，长 10～30cm，花期后反折；总花梗具棱角，粗壮，坚硬，密生白色柔毛；花疏生；苞片披针形，顶端长渐尖，小苞片刺状，坚硬，光亮，常带紫色，基部两侧各有 1 个薄膜质翅，全缘，全部贴生在刺部，但易于分离；花被片披针形，长渐尖，花后变硬且锐尖，具 1 脉；雄蕊长 2.5～3.5mm；退化雄蕊顶端截状，有具分枝流苏状长缘毛。胞果卵形；种子卵形，不扁压，长约 2mm，棕色。花期 6—8 月，果期 10 月。

生境： 生于山坡疏林地、荒野草地及村庄边空旷地。

产地： 江西全省常见。

分布： 江西、福建、台湾、广东、广西、湖南、贵州、云南、四川；印度、越南、菲律宾、马来西亚等地有分布。

植　株

莲子草 *Alternanthera sessilis* (L.) DC.

形态特征：莲子草属多年生草本植物。圆锥根粗，直径可达3mm。茎上升或匍匐，高10～45cm，绿色或稍带紫色，有条纹及纵沟，沟内有柔毛，在节处有一行横生柔毛。叶片形状及大小有变化，条状披针形，长1～8cm、宽2～20mm，顶端急尖，基部渐狭，全缘，两面无毛；叶柄无毛。头状花序1～4个，腋生，无总花梗，初为球形，后渐成圆柱形，花密生，花轴密生白色柔毛；苞片及小苞片白色，顶端短渐尖，无毛；苞片卵状披针形，小苞片钻形；花被片卵形，白色，顶端渐尖，无毛，具1脉；雄蕊3，基部连合成杯状，花药矩圆形；退化雄蕊三角状钻形，比雄蕊短，顶端渐尖，全缘；花柱极短，柱头短裂。胞果倒心形，侧扁，翅状，深棕色，包在宿存花被片内；种子卵球形。花期5—7月，果期7—9月。

花

生境：生长在低洼草地、水沟、田边、园地、村庄边、河滩、湖泊湿地及沼泽地、海边潮湿地。

产地：江西全省常见。

分布：江西、安徽、江苏、浙江、湖南、湖北、四川、云南、贵州、福建、台湾、广东、广西等省区。

叶

生 境

刺苋 *Amaranthus spinosus* L.

形态特征： 苋属一年生草本植物。植株高30～100cm；茎直立，圆柱形或钝棱形，多分枝，有纵条纹，绿色或带紫色，无毛。叶片菱状卵形，长3～12cm、宽1～5.5cm，顶端圆钝，具微凸头，基部楔形，全缘，无毛；叶柄长1～8cm，无毛，在其旁有2刺。圆锥花序腋生及顶生，长3～25cm，下部顶生花穗常全部为雄花；苞片在腋生花簇及顶生花穗的基部者变成尖锐直刺，在顶生花穗的上部者狭披针形，顶端急尖，具凸尖，中脉绿色；小苞片狭披针形；花被片绿色，顶端急尖，具凸尖，边缘透明，中脉绿色，在雄花者矩圆形，在雌花者矩圆状匙形；雄蕊花丝略和花被片等长；柱头3。胞果矩圆形，在中部以下不规则横裂，包裹在宿存花被片内。种子近球形，黑色或带棕黑色。花果期7—11月。

花　序

生境： 生长于旷野草地、荒地、园地、村边、路旁及河岸。

产地： 江西全省常见。

分布： 江西、安徽、湖北、河南、江苏、浙江、福建、台湾、广东、广西、湖南、贵州、云南、四川、陕西等省区。

植　株

生　境

繁穗苋 *Amaranthus cruentus* L.

形态特征：苋属一年生草本植物。和尾穗苋相近，区别为：圆锥花序直立或以后下垂，花穗顶端尖；苞片及花被片顶端芒刺显明；花被片和胞果等长。又和千穗谷相近，区别为：雌花苞片为花被片长的一倍半，花被片顶端圆钝。花期6—7月，果期9—10月。

生境：生长于旷野草地、荒地、园地、村边、路旁及河岸。

产地：江西全省常见。

分布：我国各地均有分布；全世界广泛分布。

花　序

植　株

皱果苋 *Amaranthus viridis* L.

形态特征：苋属一年生草本植物。植株高 40～80cm，全体无毛；茎直立，有不显明棱角，稍有分枝，绿色。叶片卵形，长 3～9cm、宽 2.5～6cm，顶端尖凹，少数圆钝，有 1 芒尖，基部宽楔形，全缘；叶柄长 3～6cm，绿色。圆锥花序顶生，长 6～12cm、宽 1.5～3cm，有分枝，由穗状花序形成，圆柱形，细长，直立，顶生花穗比侧生者长；总花梗长 2～2.5cm；苞片及小苞片披针形，顶端具凸尖；花被片矩圆形，内曲，顶端急尖，背部有 1 绿色隆起中脉；雄蕊比花被片短；柱头 3。胞果扁球形，绿色，不裂，极皱缩，超出花被片；种子近球形，黑色或黑褐色，具薄且锐的环状边缘。花期 6—8 月，果期 8—10 月。

生境：生长于旷野草地、荒地、园地、村边、路旁及河岸。

产地：江西全省常见。

分布：我国华东、华南、华北、东北各省区及陕西、云南等均有分布。

植　株

青葙 *Celosia argentea* L.

形态特征：青葙属一年生草本植物。植株高0.3～1m，全体无毛；茎直立，有分枝，绿色，具显明条纹。叶片矩圆披针形，长5～8cm、宽1～3cm，绿色常带红色，顶端急尖，具小芒尖，基部渐狭；叶柄长2～15mm。花多数，密生，在茎端或枝端成单一、无分枝的穗状花序，长3～10cm；苞片及小苞片披针形，白色，光亮，顶端渐尖，延长成细芒，具1中脉，在背部隆起；花被片矩圆状披针形，初为白色顶端带红色后成白色，顶端渐尖，具1中脉，在背面凸起；花丝长5～6mm，分离部分长约2.5～3mm，花药紫色；子房有短柄，花柱紫色。胞果卵形，包裹在宿存花被片内；种子凸透镜状肾形。花期5—8月，果期6—10月。

生境：生长于旷野草地、荒地、园地、村边、路旁及河岸。

产地：江西全省常见。

分布：全国各地均有分布。

生　境

鸡冠花 *Celosia cristata* L.

形态特征：青葙属一年生草本植物。本种和青葙极相近，但叶片卵形，宽2～6cm；花多数，极密生，成扁平肉质鸡冠状的穗状花序，一个大花序下面有数个较小的分枝，圆锥状矩圆形，表面羽毛状；花被片红色、紫色、黄色、橙色或红色黄色相间。花果期7—9月。

生境：生长于旷野草地、荒地、园地、村边、路旁及河岸。

产地：江西全省常见。

分布：我国南北各地均有分布；世界温暖地区广布。

花

七、藜科 Chenopodiaceae

灰绿藜 *Chenopodium glaucum* L.

形态特征：藜属一年生草本植物。植株高 20～40cm。茎平卧，具条棱及绿色色条。叶片矩圆状卵形，长 2～4cm、宽 6～20mm，肥厚，先端急尖，基部渐狭，边缘具缺刻状牙齿，上面无粉，平滑，下面有粉而呈灰白色，有稍带紫红色；中脉明显，黄绿色；叶柄长 5～10mm。花两性兼有雌性，通常数花聚成团伞花序，再于分枝上排列成有间断而通常短于叶的穗状花序；花被裂片 3～4，浅绿色，稍肥厚，通常无粉，狭矩圆形，先端通常钝；雄蕊1～2，花丝不伸出花被，花药球形；柱头 2，极短。胞果顶端露出于花被外，果皮膜质，黄白色；种子扁球形，横生、斜生及直立，暗褐色，边缘钝，表面有细点纹。花果期 5—10 月。

生境：生长于旷野草地、荒地、园地、村边、路旁、河岸及有轻度盐碱草滩地。

产地：赣北地区可见。

分布：我国除台湾、福建、广东、广西、贵州、云南等省区外，其它各地都有分布。

植　株

土荆芥 *Dysphania ambrosioides*（L. ）mosyakin et Clemants

形态特征： 刺藜属一年生或多年生草本植物。植株高 50～80cm，有强烈香味。茎直立，多分枝，有色条及钝条棱；枝通常细瘦，有短柔毛并兼有具节的长柔毛，有时近于无毛。叶片矩圆状披针形，先端急尖，边缘具稀疏不整齐的大锯齿，基部渐狭具短柄，正面平滑无毛，背面有散生油点并沿叶脉稍有毛；下部的叶长达 15cm、宽达 5cm，上部叶逐渐狭小而近全缘。花两性及雌性，通常 3～5 团，生于上部叶腋；花被裂片 5，较少为 3，绿色，果期通常闭合；雄蕊 5；花柱不明显，柱头通常 3，丝形，伸出花被外。胞果扁球形，完全包于花被内；种子横生，黑色，平滑，有光泽，边缘钝。花期和果期的时间都很长。

生　境

生境： 多生长于旷野草地、荒地、村边、路旁及河岸。

产地： 江西全省常见。

分布： 江西、江苏、浙江、福建、台湾、广西、广东、湖南、四川等省区。

植　株

小藜 *Chenopodium ficifolium* Sm.

形态特征：藜属一年生草本植物。植株高20～50cm。茎直立，具条棱及绿色色条。叶片卵状矩圆形，长2.5～5cm、宽1～3.5cm，通常三浅裂；中裂片两边近平行，先端钝并具短尖头，边缘具深波状锯齿；侧裂片位于中部以下，通常各具2浅裂齿。花两性，数个团集，排列于上部的枝上形成较开展的顶生圆锥状花序；花被近球形，5深裂，裂片宽卵形，不开展，背面具微纵隆脊并有密粉；雄蕊5，开花时外伸；柱头2，丝形。胞果包在花被内，果皮与种子贴生；种子双凸镜状，黑色，有光泽，直径约1mm，边缘微钝，表面具六角形细洼；胚环形。4—5月开始开花。

植　株

生境：生长于荒地、园地、村边、路旁及河滩、河岸。

产地：江西全省常见。

分布：我国除西藏外，各省区都有分布。

果

地肤 *Kochia scoparia*（L.）Schrad.

形态特征：地肤属一年生草本植物。根略呈纺锤形。高 50～100cm，茎直立，圆柱状，淡绿色，有多数条棱，稍有短柔毛；分枝稀疏，斜上。叶为平面叶，披针形，长 2～5cm、宽 3～7mm，无毛，先端短渐尖，基部渐狭入短柄，通常有 3 条明显的主脉，边缘有疏生的锈色绢状缘毛；茎上部叶较小，无柄，1 脉。花两性，通常 1～3 个生于上部叶腋，构成疏穗状圆锥状花序，花下有时有锈色长柔毛；花被近球形，淡绿色，花被裂片近三角形，无毛；翅端附属物三角形至倒卵形，膜质，脉不很明显，边缘微波状；花丝丝状，花药淡黄色；柱头 2，丝状，紫褐色，花柱极短。胞果扁球形，果皮膜质，与种子离生；种子卵形，黑褐色，稍有光泽；胚环形，胚乳块状。花期 6—9 月，果期 7—10 月。

生境：生长于田边、路旁、村边及荒地等。

产地：江西全省常见。

分布：我国各地均有分布；欧洲及亚洲有分布。

植　株

花　序

八、其它科

粟米草 *Mollugo stricta* L.

形态特征：番杏科（Aizoaceae）粟米草属一年生草本植物。植株高10～30cm。茎纤细铺散，多分枝，有棱角，无毛，老茎通常淡红褐色。叶3～5片假轮生，叶片披针形，长1.5～4cm、宽2～7mm，顶端急尖，基部渐狭，全缘，中脉明显；叶柄短。花极小，组成疏松聚伞花序，花序梗细长，顶生；花梗长1.5～6mm；花被片5，淡绿色，椭圆形，脉达花被片2/3，边缘膜质；雄蕊通常3，花丝基部稍宽；子房宽椭圆形，3室，花柱3，短，线形。蒴果近球形，与宿存花被等长，3瓣裂；种子多数，肾形，栗色，具多数颗粒状凸起。花期6—8月，果期8—10月。

植　株

生境：生长于空旷荒地、农田、河滩、湖泊湿地和海岸沙地。

产地：江西全省常见。

分布：我国秦岭、黄河以南地区，东南至西南各省区。

生　境

山牵牛 *Thunbergia grandiflora* (Rottler ex Willd.) Roxb.

形态特征： 爵床科（Acanthaceae）山牵牛属灌木。分枝较多，匍枝漫爬，可攀缘很高；小枝条稍4棱形，后逐渐复圆形，初密被柔毛；主节下有黑色巢状腺体及稀疏多细胞长毛。叶具柄，叶柄长达8cm，被侧生柔毛；叶片卵形、宽卵形，长4～9cm、宽3～7.5cm，先端急尖，有时有短尖头，边缘有2～8宽三角形裂片；两面干时棕褐色，背面较浅；正面被柔毛，毛基部常膨大而使叶面呈粗糙状，背面密被柔毛；通常5～7脉。花在叶腋单生或成顶生总状花序，苞片小，卵形，先端具短尖头；花梗长2～4cm，被短柔毛，花梗上部连同小苞片下部有巢状腺形；小苞片2，长圆卵形，长1.5～3cm、宽1～2cm，先端渐尖，外面及内面先端被短柔毛，边缘甚密，内面无毛，远轴面黏合在一起；花冠管长5～7mm，连同喉白色；自花冠管以上膨大；冠檐蓝紫色，裂片圆形，先端常微缺；雄蕊4，花丝下面逐渐变宽，无毛，花药不外露，药隔突出成一锐尖头，药室不等大，基部具弯曲长刺，另2花药仅1药室具刺，在缝处有髯毛；子房近无毛，花柱无毛，柱头近相等，2裂，对折，下方的抱着上方的，不外露。蒴果被短柔毛。

植　株

生境： 生长于山地灌丛草地、疏林草地、旷野、荒地、路旁及河岸。

产地： 江西全省常见。

分布： 江西、广西、广东、海南、福建鼓浪屿；印度及中南半岛也有分布。

盐肤木 *Rhus chinensis* mill.

形态特征：漆树科（Anacardiaceae）盐肤木属落叶小乔木。植株高 2～10m；小枝棕褐色，被锈色柔毛，具圆形小皮孔。奇数羽状复叶，有小叶 2～6 对，叶轴具宽的叶状翅，小叶自下而上逐渐增大，叶轴和叶柄密被锈色柔毛；小叶多形，卵形或椭圆状卵形或长圆形，长 6～12cm、宽 3～7cm，先端急尖，基部圆形，顶生小叶基部楔形，边缘具粗锯齿；叶面暗绿色，叶背粉绿色，被白粉；叶面沿中脉疏被柔毛，叶背被锈色柔毛，脉上较密；侧脉和细脉在叶面凹陷，在叶背突起；小叶无柄。圆锥花序宽大，多分枝，雄花序长 30～40cm，雌花序较短，密被锈色柔毛；苞片披针形，被微柔毛，小苞片极小，花白色；花梗长约 1mm，被微柔毛。雄花花萼外面被微柔毛，裂片长卵形，边缘具细睫毛；花瓣倒卵状长圆形，开花时外卷；雄蕊伸出，花丝线形，无毛，花药卵形；子房不育。雌花花萼裂片较短，外面被微柔毛，边缘具细睫毛；花瓣椭圆状卵形，边缘具细睫毛，里面下部被柔毛；雄蕊极短；花盘无毛；子房卵形，密被白色微柔毛，花柱 3，柱头头状。核果球形，略压扁，被具节柔毛和腺毛，成熟时红色。花期 8—9 月，果期 10 月。

植 株

生境：生长在向阳山坡、疏林灌丛地、溪沟边、荒地及林缘。

产地：江西全省常见。

分布：我国除东北、内蒙古和新疆外，其余省区均有分布。

叶

花 序

华凤仙 *Impatiens chinensis* L.

形态特征：凤仙花科（Balsaminaceae）凤仙花属一年生草本植物。植株高30～60cm。茎纤细，无毛，上部直立，下部横卧，节略膨大，有不定根。叶对生，无柄；叶片硬纸质，线形，稀倒卵形，长2～10cm、宽0.5～1cm，先端尖，基部近心形，有托叶状的腺体，边缘疏生刺状锯齿，正面绿色、被微糙毛，背面灰绿色、无毛，侧脉5～7对，不明显。花较大，单生或2～3朵簇生于叶腋，无总花梗，紫红色；花梗细，长2～4cm，一侧常被硬糙毛；苞片线形，位于花梗的基部；侧生萼片2，线形，先端尖，唇瓣漏斗状，具条纹，基部渐狭成内弯；旗瓣圆形，先端微凹，背面中肋具狭翅，顶端具小尖；翼瓣无柄，2裂，下部裂片小、近圆形，上部裂片宽倒卵形至斧形，先端圆钝，外缘近基部具小耳；雄蕊5，花丝线形，扁，花药卵球形，顶端钝；子房纺锤形，直立，稍尖。蒴果椭圆形，中部膨大，顶端喙尖，无毛；种子数粒，圆球形，黑色，有光泽。

花

植　株

生境：常生长在池塘边、水沟旁、潮湿荒地及山脚湿地。

产地：江西全省常见。

分布：江西、安徽、浙江、福建、广东、广西和云南等省区；印度、缅甸、越南、泰国、马来西亚也有分布。

黄金凤 *Impatiens siculifer* Hook. f.

形态特征：凤仙花科凤仙花属一年生草本植物。植株高30～60cm。茎细弱，不分枝或有少数分枝。叶互生，通常密集于茎或分枝的上部，卵状披针形，长5～13cm、宽2.5～5cm，先端急尖，基部楔形，边缘有粗圆齿，齿间有小刚毛，侧脉5～11对；下部叶的叶柄长1.5～3cm，上部叶近无柄。总花梗生于上部叶腋，花5～8朵排成总状花序；花梗纤细，基部有1披针形苞片宿存；花黄色；侧生萼片2，窄矩圆形，先端突尖；旗瓣近圆形，背面中肋增厚成狭翅；翼瓣无柄，2裂，基部裂片近三角形，上部裂片条形；唇瓣狭漏斗状，先端有喙状短尖，基部延长成内弯的长距；花药钝。蒴果棒状。

叶

生境：常生长于潮湿荒草地、水沟边、山谷溪水旁及林间、林缘湿地。

产地：江西全省常见。

分布：江西、福建、湖南、湖北、重庆、贵州、四川、云南、广西等省区。

花

生　境

沙参 *Adenophora stricta* miq.

形态特征：桔梗科（Campanulaceae）沙参属多年生草本植物。茎高40～80cm，不分枝，常被短硬毛。基生叶心形，大而具长柄；茎生叶无柄，叶片椭圆形，狭卵形，基部楔形，少近于圆钝的，顶端急尖，边缘有不整齐的锯齿，两面疏生短毛，长3～11cm、宽1.5～5cm。花序常不分枝而成假总状花序；花梗常极短，长不足5mm；花萼常被短柔毛，筒部常倒卵状，裂片狭长，多为钻形；花冠宽钟状，蓝色，外面无毛，长1.5～2.3cm，裂片长为全长的1/3，三角状卵形；花盘短筒状，无毛；花柱常略长于花冠，少较短的。蒴果椭圆状球形，极少为椭圆状；种子棕黄色，稍扁，有1条棱。花期8—10月。

花

生境：多生于旷野荒地草丛中、山坡岩石缝内及疏林下。

产地：赣中地区可见。

分布：江西、浙江、湖南、湖北、河南、山东、江苏等省区。

叶

半边莲 *Lobelia chinensis* Lour.

形态特征：桔梗科半边莲属多年生草本植物。茎细弱，匍匐，节上生根；分枝直立，高6～15cm，无毛。叶互生，无柄，椭圆状披针形，长8～25cm、宽2～6cm，先端急尖，基部圆形，全缘，无毛。花通常1朵，生分枝的上部叶腋；花梗细，长1.2～3.5cm，基部有小苞片2枚，小苞片无毛；花萼筒倒长锥状，基部渐细而与花梗无明显区分，无毛，裂片披针形，约与萼筒等长，全缘或下部有1对小齿；花冠粉红色，背面裂至基部，喉部以下生白色柔毛，裂片全部平展于下方，呈一个平面，2侧裂片披针形、较长，中间3枚裂片椭圆状披针形、、较短；雄蕊长约8mm，花丝中部以上连合，花丝筒无毛，未连合部分的花丝侧面生柔毛，花药管长约2mm，背部无毛。蒴果倒锥状；种子椭圆状，稍扁压，近肉色。花果期5—10月。

生境：生长在水田边、沟边、湖滩、河岸及潮湿草地上。

产地：江西全省常见。

分布：长江中、下游及以南各省区。

植　株

臭矢菜 *Arivela viscosa*（L.）Raf.

又名黄花草。

形态特征： 白花菜科（Cleomaceae）黄花草属一年生草本植物。植株高0.3～1m，茎基部常木质化，干后黄绿色，有纵细槽纹；全株密被黏质腺毛与淡黄色柔毛，无刺，有恶臭气味。叶为具3～5小叶的掌状复叶；小叶薄草质，近无柄，倒披针状椭圆形，中央小叶最大，长1～5cm、宽5～15mm，侧生小叶依次减小，全缘但边缘有腺纤毛，侧脉3～7对；叶柄长2～4cm，无托叶。花单生于茎上部逐渐变小与简化的叶腋内；花梗纤细，长1～2cm；萼片分离，狭椭圆形，近膜质，有细条纹，内面无毛，背面及边缘有黏质腺毛；花瓣淡黄色，无毛，有数条明显的纵行脉，倒卵形，基部楔形，顶端圆形；雄蕊10～22，花丝比花瓣短，花期时不露出花冠外，花药长约2mm；子房无柄，圆柱形，除花柱与柱头外密被腺毛，花期时亦不外露，1室，侧膜胎座2，胚珠多数，子房顶部变狭而伸长为花柱，柱头头状。果直立，圆柱形，劲直，密被腺毛，基部宽阔无柄，顶端渐狭成喙；成熟后果瓣自顶端向下开裂，果瓣宿存，表面有多条多少呈同心弯曲纵向平行凸起的棱与凹陷的槽，2条胎座框特别凸起；宿存的花柱长约5mm；种子黑褐色，表面有约30条横向平行的皱纹。无明显的花果期，通常3月出苗，7月果熟。

生境： 多生长在荒野草地、田间、路旁及河岸边。

产地： 鄱阳湖地区可见。

分布： 江西、安徽、浙江、福建、台湾、广东、海南、广西、湖南及云南等省区。

植　株

金银花 *Lonicera japonica* Thunb.

又名忍冬。

形态特征： 忍冬科（Caprifoliaceae）忍冬属缠绕性攀缘灌木，半常绿藤本。幼枝橘红褐色，密被黄褐色、开展的硬直糙毛、腺毛和短柔毛，下部常无毛。叶纸质，卵形，顶端尖，基部圆形，有糙缘毛，正面深绿色，背面淡绿色，小枝上部叶通常两面均密被短糙毛，下部叶常平滑无毛而下面多少带青灰色；叶柄密被短柔毛。总花梗通常单生于小枝上部叶腋，与叶柄等长，密被短柔后，并夹杂腺毛；苞片大，叶状，卵形至椭圆形，两面均有短柔毛；小苞片顶端圆形，有短糙毛和腺毛；萼筒无毛，萼齿卵状三角形，顶端尖而有长毛，外面和边缘都有密毛；花冠白色，有时基部向阳面呈微红，后变黄色，唇形，筒稍长于唇瓣，很少近等长，外被多少倒生的开展糙毛和长腺毛，上唇裂片顶端钝形，下唇带状而反曲；雄蕊和花柱均高出花冠。果实圆形，熟时蓝黑色，有光泽；种子卵圆形，褐色，中部有1凸起的脊，两侧有浅的横沟纹。花期4—6月，果熟期10—11月。

幼　苗

生境： 生长于山坡疏林或灌丛草地、荒地、路旁、地埂及村边杂木林间。

产地： 江西全省常见。

分布： 除黑龙江、内蒙古、宁夏、青海、新疆、西藏和海南无自然生长外，全国各省区均有分布。

植　株

接骨草 *Sambucus chinensis* Lindl.

形态特征：忍冬科接骨木属草本植物。植株高1～2m；茎有棱条，髓部白色。羽状复叶，托叶叶状或有时退化成蓝色的腺体；小叶2～3对，互生，狭卵形，长6～13cm、宽2～3cm，嫩时上面被疏长柔毛，先端长渐尖，基部钝圆，两侧不等，边缘具细锯齿，近基部边缘常有1枚腺齿；顶生小叶卵形，基部楔形，有时与第一对小叶相连，小叶无托叶，基部一对小叶有时有短柄。复伞形花序顶生，大而疏散；总花梗基部托以叶状总苞片，分枝3～5出，纤细，被黄色疏柔毛；杯形不孕性花不脱落，可孕性花小；萼筒杯状，萼齿三角形；花冠白色，仅基部联合；花药黄色；子房3室，花柱极短，柱头3裂。果实红色，近圆形；核2～3粒，卵形，表面有小疣状突起。花期4—5月，果熟期8—9月。

花　序

植　株

生境：生长于荒野草地、溪水沟边、田边及疏林草地。

产地：江西全省常见。

分布：江西、安徽、湖北、河南、江苏、浙江、福建、台湾、广东、广西、湖南、贵州、云南、四川、陕西、甘肃、西藏等省区；日本有分布。

鹅肠菜 *Myosoton aquaticum*（L.）moench

形态特征：石竹科（Caryophyllaceae）鹅肠菜属多年生草本植物。具须根。茎上升，多分枝，长 50～80cm，上部被腺毛。叶片卵形，长 2.5～5.5cm、宽1～3cm，顶端急尖，基部稍心形，有时边缘具毛；叶柄上部叶常无柄，疏生柔毛。顶生二歧聚伞花序；苞片叶状，边缘具腺毛；花梗细，长 1～2cm，花后伸长并向下弯，密被腺毛；萼片卵状披针形，顶端较钝，边缘狭膜质，外面被腺柔毛，脉纹不明显；花瓣白色，2 深裂至基部，裂片线形；雄蕊 10，稍短于花瓣；子房长圆形，花柱短，线形。蒴果卵圆形，稍长于宿存萼；种子近肾形，稍扁，褐色，具小疣。花期 5—8 月，果期 6—9 月。

植 株

生境：生于河滩、湖滩低湿沙地、水沟旁、荒地及灌丛山脚。

产地：江西全省可见。

分布：我国南北各省。

生 境

花

鸭跖草 *Commelina communis* L.

形态特征：鸭跖草科（Commelinaceae）鸭跖草属一年生草本植物。茎匍匐生根，多分枝，披散，长可达1m，下部无毛，上部被短毛。叶披针形，长3～9cm、宽1.5～2cm。总苞片佛焰苞状，有1.5～4cm的柄，与叶对生，折叠状，展开后为心形，顶端短急尖，基部心形，长1.2～2.5cm，边缘常有硬毛；聚伞花序，下面一枝仅有花1朵，具梗，不孕；上面一枝具花3～4朵，具短梗，几乎不伸出佛焰苞。花梗花期长仅3mm，果期弯曲；萼片膜质，内面2枚常靠近或合生；花瓣深蓝色；内面2枚具爪，长近1cm。蒴果椭圆形，长5～7mm，2室，2爿裂，有种子4颗；种子棕黄色，一端平截、腹面平，有不规则窝孔。

生境：生长于低湿荒野草地、田间、水沟边及湖滩湿地。

产地：江西全省常见。

分布：云南、四川、甘肃以东的南北各省区；越南、朝鲜、日本、俄罗斯远东地区以及北美也有分布。

植　株

土丁桂 *Evolvulus alsinoides*（L.）

形态特征：旋花科（Convolvulaceae）土丁桂属一年生草本植物。茎少数至多数，平卧，纤细瘦长，具贴生的柔毛。叶长圆形、椭圆形，长7～25mm、宽5～10mm，先端钝及具小短尖，基部圆形，两面或多或少被贴生疏柔毛，中脉在背面明显而正面不显，侧脉两面均不显；叶柄短至近无柄。总花梗丝状，较叶短得多，长2.5～3.5cm，被贴生毛；花单1朵组成聚伞花序，花柄与萼片等长；苞片线状钻形；萼片披针形，锐尖，被长柔毛；花冠辐状，蓝色；雄蕊5，内藏，花丝丝状，贴生于花冠管基部；花药长圆状卵形，先端渐尖，基部钝；子房无毛；花柱2，每1花柱2尖裂，柱头圆柱形，先端稍棒状。蒴果球形，无毛，4瓣裂；种子4粒，黑色，平滑。花期5—9月。

生境：生长于草坡、灌丛草地、荒地及路边。

产地：鄱阳湖地区可见。

分布：我国长江以南各省及台湾有分布。

生　境

长梗毛娥房藤 *Jacquemontia tamnifolia*（L.）Griseb.

形态特征：旋花科小牵牛属一年生缠绕性藤本植物。茎通常攀缘或匍匐，具粗毛。叶具柄，互生，无托叶；叶柄达到5cm，密毛；叶片心至宽心形，长3～10cm，锐尖至突渐尖头，渐无毛，全缘。聚伞花序浓密，直径约2.5cm；苞片线形，类似于叶；花梗可达12cm长，花冠漏斗状，长约1cm，蓝色；子房上位，无毛，2～3室；雄蕊5，花柱丝状，长约7mm，柱头2裂。蒴果球形，长4～5mm、直径约3.5mm，无毛，淡黄色，4瓣开裂，种子4～6粒；种子卵形，棕色。花果期8—12月。

花

生境：生长于旷野荒地、灌丛草坡、路旁及河岸。

产地：鄱阳湖地区可见。

分布：原产北美和热带美洲；在我国有逸生现象，海南、台湾、湛江等近海地区均有发现。

植　株

山猪菜 *Merremia umbellata* (L.) Hallier f. subsp. *orientalis* (Hallier f.) Ooststr.

形态特征：旋花科鱼黄草属缠绕草本植物。平卧者下部节上生须根。茎圆柱形，有细条纹，密被短柔毛。叶形及大小有变化，卵形、卵状长圆形或长圆状披针形，顶端钝而微凹，具小短尖头，基部心形，偶尔稍呈戟形，全缘；叶面疏被灰白色短柔毛，背面毛被较密，通常沿中脉和侧脉尤密被灰白色平展柔毛，有时毛少；侧脉6～9对，第三次脉近于平行；叶柄长短不一，疏被黄白色短柔毛。聚伞花序腋生，具少花，呈伞形，花序梗毛被与叶柄相似；苞片小，披针形，早落；花芽椭圆形，顶端锐尖；花梗与花序梗近于等粗，被短柔毛；萼片稍不等，外方2片宽椭圆形，外面被短柔毛，顶端圆，具小短尖头，边缘干膜质，内萼片近相等；花冠白色，漏斗状，瓣中带明显具5脉，顶端具白色柔毛，其余无毛，冠檐浅5裂；雄蕊内藏，花药不扭转；子房无毛。蒴果圆锥状球形，具花柱基形成的尖头，无毛，4瓣裂；种子4，灰黑色，密被开展的淡褐色长硬毛。

生境：生长于山坡路旁、山谷疏林及杂灌草丛中。

产地：赣中及以南地区常见。

分布：江西、广东、海南、广西、云南等省区。

花

篱栏网 *Merremia hederacea*（Burm. f.）Hallier f.

形态特征：旋花科鱼黄草属缠绕草本植物。匍匐时茎节上生须根。茎细长，有细棱，无毛，有时仅于节上有毛，有时散生小疣状突起。叶心状卵形，长1.5～7.5cm、宽1～5cm，顶端钝，渐尖，具小短尖头，基部心形，全缘，有时为深3裂，两面近于无毛；叶柄细长，无毛，具小疣状突起。聚伞花序腋生，有3～5朵花，单生，花序梗比叶柄粗，第一次分枝为二歧聚伞式，以后为单歧式；花梗长2～5mm，连同花序梗均具小疣状突起；小苞片早落；萼片宽倒卵状匙形，外方2片，内方3片，无毛，顶端截形，明显具外倾的凸尖；花冠黄色，钟状，外面无毛，内面近基部具长柔毛；雄蕊与花冠近等长，花丝下部扩大，疏生长柔毛；子房球形，花柱与花冠近等长，柱头球形。蒴果扁球形，4瓣裂，果瓣有皱纹，内含种子4粒；种子三棱状球形，表面被锈色短柔毛，种脐处毛簇生。

花

生境：生长于荒野草地、河滩、灌丛山坡及路旁。

产地：鄱阳湖地区可见。

分布：江西、广东、台湾、海南、广西、云南。

生　境

叶

牵牛 *Ipomoea nil*（L.）Roth

形态特征： 旋花科番薯属一年生缠绕草本植物。茎上被倒向的短柔毛及杂有倒向的长硬毛。叶宽卵形，深 3 裂，长 4～15cm、宽 4.5～14cm，基部圆，心形，中裂片长圆形，渐尖，侧裂片较短，三角形，裂口锐，叶面或疏或密被微硬的柔毛；叶柄长2～15cm，毛被同茎。花腋生，单一着生于花序梗顶，花序梗长短不一，长 1.5～18.5cm，通常短于叶柄，有时较长，毛被同茎；苞片线形，被开展的微硬毛；花梗长 2～7mm；小苞片线形；萼片近等长，长 2～2.5cm，披针状线形，内面 2 片稍狭，外面被开展的刚毛，基部更密，有时也杂有短柔毛；花冠漏斗状，长 5～8cm，蓝紫色，花冠管色淡；雄蕊及花柱内藏；雄蕊不等长，花丝基部被柔毛；子房无毛，柱头头状。蒴果近球形，3 瓣裂；种子卵状三棱形，黑褐色，被褐色短绒毛。

花

生境： 生长于灌丛山坡、荒地、路边、地埂、村庄边、溪沟旁及河岸边。

产地： 江西全省常见。

分布： 我国除西北和东北的一些省外，大部分地区都有分布。

叶

果

蕹菜 *Ipomoea aquatica* Forssk.

形态特征：旋花科番薯属一年生蔓性草本植物。全株光滑，蔓生或漂浮于水。茎圆柱形，有节，节间中空，节上生根，无毛。叶片形状、大小有变化，卵形、长卵形、长卵状披针形或披针形，长3.5～17cm、宽0.9～8.5cm，顶端锐尖，具小短尖头，基部心形、戟形或箭形，全缘或波状，或有时基部有少数粗齿，两面近无毛；叶柄长3～14cm，无毛。聚伞花序腋生，花序梗长1.5～9cm，基部被柔毛，向上无毛，具1～5朵花；苞片小鳞片状；花梗长1.5～5cm，无毛；萼片近于等长，卵形，顶端钝，具小短尖头，外面无毛；花冠白色、淡红色或紫红色，漏斗状，长3.5～5cm；雄蕊不等长，花丝基部被毛；子房圆锥状，无毛。蒴果卵球形至球形，无毛；种子密被短柔毛。

生境：生长于园地边、路旁、村庄边等湿润肥沃土地。

产地：江西全省常见。

分布：我国中部及南部各省均有分布。

生　境

茑萝松 *Ipomoea quamoclit* L.

形态特征：旋花科番薯属一年生柔弱缠绕性攀缘草本植物。叶卵形，长2～10cm、宽1～6cm，羽状深裂至中脉，具10～18对线形至丝状的平展的细裂片，裂片先端锐尖；叶柄基部常具假托叶。花序腋生，由少数花组成聚伞花序；总花梗大多超过叶；花直立，花柄较花萼长，结果时增厚成棒状；萼片绿色，稍不等长，椭圆形至长圆状匙形，外面1个稍短，先端钝而具小凸尖；花冠高脚碟状，长约2.5cm以上，深红色，无毛，管柔弱，上部稍膨大，冠檐开展，直径约1.7～2cm，5浅裂；雄蕊及花柱伸出，花丝基部具毛，子房花无毛。蒴果卵形，4室，4瓣裂，隔膜宿存，透明；种子4，卵状长圆形，黑褐色。

花

生境：生长于路边、地埂、村庄边、荒地、河岸边及灌丛山坡。

产地：江西全省常见。

分布：原产热带美洲，现全球温带及热带广泛分布；我国江西、福建、广东、广西、贵州、云南、四川、陕西、河北、河南、山东、江苏、安徽、浙江等均有分布或栽培。

植　株

飞蛾藤 *Dinetus racemosus*（Roxb.）Buch. -Ham. ex Sweet

形态特征：旋花科飞蛾藤属藤本植物。茎缠绕，草质，圆柱形，可攀缘高达10m，幼时或多或少被黄色硬毛，后来具小瘤，或无毛。叶卵形，长6～11cm、宽5～10cm，先端渐尖或尾状，具钝尖头，基部深心形；两面极疏被紧贴疏柔毛，背面稍密，稀被短柔毛至绒毛；掌状脉基出，7～9条；叶柄短于叶片，被疏柔毛。圆锥花序腋生，或多或少宽阔地分枝，少花；苞片叶状，无柄，抱茎，无毛，小苞片钻形；花柄较萼片长，无毛；萼片相等，线状披针形，通常被柔毛，结果时全部增大，长圆状匙形，钝，基部渐狭，具3条坚硬的纵向脉，被疏柔毛，尤其基部；花冠漏斗形，白色，管部带黄色，无毛，5裂至中部，裂片开展，长圆形；雄蕊内藏，花丝短于花药，着生于管内不同水平面；子房无毛，花柱1，全缘，长于子房，柱头棒状，2裂。蒴果卵形，具小短尖头，无毛；种子1，卵形，暗褐色，平滑。

花　序

生境：多生于灌丛山坡、石灰岩山地林间及林缘山脚。

产地：江西全省常见。

分布：我国长江以南各省至陕西、甘肃均有分布。

植　株

叶

广州蔊菜 *Rorippa cantoniensis* (Lour.) Ohwi

形态特征： 十字花科（Brassicaceae）蔊菜属一年生草本植物。植株高10～30cm，无毛；茎直立。基生叶具柄，基部扩大贴茎，叶片羽状深裂，长4～7cm、宽1～2cm，裂片4～6，边缘具2～3缺刻状齿，顶端裂片较大；茎生叶渐缩小，无柄，基部呈短耳状，抱茎，叶片倒卵状长圆形，边缘常呈不规则齿裂，向上渐小。总状花序顶生；花黄色，近无柄，每花生于叶状苞片腋部；萼片4，宽披针形；花瓣4，倒卵形，基部渐狭成爪，稍长于萼片；雄蕊6，近等长，花丝线形。短角果圆柱形，柱头短，头状；种子极多数，细小，扁卵形，红褐色，表面具网纹，一端凹缺；子叶缘倚胚根。花期3—4月，果期4—6月。

生境： 生长于山坡荒地、田间、路边、村庄边、溪沟旁及河岸、湖滩潮湿地。

产地： 江西全省可见。

分布： 江西、安徽、江苏，浙江、福建、台湾、广东、广西、湖南、云南、四川、陕西、河南、河北、湖北、山东、辽宁。

植　株

风花菜 *Rorippa globosa*（Turcz.）Hayek

形态特征： 十字花科蔊菜属一年生草本植物。植株高20～80cm，被白色硬毛。茎单一，基部木质化，下部被白色长毛，上部分枝近无毛。茎下部叶具柄，上部叶无柄；叶片长圆形，长5～15cm、宽1～2.5cm，基部渐狭，下延成短耳状而半抱茎，边缘具不整齐粗齿，两面被疏毛，尤以叶脉为显。总状花序多数，呈圆锥花序式排列，果期伸长；花小，黄色，具细梗；萼片4，长卵形，开展，基部等大，边缘膜质；花瓣4，倒卵形，与萼片等长成稍短，基部渐狭成短爪；雄蕊6。短角果实近球形，果瓣隆起，平滑无毛，有不明显网纹，顶端具宿存短花柱；果梗纤细，呈水平开展；种子多数，淡褐色，极细小，扁卵形，一端微凹；子叶缘倚胚根。花期4—6月，果期7—9月。

花

生境： 生长于山坡荒地、田间、路边、村庄边、溪沟旁及河岸、湖滩潮湿地。

产地： 江西全省常见。

分布： 江西、广东、广西、云南、湖南、湖北、河北、山西、黑龙江、吉林、山东、江苏、浙江、安徽等均有分布。

植　株

谷精草 *Eriocaulon buergerianum* Körn.

形态特征：谷精草科（Eriocaulaceae）谷精草属草本植物。叶基生线形，丛生，半透明，具横格，长 4～10cm，脉 7～18 条。花葶多数，长达 25cm，扭转，具 4～5 棱；鞘状苞片，口部斜裂；花序熟时近球形，禾秆色；总苞片倒卵形至近圆形，禾秆色，下半部较硬，上半部纸质，不反折，无毛，下部的毛较长；总（花）托常有密柔毛；苞片倒卵形，背面上部及顶端有白短毛。雄花花萼佛焰苞状，外侧裂开，3 浅裂，背面及顶端多少有毛；花冠裂片 3，近锥形，几等大，近顶处各有 1 黑色腺体，端部常有 2 细胞的白短毛；雄蕊 6 枚，花药黑色。雌花萼合生，外侧开裂，顶端 3 浅裂，背面及顶端有短毛，外侧裂口边缘有毛，下长上短；花瓣 3 枚，离生，扁棒形，肉质，顶端各具 1 黑色腺体及若干白短毛，果成熟时毛易落，内面常有长柔毛；子房 3 室，花柱分枝 3，短于花柱。种子矩圆状，表面具横格及 T 字形突起。花果期 7—12 月。

花

生境：生长于水田、路边、溪沟旁、河滩、湖滩及山谷潮湿地。

产地：江西全省常见。

分布：江西、安徽、江苏、浙江、福建、台湾、广东、广西、贵州、湖南、湖北、四川等省区；日本也有分布。

植　株

斑地锦 *Euphorbiamaculata* L.

形态特征： 大戟科（Euphorbiaceae）大戟属一年生草本植物。根纤细，长4～7cm、直径约2mm。茎匍匐，长10～17cm、直径约1mm，被白色疏柔毛。叶对生，长椭圆形，长6～12mm、宽2～4mm，先端钝，基部偏斜，不对称，略呈渐圆形，边缘中部以下全缘，中部以上常具细小疏锯齿；叶面绿色，中部常具有一个长圆形的紫色斑点；叶背淡绿色，新鲜时可见紫色斑，干时不清楚；两面无毛；叶柄极短；托叶钻状，不分裂，边缘具睫毛。花序单生于叶腋，基部具短柄；总苞狭杯状，外部具白色疏柔毛，边缘5裂，裂片三角状圆形；腺体4，黄绿色，横椭圆形，边缘具白色附属物。雄花4～5，微伸出总苞外。雌花1，子房柄伸出总苞外，且被柔毛；子房被疏柔毛；花柱短，近基部合生；柱头2裂。蒴果三角状卵形，被稀疏柔毛，成熟时易分裂为3个分果爿；种子卵状四棱形，灰色，每个棱面具5个横沟，无种阜。花果期4—9月。

生境： 生长于山坡荒地、田间、路边、村庄边及河岸、湖滩。

产地： 江西全省常见。

分布： 江西、湖北、河南、河北、江苏、浙江和台湾。

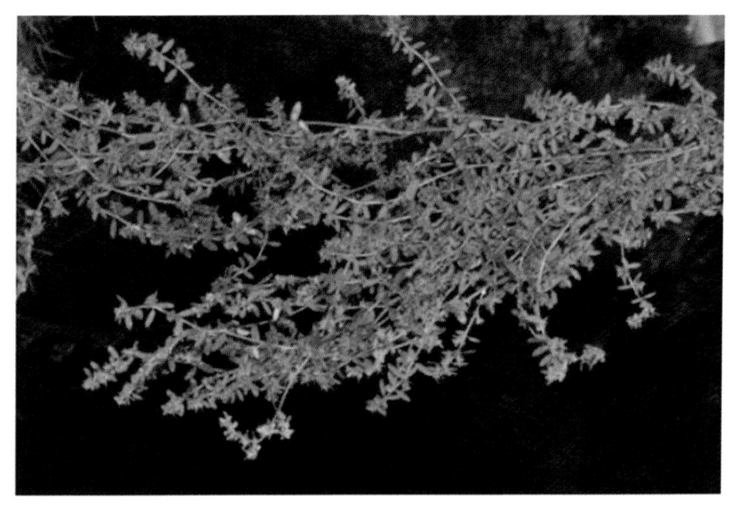

植　株

飞扬草 *Euphorbia hirta* L.

形态特征： 大戟科大戟属一年生草本植物。根纤细，长 5～11cm、直径3～5mm，常不分枝，偶 3～5 分枝。茎单一，自中部向上分枝，高 30～60cm、直径约 3mm，被褐色的多细胞粗硬毛。叶对生，披针状长圆形，长 1～5cm、宽 5～13mm，先端极尖，基部略偏斜；边缘于中部以上有细锯齿，中部以下全缘；叶面绿色，叶背灰绿色，有时具紫色斑，两面均具柔毛，叶背面脉上的毛较密；叶柄极短。花序多数，于叶腋处密集成头状，基部无梗，变化较大，且具柔毛；总苞钟状，被柔毛，边缘 5 裂，裂片三角状卵形；腺体 4，近于杯状，边缘具白色附属物。雄花数枚，微达总苞边缘。雌花 1 枚，具短梗，伸出总苞之外；子房三棱状，被少许柔毛；花柱 3，分离；柱头 2 浅裂。蒴果三棱状，被短柔毛，成熟时分裂为 3 个分果爿；种子近圆状四棱，每个棱面有数个纵槽，无种阜。花果期 6—12 月。

花　序

生境： 生长于山坡荒地、田间、路边、村庄边、溪沟旁及河岸、湖滩。

产地： 江西全省常见。

分布： 江西、福建、台湾、广东、海南、广西、湖南、云南、贵州和四川；世界热带和亚热带有分布。

植　株

白饭树 *Flueggea virosa*（Roxb. ex Willd.）Voigt

形态特征：大戟科白饭树属灌木。植株高1～6m，无毛；小枝具纵棱槽，有皮孔。叶片纸质，椭圆形，长2～5cm、宽1～3cm，顶端圆至急尖，有小尖头，基部钝至楔形，全缘，背面白绿色；侧脉每边5～8条；叶柄长2～9mm；托叶披针形，边缘全缘。花小，淡黄色，雌雄异株，多朵簇生于叶腋；苞片鳞片状。雄花花梗纤细，萼片5，卵形，全缘；雄蕊5，花丝长1～3mm，花药椭圆形，伸出萼片之外；花盘腺体5，与雄蕊互生；退化雌蕊通常3深裂，顶端弯曲。雌花3～10朵簇生，有时单生；花梗长1.5～12mm；萼片与雄花的相同；花盘环状，顶端全缘，围绕子房基部；子房卵圆形，3室，花柱3，基部合生，顶部2裂，裂片外弯。蒴果浆果状，近圆球形，成熟时果皮淡白色，不开裂；种子栗褐色，具光泽，有小疣状凸起及网纹，种皮厚，种脐略圆形，腹部内陷。花期3—8月，果期7—12月。

植 株

生境：生长于山地灌木丛、山坡疏林地及旷野荒地。

产地：江西全省常见。

分布：华东、华南及西南各省区。

生 境

白背叶 *Mallotus apelta*（Lour.）müll. - Arg.

形态特征：大戟科野桐属灌木。植株高1～3m；小枝、叶柄和花序均密被淡黄色星状柔毛和散生橙黄色颗粒状腺体。叶互生，卵形，长和宽均6～25cm，顶端急尖，基部截平，边缘具疏齿，正面干后黄绿色、无毛，背面被灰白色星状绒毛，散生橙黄色颗粒状腺体；基出脉5条，最下一对常不明显，侧脉6～7对；基部近叶柄处有褐色斑状腺体2个。花雌雄异株。雄花序为开展的圆锥花序，苞片卵形，雄花多朵簇生于苞腋；花梗长1～2.5mm；花蕾卵形，花萼裂片4，卵形，外面密生淡黄色星状毛，内面散生颗粒状腺体；雄蕊50～75枚。雌花序穗状，稀有分枝，苞片近三角形；花梗极短；花萼裂片3～5枚，卵形，外面密生灰白色星状毛和颗粒状腺体；花柱3～4枚，基部合生，柱头密生羽毛状突起。蒴果近球形，密生被灰白色星状毛的软刺，软刺线形，黄褐色；种子近球形，褐色，具皱纹。花期6—9月，果期8—11月。

叶

生境：生长于山坡荒地、稀疏灌丛草地、溪沟边及山谷、林缘。

产地：江西全省常见。

分布：江西、福建、广东、海南、广西、湖南和云南等省区。

花

植　株

叶下珠 *Phyllanthus urinaria* L.

形态特征：大戟科叶下珠属一年生草本植物。植株高10～60cm，茎通常直立，基部多分枝，枝倾卧而后上升；枝具翅状纵棱，上部被一纵列疏短柔毛。叶片纸质，因叶柄扭转而呈羽状排列，长圆形，顶端圆而有小尖头，背面灰绿色，近边缘有1～3列短粗毛；侧脉每边4～5条，明显；叶柄极短；托叶卵状披针形。花雌雄同株。雄花2～4朵簇生于叶腋，通常仅上面1朵开花，下面的很小；花梗长约0.5mm，基部有苞片1～2枚；萼片6，倒卵形，顶端钝；雄蕊3，花丝全部合生成柱状；花粉粒长球形，通常具5孔沟，内孔横长椭圆形；花盘腺体6，分离，与萼片互生。雌花单生于小枝中下部的叶腋内；花梗长约0.5mm；萼片6，近相等，卵状披针形，长约1mm，边缘膜质，黄白色；花盘圆盘状，边全缘；子房卵状，有鳞片状凸起，花柱分离，顶端2裂，裂片弯卷。蒴果圆球状，红色，表面具一小凸刺，有宿存的花柱和萼片，开裂后轴柱宿存；种子橙黄色。花期4—6月，果期7—11月。

植　株

生境：多生长于旷野荒地、山坡稀疏灌丛草地、山间路旁及山脚、林缘。

产地：江西全省常见。

分布：华东、华中、华南、西南及河北、山西、陕西等省区，

叶与果

乌桕 *Sapium sebiferum*（L.）Roxb.

形态特征：大戟科乌桕属乔木。植株高可达15m许，各部均无毛而具乳状汁液；树皮暗灰色，有纵裂纹；枝广展，具皮孔。叶互生，纸质，叶片菱形、菱状卵形，长3～8cm、宽3～9cm，顶端骤然紧缩具长短不等的尖头，基部阔楔形，全缘；中脉两面微凸起，侧脉6～10对，纤细，斜上升，离缘2～5mm弯拱网结，网状脉明显；叶柄纤细，顶端具2腺体；托叶顶端钝。花单性，雌雄同株，聚集成顶生、长6～12cm的总状花序，雌花通常生于花序轴下部，雄花生于花序轴上部。雄花花梗纤细，向上渐粗；苞片阔卵形，长和宽近相等，顶端略尖，基部两侧各具一近肾形的腺体，每一苞片内具10～15朵花；小苞片3，不等大，边缘撕裂状；花萼杯状，3浅裂，裂片钝，具不规则的细齿；雄蕊2枚，罕有3枚，伸出于花萼之外，花丝分离，与球状花药近等长。雌花花梗粗壮；苞片深3裂，裂片渐尖，基部两侧的腺体与雄花的相同，每一苞片内仅1朵雌花，间有1雌花和数雄花同聚生于苞腋内；花萼3深裂，裂片卵形至卵头披针形，顶端短尖至渐尖；子房卵球形，平滑，3室，花柱3，基部合生，柱头外卷。蒴果梨状球形，成熟时黑色，具3种子，分果爿脱落后而中轴宿存；种子扁球形，黑色，外被白色、蜡质的假种皮。花期4—8月。

植　株

生境：生长于旷野荒地、山坡稀疏林草地、山间路旁、水沟边及河岸。

产地：江西全省常见。

分布：我国主要分布于黄河以南各省区，北达陕西、甘肃；日本、越南、印度有分布；欧洲、美洲和非洲亦有栽培。

地耳草 *Hypericum japonicum* Thunb. exmurray

植　株

形态特征：藤黄科（Clusiaceae）金丝桃属一年生草本植物。植株高2～45cm，茎直立，在花序下部不分枝，具4纵线棱，散布淡色腺点。叶无柄，叶片通常卵形或卵状三角形，长0.2～1.8cm、宽0.1～1cm，先端近锐尖至圆形，基部心形抱茎至截形，边缘全缘，坚纸质，正面绿色，背面淡绿但有时带苍白色，具1条基生主脉和1～2对侧脉，但无明显脉网，无边缘生的腺点，全面散布透明腺点。花序具1～30花，两歧状，有侧生的小花枝；苞片及小苞片线形、披针形至叶状，微小至与叶等长。花多少平展；花蕾圆柱状椭圆形，先端多少钝形；花梗长2～5mm；萼片狭长圆形，先端锐尖，全缘，无边缘生的腺点，全面散生有透明腺点，果时直伸；花瓣白色、淡黄至橙黄色，椭圆形，先端钝形，无腺点，宿存；雄蕊5～30枚，不成束，宿存，花药黄色，具松脂状腺体；子房1室；花柱3，自基部离生，开展。蒴果短圆柱形至圆球形，无腺条纹；种子淡黄色，圆柱形，两端锐尖，无龙骨状突起和顶端的附属物，全面有细蜂窝纹。花期3—8月，果期6—10月。

生境：生长于田边、路旁、沟边、荒地及低湿草地。

产地：赣中地区可见。

分布：辽宁、山东至长江以南各省区；日本、朝鲜、尼泊尔、锡金、印度、斯里兰卡、缅甸至印度尼西亚、澳大利亚、新西兰以及美国的夏威夷有分布。

花

元宝草 *Hypericum sampsonii* Hance

形态特征：藤黄科金丝桃属多年生草本植物。植株高0.2～0.8m，全体无毛；茎单一，圆柱形，无腺点，上部分枝。叶对生，无柄，基部完全合生为一体而茎贯穿其中心，披针形，先端钝形，基部较宽，全缘，坚纸质；正面绿色，背面淡绿色，边缘密生有黑色腺点，全面散生透明；中脉直贯叶端，侧脉每边约4条，斜上升，近边缘弧状连接，与中脉两面明显，脉网细而稀疏。花序顶生，多花，伞房状，连同其下方常多达6个腋生花枝整体形成一个庞大的疏松伞房状圆锥花序；苞片及小苞片线状披针形，先端渐尖。花近扁平，基部为盃状；花蕾卵珠形，先端钝形；萼片长圆形，先端图形，全缘，边缘疏生黑腺点，全面散布淡色稀为黑色腺点及腺斑，果时直伸；花瓣淡黄色，椭圆状长圆形，宿存，边缘有无柄的黑腺体，全面散布淡色腺点和腺条纹；雄蕊3束，宿存，每束具雄蕊10～14枚，花药淡黄色，具黑腺点；子房卵珠形；花柱3，自基部分离。蒴果宽卵珠形，散布有卵珠状黄褐色囊状腺体；种子黄褐色，长卵柱形，两侧无龙骨状突起，顶端无附属物，表面有明显的细蜂窝纹。花期5—6月，果期7—8月。

叶、果

生境：生长于山坡草地、路旁、田边、沟边及疏林灌丛地等。

产地：常见于赣中地区。

分布：陕西至江南各省。

植　株

马泡瓜 *Cucumismelo* L. var. *agrestis* Naudin

植　株

形态特征：葫芦科（Cucurbitaceae）黄瓜属一年生藤本植物。茎、枝有棱，有黄褐色的糙硬毛和疣状突起。卷须纤细，单一，被微柔毛。叶柄长8～12cm，具槽沟及短刚毛；叶片厚纸质，近圆形，长、宽均8～15cm，正面粗糙、被白色糙硬毛，背面沿脉密被糙硬毛，边缘不分裂，有锯齿，基部截形，具掌状脉。花单性，雌雄同株。雄花2～3枚聚生于叶腋，花梗纤细、被柔毛；花萼筒狭钟形，密被白色长柔毛，裂片近钻形，直立，比筒部短；花冠黄色，长2cm，裂片卵状长圆形，急尖；雄蕊3，花丝极短，药室折曲，药隔顶端引长；退化雌蕊长约1mm。雌花单生，花梗粗糙，被柔毛；子房长椭圆形，密被微柔毛和糙硬毛，花柱柱头靠合。果实小，长圆形、球形；果皮平滑，有纵沟纹，无刺状突起；果肉极薄，有香味，不甜；种子污白色或黄白色，卵形，先端尖，基部钝，表面光滑，无边缘。花果期夏季。

生境：生长于撂荒地、田间、河滩、路旁及荒芜草地。

产地：江西全省常见。

分布：全国各地。

生　境

矮小山麦冬 *Liriopeminor*（Maxim.）makino

形态特征： 百合科（Liliaceae）山麦冬属多年生常绿草本植物。根细，分枝较多，有纺锤形的小块根。根状茎不明显，具细长的地下走茎。叶片长7～20cm、宽2～4mm，先端急尖，具5条脉，近全缘，基部常为具干膜质边缘的鞘所包裹。花葶短于叶，长6～7cm；总状花序，具5～10几朵花，通常单生于苞片腋内，少数2～3朵簇生；苞片卵状披针形，先端具短尖，具膜质边缘；花梗长3～4mm，关节位于近顶端；花被片披针状矩圆形，先端钝，淡紫色；花丝圆柱形；花药矩圆形；子房近球形，花柱稍粗短；柱头很短，较花柱稍细。种子近球形，成熟时暗蓝色。花期6—7月。

生　境

生境： 生长于山地疏林、低湿山谷、溪沟边及山脚林缘潮湿地。

产地： 江西全省常见。

分布： 江西、浙江、陕西、广西等省区。

植　株

阔叶山麦冬 *Liriopemuscari*（Decne.）L. H. Bailey

形态特征： 百合科山麦冬属多年生草本植物。根细长，分枝多，有时局部膨大成纺锤形的小块根；小块根长达 3.5cm、宽约 7～8mm，肉质。根状茎短，木质。叶密集成丛，革质，长 25～65cm、宽 1～3.5cm，先端急尖，基部渐狭，具9～11 条脉，有明显的横脉，边缘几不粗糙。花葶通常长于叶，长 45～100cm；总状花序长 12～40cm，具许多花；花 3～8 朵簇生于苞片腋内；苞片小，近刚毛状，有时不明显；小苞片卵形，干膜质；花梗长 4～5mm，关节位于中部；花被片矩圆状披针形，先端钝，紫色；花丝长约 1.5mm；花药近矩圆状披针形；子房近球形，花柱柱头三齿裂。种子球形，初期绿色，成熟时变黑紫色。花期 7—8 月，果期 9—11 月。

花　序

生境： 生长于山地疏林、低湿山谷、溪沟边及山脚林缘潮湿地。

产地： 江西全省常见。

分布： 江西、浙江、江苏、山东、福建、广东、广西、贵州、湖南、湖北、安徽、河南、四川等省区。

植　株

生　境

油点草 *Tricyrtismacropoda* miq.

形态特征：百合科油点草属多年生草本植物。植株高可达1m，茎上部疏生短糙毛。叶卵状椭圆形，长8～16cm、宽6～9cm，先端渐尖，两面疏生短糙伏毛，基部心形抱茎而近无柄，边缘具短糙毛。二歧聚伞花序顶生，花序轴和花梗生有淡褐色短糙毛，并间生有细腺毛；花梗长1.4～2.5cm；苞片很小；花疏散；花被片绿白色，内面具多数紫红色斑点，卵状椭圆形至披针形，长约1.5～2cm，开放后自中下部向下反折；外轮3片较内轮为宽，在基部向下延伸而呈囊状；雄蕊约等长于花被片，花丝中上部向外弯垂，具紫色斑点；柱头稍微高出雄蕊，3裂；裂片长1～1.5cm，每裂片上端又二深裂，小裂片长约5mm，密生腺毛。蒴果直立，长约2～3cm。花果期6—10月。

果

生境：生长于山地林下、灌木草丛、林缘、山边坡及岩石缝隙中。

产地：江西全省常见。

分布：江西、福建、浙江、江苏、安徽、湖南、广东、广西、贵州等省区。

植　株

海金沙 *Lygodium japonicum*（Thunb.）Sw.

形态特征：海金沙科（Lygodiaceae）海金沙属多年生蕨类草本植物。植株攀缘高达1～4m。叶轴上面有2条狭边，羽片多数，对生于叶轴上的短距两侧，平展；端有一丛黄色柔毛覆盖腋芽。不育羽片尖三角形，长宽几相等，同羽轴一样多少被短灰毛，两侧并有狭边，二回羽状；一回羽片2～4对，互生，和小羽轴都有狭翅及短毛，基部一对卵圆形，一回羽状；二回小羽片2～3对，卵状三角形，具短柄，互生，掌状三裂；末回裂片短阔，基部楔形，先端钝，顶端的二回羽片波状浅裂；向上的一回小羽片近掌状分裂，较短，叶缘有不规则的浅圆锯齿；主脉明显，侧脉纤细，从主脉斜上，1～2回二叉分歧，直达锯齿；叶纸质，干后绿褐色，两面沿中肋及脉上略有短毛。能育羽片卵状三角形，长宽几相等，二回羽状；一回小羽片4～5对，互生，相距约2～3cm，长圆披针形，一回羽状；二回小羽片3～4对，卵状三角形，羽状深裂；孢子囊穗长2～4mm，往往长远超过小羽片的中央不育部分，排列稀疏，暗褐色，无毛。

生境：生长在路边、地埂、河岸及山坡疏林或灌丛草地。

产地：江西全省常见。

分布：江西、安徽、江苏、浙江、福建、台湾、广东、香港、广西、湖南、贵州、云南、四川、陕西等省区。

叶

植　株

圆叶节节菜 *Rotala rotundifolia*（Buch. -Ham. ex Roxb.）Koehne

植　株

形态特征： 千屈菜科（Lythraceae）节节菜属一年生草本植物。植株各部无毛；根茎细长，匍匐地上；茎单一，直立，丛生，高5～30cm，带紫红色。叶对生，无柄，近圆形，长5～10mm，顶端圆形，基部钝形，或无柄时近心形，侧脉4对，纤细。花单生于苞片内，组成顶生稠密的穗状花序，花序长1～4cm，每株1～3个，有时5～7个；花极小，几无梗；苞片叶状，卵形，约与花等长；小苞片2枚，披针形，约与萼筒等长；萼筒阔钟形，膜质，半透明，裂片4，三角形，裂片间无附属体；花瓣4，倒卵形，淡紫红色，长约为花萼裂片的2倍；雄蕊4；子房近梨形，花柱长度为子房的1/2，柱头盘状。蒴果椭圆形，3～4瓣裂。花果期12月至次年6月。

生境： 生长在水田、河滩、湖泊湿地及沟塘边等潮湿地。

产地： 江西全省常见。

分布： 江西、广东、广西、福建、台湾、浙江、湖北、湖南、贵州、云南、四川等省区。

生　境

磨盘草 *Abutilon indicum*（Linn.）Sweet

果

形态特征： 锦葵科（Malvaceae）苘麻属一年生半灌木状草本植物。植株高达1～2.5m，分枝多，全株均被灰色短柔毛。叶卵圆形，长3～9cm、宽2.5～7cm，先端短尖，基部心形，边缘具不规则锯齿，两面均密被灰色星状柔毛；叶柄长2～4cm，被灰色短柔毛和疏丝状长毛，毛长约1mm；托叶钻形，外弯。花单生于叶腋，花梗长达4cm，近顶端具节，被灰色星状柔毛；花萼盘状，绿色，密被灰色柔毛，裂片5，宽卵形，先端短尖；花黄色，直径2.0～2.5cm，花瓣5；雄蕊柱被星状硬毛；心皮15～20，成轮状，花柱枝5，柱头头状。果为倒圆形似磨盘，黑色，分果爿15～20，先端截形，具短芒，被星状长硬毛；种子肾形，被星状疏柔毛。花期7—10月。

生境： 生长于旷野山坡、荒地、园地、路旁及河岸、沙滩地。

产地： 江西全省常见。

分布： 江西、福建、台湾、广东、广西、贵州和云南等省区。

植　株

赛葵 *Malvastrum coromandelianum* (Linn.) Garcke

植　株

形态特征：锦葵科赛葵属多年生亚灌木状草本植物。植株直立，高达1m，疏被单毛和星状粗毛。叶卵状披针形，长3～6cm、宽1～3cm，先端钝尖，基部宽楔形至圆形，边缘具粗锯齿，正面疏被长毛，背面疏被长毛和星状长毛；叶柄长1～3cm，密被长毛；托叶披针形。花单生于叶腋，花梗被长毛；小苞片线形，疏被长毛；萼浅杯状，5裂，裂片卵形，渐尖头，基部合生，疏被单长毛和星状长毛；花黄色，直径约1.5cm；花瓣5，倒卵形；雄蕊柱无毛。果分果爿8～12，肾形，疏被星状柔毛，具2芒刺。

生境：生长于荒野草地、荒芜地、山坡路旁及河岸。

产地：赣南地区常见。

分布：江西、福建、台湾、广东、广西和云南等省区，原产美洲，系我国归化植物。

生　境

黄花稔 *Sida acuta* Burm. f.

花

形态特征：锦葵科黄花稔属亚灌木状草本植物。植株直立，高1～2m；分枝多，小枝被柔毛至近无毛。叶披针形，长2～5cm、宽4～10mm，先端短尖，基部圆，具锯齿，两面均无毛，正面偶被单毛；叶柄疏被柔毛；托叶线形，与叶柄近等长，常宿存。花单朵生于叶腋；花梗被柔毛，中部具节；萼浅杯状，无毛，下半部合生，裂片5，尾状渐尖；花黄色，花瓣倒卵形，先端圆，基部狭长，被纤毛；雄蕊柱疏被硬毛。蒴果近圆球形，分果爿4～9，但通常为5～6，顶端具2短芒，果皮具网状皱纹。花期冬春季。

生境：生长于山坡灌丛草地、疏林地、荒地、园地、村庄边、路旁及河岸。

产地：赣南地区常见。

分布：江西、福建、台湾、广东、广西和云南等省区。

植 株

榛叶黄花稔 *Sida subcordata* Span.

花

形态特征：锦葵科黄花稔属亚灌木状草本植物。植株直立，高 1～2m，小枝疏被星状柔毛。叶长圆形，长 5～10cm、宽 3～7.5cm，先端短渐尖，基部圆形，边缘具细圆锯齿，两面均疏被星状柔毛；叶柄长 2～6cm，疏被星状柔毛；托叶线形，疏被星状柔毛。顶生伞房花序，总花梗长 2～7cm；小花梗长 0.6～2cm，中部具节，均疏被星状柔毛；花萼疏被星状柔毛，裂片 5，三角形；花黄色，直径约 2～3.5cm，花瓣倒卵形；雄蕊柱长约 1cm，无毛，花丝纤细，多数；花柱分枝 8～9。蒴果近球形，分果爿 8～9，具 2 长芒，突出于萼外，芒长 3～6mm，被倒生刚毛；种子卵形，顶端密被褐色短柔毛。花期冬春季。

生境：生长于山坡灌丛草地、疏林地、荒地及路旁。

产地：赣南地区常见。

分布：江西、广东、广西和云南等省区；越南、老挝、缅甸、印度和印度尼西亚等热带地区有分布。

果

地桃花 *Urena lobata* Linn.

形态特征：锦葵科梵天花属半灌木状植物。植株直立，高达1m，小枝被星状绒毛。茎下部的叶片近圆形，长4～5cm、宽5～6cm，先端浅3裂，基部圆形，边缘具锯齿；中部的叶片卵形，长5～7cm、宽3～6.5cm；上部的叶片长圆形，长4～7cm、宽1.5～3cm；叶正面被柔毛，背面被灰白色星状绒毛；叶柄长1～4cm，被灰白色星状毛；托叶线形，早落。花腋生，单生，淡红色；花梗被绵毛；小苞片5，基部1/3合生；花萼杯状，裂片5，较小苞片略短，两者均被星状柔毛；花瓣5，倒卵形，外面被星状柔毛；雄蕊柱无毛；花柱枝10，微被长硬毛。果扁球形，分果爿被星状短柔毛和锚状刺。花期7—10月。

花

生境：喜生长于荒野草地、空旷地、疏林下及灌草丛间。

产地：赣中、赣南地区常见。

分布：长江以南各省区。

植　株

梵天花 *Urena procumbens* Linn. var. *procumbens*

形态特征：锦葵科梵天花属小灌木。植株高 80cm，枝平铺，小枝被星状绒毛。叶下部生的轮廓为掌状 3～5 深裂，裂口深达中部以下，圆形而狭，长 1.5～6cm、宽 1～4cm，裂片菱形，呈葫芦状，先端钝，基部圆形，具锯齿，两面均被星状短硬毛，叶柄被绒毛；托叶钻形，早落。花单生，花梗长 2～3mm；小苞片基部 1/3 处合生，疏被星状毛；萼短于小苞片或近等长，卵形，尖头，被星状毛；花冠淡红色，花瓣长 10～15mm；雄蕊柱无毛，与花瓣等长。果球形，具刺和长硬毛，刺端有倒钩，种子平滑无毛。花期 6—9 月。

植　株

生境：常生长于山坡灌丛草地、疏林地及旷野荒地。

产地：赣中、赣南地区常见。

分布：江西、广东、福建、台湾、广西、湖南、浙江等省区。

花

果

苹 *Marsilea quadrifolia* L.

叶

形态特征：苹科（Marsileaceae）苹属一年生蕨类草本植物。植株高5～20cm；根状茎细长横走，分枝，顶端被有淡棕色毛；茎节远离，向上发出一至数枚叶子。叶柄长5～20cm；叶片由4片倒三角形的小叶组成，呈十字形，长宽各1～2.5cm，外缘半圆形，基部楔形，全缘，幼时被毛，草质；叶脉从小叶基部向上呈放射状分叉，组成狭长网眼，伸向叶边，无内藏小脉。孢子果双生于短柄上，而柄着生于叶柄基部，长椭圆形，幼时被毛，褐色，木质，坚硬；每个孢子果内含多数孢子囊，大小孢子囊同生于孢子囊托上；每个大孢子囊内只有1个大孢子，而小孢子囊内有多数小孢子。

生境：生长在水田、河滩、湖泊湿地及沟塘边等潮湿地。

产地：江西全省常见。

分布：广布长江以南各省区，北达华北和辽宁，西到新疆。

生　境

地菍 *Melastoma dodecandrum* Lour.

形态特征：野牡丹科（Melastomataceae）野牡丹属多年生常绿草本植物。茎匍匐上升，长10～30cm；逐节生根，分枝多，披散；幼时被糙伏毛，以后无毛。叶片坚纸质，卵形，顶端急尖，基部广楔形，全缘；3～5基出脉，侧脉互相平行；叶面通常仅边缘被糙伏毛，有时基出脉行间被1～2行疏糙伏毛，背面仅沿基部脉上被极疏糙伏毛；叶柄被糙伏毛。聚伞花序，顶生，有花1～3朵，基部有叶状总苞2，通常较叶小；花梗被糙伏毛，上部具苞片2；苞片卵形，具缘毛，背面被糙伏毛；花萼管被糙伏毛，毛基部膨大呈圆锥状，有时2～3簇生，裂片披针形，被疏糙伏毛，边缘具刺毛状缘毛，裂片间具1小裂片，较裂片小且短；花瓣淡紫红色至紫红色，菱状倒卵形，上部略偏斜，顶端有1束刺毛，被疏缘毛；雄蕊长者药隔基部延伸，弯曲，末端具2小瘤，花丝较伸延的药隔略短，短者药隔不伸延，药隔基部具2小瘤；子房下位，顶端具刺毛。果坛状球状，平截，近顶端略缢缩，肉质，不开裂；宿存萼被疏糙伏毛。花期5—7月，果期7—9月。

生　境

生境：生长于山坡灌丛草地、山地疏林、溪沟边、路旁及旷野荒地。

产地：江西全省常见。

分布：江西、广东、广西、湖南、贵州、浙江、福建等省区。

叶

花

朝天罐 *Osbeckia opipara* C. Y. Wu et C. Chen

形态特征： 野牡丹科金锦香属灌木。植株高 0.3～1.2m；茎四棱形，被平贴的糙伏毛。叶对生，叶片坚纸质，卵形，顶端渐尖，基部钝，长 5.5～11.5cm、宽2.3～3cm，全缘，具缘毛，两面除被糙伏毛外，尚密被微柔毛及透明腺点，基出 5 脉；叶柄密被平贴糙伏毛。稀疏的聚伞花序组成圆锥花序，顶生，长 7～22cm 或更长；花萼长约 2.3cm，外面除被多轮的刺毛状有柄星状毛外，尚密被微柔毛，裂片 4，长三角形，长约 1.1cm；花瓣深红色至紫色，卵形，长约 2cm；雄蕊 8，花药具长喙，药隔基部微膨大，末端具刺毛 2；子房顶端具 1 圈短刚毛，上半部被疏微柔毛。蒴果长卵形，为宿存萼所包；宿存萼长坛状，中部略上缢缩，长 1.4～2cm，被刺毛状有柄星状毛。花果期 7—9 月。

花、果

生境： 生长于山坡灌丛草地、疏林地、山谷溪沟边、路旁及河岸。

产地： 江西全省常见。

分布： 江西、贵州、广西、台湾等长江流域以南省区；越南、泰国有分布。

植　株

轮环藤 *Cyclea racemosa* Oliv.

形态特征：防己科（Menispermaceae）轮环藤属藤本植物。老茎木质化；枝稍纤细，有条纹，被柔毛。叶盾状，纸质，卵状三角形，长4～9cm、宽约3.5～8cm，顶端短尖至尾状渐尖，基部近截平至心形，全缘；正面被疏柔毛，背面通常密被柔毛、有时被疏柔毛；掌状脉9～11条，向下的4～5条很纤细，有时不明显，连同网状小脉均在下面凸起；叶柄较纤细，比叶片短，被柔毛。聚伞圆锥花序狭窄，总状花序状，密花，长3～10cm，花序轴较纤细，密被柔毛；分枝长通常不超过1cm，斜升；苞片卵状披针形，顶端尾状渐尖，背面被柔毛。雄花萼钟形，4片深裂几达基部，2片阔卵形，2片近长圆形，均顶部反折；花冠碟状，全缘；聚药雄蕊，花药4个。雌花萼片2，基部囊状，中部缢缩，上部稍扩大而反折；花瓣2，微小，常近圆形；子房密被刚毛，柱头3裂。核果扁球形，疏被刚毛，果核背部中肋两侧各有3行圆锥状小凸体，胎座迹明显球形。花期4—5月，果期8月。

生境：生长于林间、灌丛草地。

产地：江西全省常见。

分布：江西和湖南各地，陕西南部，四川东部、东南部至中部，湖北西部（南陀），浙江南部，贵州中部和北部，广东北部。

植　株

粪箕笃 *Stephania longa* Lour.

形态特征：防己科千金藤属多年来生草质藤本植物。茎长1～4m，除花序外全株无毛；枝纤细，有条纹。叶纸质，三角状卵形，长3～9cm、宽2～6cm，顶端钝，有小凸尖；基部近截平，很少微凹；正面深绿色，背面淡绿色，有时粉绿色；掌状脉10～11条，向下的常纤细；叶柄长1～4.5cm，基部常扭曲。复伞形聚伞花序腋生，总梗长1～4cm，雄花序较纤细，被短硬毛。雄花萼片8，偶有6，排成2轮，楔形，背面被乳头状短毛；花瓣4，绿黄色，通常近圆形；聚药雄蕊长约0.6mm。雌花萼片和花瓣均4片；子房无毛，柱头裂片平叉。核果红色；果核背部有2行小横肋，每行约9～10条，小横肋中段稍低平，胎座迹穿孔。花期春末夏初，果期秋季。

生境：生长于山坡灌丛草地、疏林地、林缘、地埂及河岸。

产地：江西全省常见。

分布：江西、福建、广东、广西、云南、海南、台湾等省区。

生　境

葎草 *Humulus scandens* (Lour.) merr.

形态特征：桑科（Moraceae）葎草属一年生或多年生缠绕草本植物。茎、枝、叶柄均具倒钩刺。叶纸质，肾状五角形，掌状5～7深裂，稀为3裂，长宽约7～10cm，基部心脏形，表面粗糙，疏生糙伏毛，背面有柔毛和黄色腺体，裂片卵状三角形，边缘具锯齿；叶柄长5～10cm。雄花小，黄绿色，圆锥花序，长约15～25cm；雌花序球果状，苞片纸质，三角形，顶端渐尖，具白色绒毛；子房为苞片包围，柱头2，伸出苞片外。瘦果，成熟时露出苞片外。花期春夏，果期秋季。

生境：生长于旷野荒地、溪沟边、河滩、园地、路边及山脚林缘。

产地：江西全省常见。

分布：我国除新疆、青海外，南北各省区均有分布。

花　序

叶

岗松 *Baeckea frutescens* L.

形态特征： 桃金娘科（Myrtaceae）岗松属灌木。植株高1～2m，嫩枝纤细，多分枝。叶小，无柄，叶片狭线形，长5～10mm、宽1mm，先端尖，上面有沟，下面突起，有透明油腺点，干后褐色，中脉1条，无侧脉。花小，白色，单生于叶腋内；苞片早落；花梗长1～1.5mm；萼管钟状，萼齿5，细小三角形，先端急尖；花瓣圆形，分离，长约1.5mm，基部狭窄成短柄；雄蕊10枚，成对与萼齿对生；子房下位，3室，花柱短，宿存。蒴果小；种子扁平，有角。花期夏秋。

生境： 喜生长于生长于低丘陵山地、灌丛草坡及旷野荒地。

产地： 赣南地区常见。

分布： 江西、福建、广东、广西等省区；东南亚各地有分布。

植　株

生　境

果

花

桃金娘 *Rhodomyrtus tomentosa* (Aiton) Hassk.

形态特征：桃金娘科桃金娘属灌木。植株高1～2m，嫩枝有灰白色柔毛。叶对生，革质，叶片椭圆形或倒卵形，长3～8cm、宽1～4cm；先端圆，常微凹入，有时稍尖；基部阔楔形；正面初时有毛，以后变无毛、发亮，背面有灰色茸毛；离基三出脉，直达先端且相结合，边脉离边缘3～4mm，中脉有侧脉4～6对，网脉明显；叶柄长4～7mm。花有长梗，常单生，紫红色，直径2～4cm；萼管倒卵形，长6mm，有灰茸毛；萼裂片5，近圆形，长4～5mm，宿存；花瓣5，倒卵形，长1.3～2cm；雄蕊红色，长7～8mm；子房下位，3室，花柱长1cm。浆果卵状壶形，长1.5～2.0cm、宽1.0～1.5cm，熟时紫黑色；种子每室2列。花期4—5月。

叶

生境：生长于低丘陵山地、灌丛草坡及旷野荒地。

产地：赣中、赣南地区常见。

分布：江西、福建、台湾、广东、广西、云南、贵州及湖南南部。

植　株

柳叶菜 *Epilobium hirsutum* L.

形态特征：柳叶菜科（Onagraceae）柳叶菜属多年生草本植物。有时近基部木质化；根颈部常在秋季平卧生出长可达 1m 多粗壮地下葡匐根状茎，茎上疏生鳞片状叶，先端常生莲座状叶芽。茎中上部通常多分枝，周围密被伸展长柔毛，常混生较短而直的腺毛，尤花序上如此，稀密被白色绵毛。叶草质，对生，茎上部的互生，无柄；茎生叶披针状椭圆形，先端锐尖至渐尖，基部近楔形，边缘每侧具 20～50 枚细锯齿，两面被长柔毛，侧脉常不明显，每侧 7～9 条。总状花序直立，苞片叶状；花直立，花蕾卵状长圆形；子房灰绿色至紫色，密被长柔毛与短腺毛，有时主要被腺毛，稀被绵毛并无腺毛；花管在喉部有一圈长白毛；萼片长圆状线形，背面隆起成龙骨状，被毛如子房上的；花瓣常玫瑰红色，宽倒心形，先端凹缺；花药乳黄色，长圆形；花柱直立，白色，无毛，稀疏生长柔毛；柱头白色，4 深裂，裂片长圆形，初时直立，彼此合生，开放时展开，不久下弯，外面无毛，长稍高过雄蕊。蒴果，被毛；种子倒卵状，顶端具很短的喙，深褐色，表面具粗乳突；种缨黄褐色，易脱落。花期 6—8 月，果期7—9 月。

花　序

生境：生长于河滩、溪沟边沙地或石砾地、湖边向阳湿地及灌丛草地、荒坡、路旁，常成片生长。

产地：江西全省常见。

分布：江西、广东、湖南、湖北、河南、河北、山东、吉林、辽宁、内蒙古、山西、陕西、宁夏、青海、甘肃、新疆、西藏、四川、云南、贵州、安徽、江苏和浙江等省区。

植　株

水龙 *Ludwigia adscendens*（L.）H. Hara

形态特征： 柳叶菜科丁香蓼属多年生水生草本植物。浮水茎节上常簇生圆柱状白色海绵状贮气的根状浮器，具多数须状根；浮水茎长可达3m，直立茎高达60cm，无毛；生于旱生环境的枝上则常被柔毛但很少开花。叶倒卵形，先端常钝圆，有时近锐尖，基部狭楔形，侧脉6～12对；叶柄长3～15mm；托叶卵形。花单生于上部叶腋；小苞片生于花柄上部，鳞片状；萼片5，三角形，先端渐狭，被短柔毛；花瓣乳白色，基部淡黄色，倒卵形，先端圆形；雄蕊10，花丝白色，对花瓣的较短，对萼生的较长；花药卵状长圆形，花粉粒以单体授粉；花盘隆起，近花瓣处有蜜腺；花柱白色，下部被毛；柱头近球状，5裂，淡绿色，上部接受花粉；子房被毛，花梗长2.5～6.5cm。蒴果淡褐色，圆柱状，具10条纵棱，果皮薄，不规则开裂；果梗长2.5～7cm，被长柔毛；种子在每室单列纵向排列，淡褐色，牢固地嵌入木质硬内果皮内，椭圆状。花期5—8月，果期8—11月。

叶

生境： 生长在水田、河滩、湖泊湿地及沟塘边等潮湿地。

产地： 赣中、赣南地区常见。

分布： 江西、福建、湖南、广东、香港、海南、广西、云南等省区。

根　系

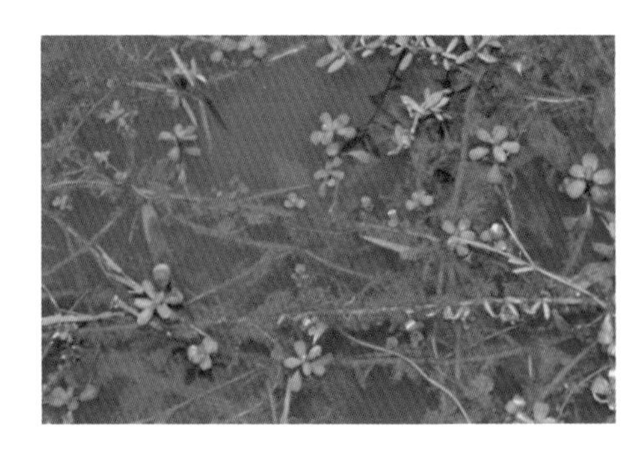
生　境

草龙 *Ludwigia hyssopifolia* (G. Don) Exell

形态特征： 柳叶菜科丁香蓼属一年生草本植物。茎直立，高 60～200cm、粗 5～20mm，基部常木质化，常三棱形，多分枝，幼枝及花序被微柔毛。叶披针形，长 2～10cm、宽 0.5～1.5cm，先端渐狭，基部狭楔形，侧脉每侧9～16，在近边缘不明显环结，背面脉上疏被短毛；叶柄长 2～10mm；托叶三角形。花腋生，萼片 4，卵状披针形，常有 3 纵脉，无毛；花瓣 4，黄色，倒卵形，先端钝圆，基部楔形；雄蕊 8，淡绿黄色，花丝不等长；花盘稍隆起，围绕雄蕊基部有密腺；花柱淡黄绿色；柱头头状，顶端略凹，浅 4 裂，上部接受花粉。蒴果近无梗，幼时近四棱形，熟时近圆柱状，上部 1/5～1/3 增粗，被微柔毛，果皮薄。种子在蒴果上部每室排成多列，游离生；在下部排成 1 列，牢固地嵌入在一个近锥状盒子的硬内果皮里；近椭圆状，两端多少锐尖，淡褐色，表面有纵横条纹，腹面有纵形种脊，长约为种子的 1/3。花果期几乎四季。

植　株

生境： 生长在田边、河滩、湖泊湿地、水沟塘边及低洼潮湿草地向阳处。

产地： 赣中、赣南地区常见。

分布： 江西、台湾、广东、香港、海南、广西、云南南部。

叶

花

卵叶丁香蓼 *Ludwigia ovalis* miq.

形态特征：柳叶菜科丁香蓼属一年生草本植物。茎基部匍匐，近无毛，节上生根；茎长达 50cm，茎枝顶端上升。叶卵形，长 1～2.2cm、宽 0.5～1.5cm，先端锐尖，基部骤狭成具翅的柄，侧脉 4～7 对，无毛；叶柄长 2～7mm。花单生于茎枝上部叶腋，几乎无梗；小苞片 2，生花基部，卵状长圆形；萼片 4，卵状三角形，先端锐尖，边缘有微毛；花瓣不存在；雄蕊 4，花丝长 0.5～0.8mm；花药淡黄色，近基着生，近球形，花粉粒以单体授粉；花盘隆起，绿色，深 4 裂，无毛，裂片对瓣；花柱绿色，无毛；柱头绿色，头状。蒴果近长圆形，具 4 棱，被微毛；果皮木栓质，但易于不规则室背开裂；果梗很短；种子每室多列，游离生，淡褐色至红褐色，椭圆状，两端稍尖，一侧与内果皮连接，种脊明显，平坦，表面有纵横条纹。花期 7—8 月，果期8—9 月。

生境：生长在田边、河滩、湖泊湿地、水沟塘边及潮湿草坡。

产地：江西全省常见。

分布：江西、安徽、江苏、浙江、湖南、福建、台湾等省区。

植　株

毛草龙 *Ludwigia octovalvis* (Jacq.) P. H. Raven

形态特征： 柳叶菜科丁香蓼属多年生草本植物。有时基部木质化，甚至呈亚灌木状；茎粗壮直立，高 50～200cm、粗 5～18mm，多分枝，稍具纵棱，常被伸展的黄褐色粗毛。叶披针形至线状披针形，长 4～12cm、宽 0.5～2.5cm，先端渐尖，基部渐狭，侧脉每侧 9～17 条，在近边缘处环结，两面被黄褐色粗毛，边缘具毛；叶柄长至 5mm；托叶小，三角状卵形。花两性，单生于叶腋，近无梗；萼筒线形，萼片 4，卵形，先端渐尖，基出 3 脉，两面被粗毛，宿存；花瓣 4，黄色，倒卵状楔形，先端钝圆形，基部楔形，具侧脉 4～5 对；雄蕊 8，花丝长 2～3mm；花药宽长圆形；开花时以四合花粉授予柱头上；花柱与雄蕊，尤与内轮的雄蕊近等长，较外轮的稍短；柱头近头状，浅 4 裂；花盘隆起，基部围以白毛，子房圆柱状，密被粗毛。蒴果圆柱状，具 8 条棱，绿色至紫红色，被粗毛，熟时迅速并不规则地室背开裂；果梗长 3～10mm；种子每室多列，离生，近球状，一侧稍内陷，种脊明显，与种子近等长，表面具横条纹。花期 6—8 月，果期 8—11 月。

生境： 生长在田边、河滩、湖泊湿地、水沟塘边及潮湿草坡。

产地： 江西全省常见。

分布： 江西、浙江、福建、台湾、广东、香港、海南、广西、云南；亚洲、非洲、大洋洲、南美洲及太平洋岛屿热带与亚热带广泛地区也有分布。

植株

花

裂叶月见草 *Oenothera laciniata* Hill

形态特征：柳叶菜科月见草属多年生草本植物。具主根；茎长10～50cm，常分枝，被曲柔毛，有时混生长柔毛，在茎上部常混生腺毛。基部叶线状倒披针形，先端锐尖，基部楔形，边缘羽状深裂，向着先端常全缘；茎生叶狭倒卵形，先端锐尖，基部楔形，下部常羽状裂，中上部具齿，上部近全缘；苞片叶状，狭长圆形，近水平开展，先端锐尖，基部钝至楔形，边缘疏生浅齿；所有叶及苞片绿色，被曲柔毛及长柔毛，上部的常混生腺毛。花序穗状，由少数花组成，生茎枝顶部，有时主序下部有少数分枝，每日近日落时每序开一朵花。花蕾长圆形呈卵状，开放前常向上曲伸。花管带黄色，盛开时带红色，常被长柔毛与腺毛，有时混生曲柔毛；萼片绿色，开放时反折，变红色，尤边缘红色，芽时先端游离萼齿长0.5～3mm，被曲柔毛与长柔毛；花瓣淡黄至黄色，宽倒卵形，先端截形至微凹；花丝长0.3～1.3cm；花药长2～6mm，花粉约50%发育；子房被曲柔毛与长柔毛，有时混生腺毛；花柱长2～5cm，伸出花管部分长0.3～1.4cm；柱头围以花药，裂片长2.5～5mm，花粉直接授在裂片上。蒴果圆柱状，向顶变狭；种子每室2列，椭圆状至近球状，褐色，表面具整齐的洼点。花期4—9月，果期5—11月。

花

生境：生长海滨沙滩、旷野荒地、山坡草地、田边、水沟塘边及河滩、湖泊湿地。

产地：鄱阳湖地区常见。

分布：江西、台湾等省区。

植　株

酢浆草 *Oxalis corniculata* L.

叶与果

形态特征：酢浆草科（Oxalidaceae）酢浆草属多年生草本植物。植株高10～35cm，全株被柔毛。根茎稍肥厚。茎细弱，多分枝，直立或匍匐，匍匐茎节上生根。掌状三出复叶，基生或茎上互生；托叶小，长圆形，边缘被密长柔毛，基部与叶柄合生；叶柄基部具关节；小叶无柄，倒心形，先端凹入，基部宽楔形，两面被柔毛，沿脉被毛较密，边缘具贴伏缘毛。花单生为伞形花序状，腋生，总花梗淡红色，与叶近等长；花梗长4～15mm，果后延伸；小苞片2，披针形，膜质；萼片5，披针形，背面和边缘被柔毛，宿存；花瓣5，黄色，长圆状倒卵形；雄蕊10，花丝白色半透明，有时被疏短柔毛，基部合生，长、短互间，长者花药较大且早熟；子房长圆形，5室，被短伏毛；花柱5，柱头头状。蒴果长圆柱形，5棱；种子长卵形，褐色，具横向肋状网纹。花果期2—9月。

生境：生长于山坡草地、河岸、湖滩、田边、路旁、园地、荒地、水沟塘边及阴湿林下等。

产地：江西全省常见。

分布：全国各地广泛分布。

生　境

车前 *Plantago asiatica* L.

形态特征：车前科（Plantaginaceae）车前属多年生草本植物。须根多数。根茎短，稍粗。叶基生呈莲座状，平卧；叶片薄纸质，宽卵形至宽椭圆形，长4～12cm、宽2.5～6.5cm，先端钝圆，边缘波状，基部宽楔形，多少下延，两面疏生短柔毛；脉5～7条；叶柄长2～27cm，基部扩大成鞘，疏生短柔毛。花序3～10个，直立；花序梗长5～30cm，有纵条纹，疏生白色短柔毛；穗状花序细圆柱状，长3～40cm，紧密，下部常间断；苞片狭卵状三角形，长大于宽，龙骨突宽厚，无毛。花具短梗；花萼萼片先端钝圆，龙骨突不延至顶端，前对萼片椭圆形，龙骨突较宽，两侧片稍不对称，后对萼片宽倒卵状椭圆形；花冠白色，无毛，冠筒与萼片约等长，裂片狭三角形，先端渐尖，具明显的中脉，于花后反折；雄蕊着生于冠筒内面近基部，与花柱明显外伸，花药卵状椭圆形，顶端具宽三角形突起，白色，干后变淡褐色；胚珠7～18。蒴果纺锤状卵形、卵球形，于基部上方周裂；种子5～12，卵状椭圆形，具角，黑褐色至黑色，背腹面微隆起；子叶背腹向排列。花期4—8月，果期6—9月。

生　境

生境：生长于山坡草池、荒地、园地、田边、路旁、河岸、湖滩、水沟塘边及疏林间。

产地：江西全省常见。

分布：江西、安徽、江苏、浙江、福建、台湾、海南、广东、广西、湖南、贵州、云南、四川、西藏、新疆、甘肃、陕西、山西、河北、河南、湖北、山东、辽宁、吉林、黑龙江、内蒙古；朝鲜、俄罗斯（远东）、日本、尼泊尔、马来西亚、印度尼西亚也有分布。

植　株

凤眼蓝 *Eichhornia crassipes* (Mart.) Solms

形态特征： 雨久花科（Pontederiaceae）凤眼蓝属多年生水生草本植物。植株高30～60cm，可浮于水面。须根发达，棕黑色，长达30cm。茎极短，具长匍匐枝；匍匐枝淡绿色，与母株分离后长成新植物。叶在基部丛生，莲座状排列，一般5～10片；叶片圆形，长4.5～14.5cm、宽5～14cm，顶端钝圆，基部宽楔形，全缘，具弧形脉，表面深绿色，光亮，质地厚实，两边微向上卷，顶部略向下翻卷；叶柄长短不等，中部膨大成囊状，内有许多多边形柱状细胞组成的气室，维管束散布其间，黄绿色至绿色，光滑；叶柄基部有鞘状苞片，长8～11cm，黄绿色，薄而半透明。花葶从叶柄基部的鞘状苞片腋内伸出，长34～46cm，多棱；穗状花序长17～20cm，通常具9～12朵花；花被裂片6枚，花瓣卵形，紫蓝色，花冠略两侧对称，直径4～6cm，上方1枚裂片较大，长约3.5cm、宽约2.4cm，三色即四周淡紫红色、中间蓝色、在蓝色的中央有1个黄色圆斑，其余各片长约3cm、宽1.5～1.8cm，下方1枚裂片较狭，宽1.2～1.5cm，花被片基部合生成筒，外面近基部有腺毛；雄蕊6枚，贴生于花被筒上，3长3短，长的从花被筒喉部伸出，短的生于近喉部；花丝上有腺毛，2～4，顶端膨大；花药箭形，基着，蓝灰色，2室，纵裂；花粉粒长卵圆形，黄色；子房上位，长梨形，3室，中轴胎座，胚珠多数；花柱1，伸出花被筒的部分有腺毛；柱头上密生腺毛。蒴果卵形。花期7—10月，果期8—11月。

花　序

生境： 生长于水塘、沟渠、稻田及浅水湖滩。

产地： 江西全省常见。

分布： 原产巴西；我国长江、黄河流域及华南各省有分布；亚洲热带地区已广泛分布。

植　株

生　境

鸭舌草 *Monochoria vaginalis*（Burm. f.）C. Presl

形态特征：雨久花科雨久花属多年生水生草本植物。根状茎极短，具柔软须根。茎直立，高 6～50cm，全株光滑无毛。叶基生和茎生；叶片形状和大小变化较大，由心状宽卵形、长卵形至披针形，长 2～7cm、宽 0.8～5cm，顶端短突尖，基部圆形，全缘，具弧状脉；叶柄长 10～20cm，基部扩大成开裂的鞘，鞘长 2～4cm，顶端有舌状体，长约 7～10mm。总状花序从叶柄中部抽出，该处叶柄扩大成鞘状；花序梗短，长 1～1.5cm，基部有 1 枚披针形苞片；花序在花期直立，果期下弯；花通常 3～5 朵，蓝色；花被片卵状披针形；花梗长不及 1cm；雄蕊 6 枚，其中 1 枚较大；花药长圆形，其余 5 枚较小；花丝丝状。蒴果卵形至长圆形；种子多数，椭圆形，灰褐色，具 8～12 纵条纹。花期 8—9 月，果期 9—10 月。

植　株

生境：生长于稻田、沟旁、浅水池塘及河滩、湖泊等水湿地。

产地：江西全省常见。

分布：我国南北各省区广泛分布。

叶

过路黄 *Lysimachia christinae* Hance

形态特征：报春花科（Primulaceae）珍珠菜属多年生草本植物。茎柔弱，平卧延伸，长 20～60cm；无毛，幼嫩部分密被褐色无柄腺体；下部节间较短，常发出不定根。叶对生，卵圆形，先端锐尖，基部截形，鲜时稍厚，透光可见密布的透明腺条，干时腺条变黑色，两面无毛；叶柄比叶片短，无毛。花单生叶腋；花梗通常不超过叶长，毛被如茎，多少具褐色无柄腺体；花萼分裂近达基部，裂片披针形，先端锐尖，无毛、被柔毛或仅边缘具缘毛；花冠黄色，裂片狭卵形以至近披针形，先端锐尖，质地稍厚，具黑色长腺条；花丝长 6～8mm，下半部合生成筒；花药卵圆形；花粉粒具 3 孔沟，近球形，表面具网状纹饰；子房卵珠形，花柱长 6～8mm。蒴果球形，无毛，有稀疏黑色腺条。花期 5—7 月，果期 7—10 月。

植　株

生境：生长于沟边、路旁、荒滩及山坡林下阴湿地。

产地：江西全省常见。

分布：江西、安徽、江苏、浙江、福建、广东、广西、湖南、云南、贵州、四川、陕西、河南、湖北等省区。

生　境

红根草 *Lysimachia fortunei* maxim.

形态特征：报春花科珍珠菜属多年生草本植物。全株无毛。根状茎横走，紫红色。茎直立，高30～70cm，圆柱形，有黑色腺点，基部紫红色，通常不分枝；嫩梢和花序轴具褐色腺体。叶互生，近于无柄，叶片长圆状披针形，长4～11cm、宽1～2.5cm，先端渐尖，基部渐狭；两面均有黑色腺点，干后成粒状突起。总状花序顶生，细瘦；苞片披针形；花梗与苞片近等长；花萼分裂近达基部，裂片卵状椭圆形，先端钝，周边膜质，有腺状缘毛，背面有黑色腺点；花冠白色，裂片椭圆形，先端圆钝，有黑色腺点；雄蕊比花冠短，花丝贴生于花冠裂片的下部；花药卵圆形；花粉粒具3孔沟，长球形，表面近于平滑；子房卵圆形，花柱粗短。蒴果球形。花期6—8月，果期8—11月。

生　境

生境：生长于沟边、田边、路旁、河滩及阴湿荒地。

产地：江西全省常见。

分布：我国华东、华南、中南各省区。

花　序

阔叶丰花草 *Borreria latifolia* (Aubl.) K. Schum.

形态特征： 茜草科（Rubiaceae）丰花草属草本植物。植株披散、粗壮，被毛；茎和枝均为明显的四棱柱形，棱上具狭翅。叶椭圆形，长度变化大，顶端锐尖，基部阔楔形而下延，边缘波浪形，鲜时黄绿色，叶面平滑；侧脉每边5～6条，略明显；叶柄扁平；托叶膜质，被粗毛，顶部有数条长于鞘的刺毛。花数朵丛生于托叶鞘内，无梗；小苞片略长于花萼；萼管圆筒形，被粗毛，萼檐4裂，裂片长2mm；花冠漏斗形，浅紫色，罕有白色，里面被疏散柔毛，基部具1毛环，顶部4裂，裂片外面被毛；花柱柱头2，裂片线形。蒴果椭圆形，被毛，成熟时从顶部纵裂至基部，隔膜不脱落或1个分果爿的隔膜脱落；种子近椭圆形，两端钝，干后浅褐色，无光泽，有小颗粒。花果期5—7月。

生境： 多生长于废墟、荒地、沟渠边、山坡路旁及田间、园地。

产地： 赣南地区常见。

分布： 原产南美洲；现在热带地区广泛分布；我国广东南部、海南、香港、台湾、福建南部、江西南部有分布。

花　序

果

叶

植　株

猪殃殃 *Galium spurium* L.

形态特征：茜草科拉拉藤属一年生草本植物。植株通常高30～90cm；茎有4棱角；棱上、叶缘、叶脉上均有倒生的小刺毛。叶纸质，6～8片轮生，稀为4～5片，带状倒披针形，长1～5.5cm、宽1～7mm，顶端有针状凸尖头，基部渐狭；两面常有紧贴的刺状毛，常萎软状，干时常卷缩；1脉；近无柄。聚伞花序，腋生或顶生，少至多花，花小，4数，有纤细的花梗；花萼被钩毛，萼檐近截平；花冠黄绿色，辐状，裂片长圆形，镊合状排列；子房被毛，花柱2裂至中部，柱头头状。果干燥，有1个近球状的分果爿，肿胀，密被钩毛；果柄直，长可达2.5cm，较粗，每一爿有1颗平凸的种子。花期3—7月，果期4—11月。

生境：生长于山坡、旷野、沟边、河滩、田间、园地、路旁及林缘。

产地：江西全省常见。

分布：除海南省外，我国各地均有分布。

生　境

白花蛇舌草 *Hedyotis diffusa* Willd.

形态特征：茜草科耳草属一年生草本植物。植株纤细披散，高20～50cm，无毛；茎稍扁，从基部开始分枝。叶对生，无柄，膜质，线形，长1～3cm、宽1～3mm，顶端短尖，边缘干后常背卷，正面光滑，背面有时粗糙；中脉在正面下陷，侧脉不明显；托叶基部合生，顶部芒尖。花4数，单生于叶腋；花梗略粗壮；萼管球形，萼檐裂片长圆状披针形，顶部渐尖，具缘毛；花冠白色，管形，喉部无毛，花冠裂片卵状长圆形，顶端钝；雄蕊生于冠管喉部，花丝长0.8～1mm，花药突出，长圆形，与花丝等长；花柱柱头2裂，裂片广展，有乳头状凸点。蒴果膜质，扁球形，宿存萼檐裂片长1.5～2mm，成熟时顶部室背开裂；种子每室约10粒，具棱，干后深褐色，有深而粗的窝孔。花期春季。

生境：多生于水田、田埂、溪沟边及湿润的旷野荒地。

产地：江西全省常见。

分布：江西、广东、香港、广西、海南、安徽、云南等省区；国外分布于热带亚洲，西至尼泊尔，日本亦产。

植　株

金毛耳草 *Hedyotis chrysotricha*（Palib.）merr.

植　株

形态特征：茜草科耳草属多年生草本植物。植株高约30cm，基部木质，被金黄色硬毛。叶对生，具短柄，薄纸质，阔披针形，长20～28mm、宽10～12mm，顶端短尖，基部楔形；正面疏被短硬毛，背面被浓密黄色绒毛，脉上被毛更密；侧脉每边2～3条，极纤细，仅在背面明显；叶柄长1～3mm；托叶短合生，上部长渐尖，边缘具疏小齿，被疏柔毛。聚伞花序腋生，有花1～3朵，被金黄色疏柔毛，近无梗；花萼被柔毛，萼管近球形，萼檐裂片披针形，比管长；花冠白色，漏斗形，外面被疏柔毛，里面有髯毛，上部深裂，裂片线状长圆形，顶端渐尖，与冠管等长；雄蕊内藏，花丝极短；花柱中部有髯毛，柱头棒形，2裂。果近球形，被扩展硬毛，宿存萼檐裂片成熟时不开裂，内有种子数粒。花期几乎全年。

生境：生长于山谷杂木林下、山坡灌木草地及山间路旁。

产地：江西全省常见。

分布：江西、江苏、浙江、福建、广东、台湾、广西、云南、贵州、湖南、湖北、安徽等省区。

生　境

玉叶金花 *Mussaenda pubescens* WT. Aiton

形态特征：茜草科玉叶金花属攀缘灌木。嫩枝被贴伏短柔毛。叶对生，膜质，卵状长圆形，长 5～8cm、宽 2～2.5cm，顶端渐尖，基部楔形；正面近无毛，背面密被短柔毛；叶柄被柔毛；托叶三角形，深 2 裂，裂片钻形。聚伞花序，顶生，密花；苞片线形，有硬毛，长约 4mm；花梗极短；花萼管陀螺形，被柔毛，萼裂片线形，通常比花萼管长 2 倍以上，基部密被柔毛，向上毛渐稀疏；花叶阔椭圆形，长 2.5～5cm、宽 2～3.5cm，雪白色，有纵脉 5～7 条，顶端钝，基部狭窄，柄长 1～2.8cm，两面被柔毛；花冠黄色，花冠管长约 2cm，外面被贴伏短柔毛，内面喉部密被棒形毛，花冠裂片长圆状披针形，渐尖，内面密生金黄色小疣突；花柱短，内藏。浆果近球形，疏被柔毛，顶部有萼檐脱落后的环状疤痕，干时黑色；果柄疏被毛。花期 6—7 月。

生境：生长于丘陵山坡、灌丛草地、沟谷、旷野荒地、路旁及林缘。

产地：赣中、赣南地区常见。

分布：广东、香港、海南、广西、湖南、江西、福建、浙江和台湾。

枝、叶

鸡矢藤 *Paederia scandens*（Lour.）merr. var. *scandens*

形态特征： 茜草科鸡矢藤属多年生藤本植物。茎长3～5m，无毛。叶对生，纸质，形状和大小变化很大，卵形、卵状长圆形至披针形，长5～15cm、宽1～6cm，顶端急尖，基部楔形，两面无毛，有时下面脉腋内有束毛；侧脉每边4～6条，纤细；叶柄长1.5～7cm；托叶长3～5mm，无毛。圆锥花序式的聚伞花序腋生，扩展；分枝对生，末次分枝上着生的花常呈蝎尾状排列；小苞片披针形；花具短梗；萼管陀螺形，萼檐裂片5，裂片三角形；花冠浅紫色，外面被粉末状柔毛，里面被绒毛，顶部5裂，裂片顶端急尖而直，花药背着，花丝长短不齐。果球形，成熟时近黄色，有光泽，平滑，顶冠以宿存的萼檐裂片和花盘；小坚果无翅，浅黑色。花期5—7月。

花 序

生境： 生长于溪边、河边、路旁、山坡灌丛及林间、林缘，缠绕在灌木植物或攀援在岩石上。

产地： 江西全省常见。

分布： 江西、安徽、江苏、浙江、福建、台湾、广东、香港、海南、广西、湖南、贵州、云南、四川、陕西、甘肃、河南、山东；朝鲜、日本、印度、缅甸、泰国、越南、老挝、柬埔寨、马来西亚、印度尼西亚也有分布。

叶

叶

毛鸡矢藤 *Paederia scandens* var. *tomentosa* (Blume) Hand. -Mazz.

形态特征：茜草科鸡矢藤属多年生藤本植物。茎长3～5m，小枝被柔毛。叶对生，纸质，形状变化很大，卵形、卵状长圆形至披针形，长5～15cm、宽1～6cm，顶端急尖，基部楔形；正面被柔毛或无毛，背面被小绒毛或近无毛；侧脉每边4～6条，纤细；叶柄长1.5～7cm；托叶长3～5mm，无毛。圆锥花序式的聚伞花序腋生和顶生，扩展，常被小柔毛；分枝对生，末次分枝上着生的花常呈蝎尾状排列；小苞片披针形；花具短梗；萼管陀螺形，萼檐裂片5，裂片三角形；花冠浅紫色，管长7～10mm，外面常被海绵状白毛，里面被绒毛，顶部5裂，裂片顶端急尖而直，花药背着，花丝长短不齐。果球形，成熟时近黄色，有光泽，平滑，顶冠以宿存的萼檐裂片和花盘；小坚果无翅，浅黑色。花期夏、秋季。

叶

生境：生长于溪边、河边、路旁、山坡灌丛及林间、林缘，缠绕在灌木植物或攀援在岩石上。

产地：江西全省常见。

分布：江西、安徽、江苏、河南、山东、浙江、福建、台湾、广东、香港、海南、广西、湖南、贵州、云南、四川、陕西、甘肃。

植　株

东南茜草 *Rubia argyi*（H. Lév. et Vaniot） H. Hara ex Lauener et D. K. Ferguson

形态特征：茜草科茜草属多年生草质藤本植物。茎、枝均有4直棱，棱上有倒生钩状皮刺，无毛。叶4片轮生，茎生的偶有6片轮生，通常一对较大、另一对较小；叶片纸质，心形，长约0.1～5cm、宽约1～4.5cm，顶端短尖，基部心形，极少近浑圆，边缘和叶背面的基出脉上通常有短皮刺，两面粗糙；基脉通常5～7条，在正面凹陷、背面多少凸起；叶柄长通常0.5～5cm，有时可达9cm，有直棱，棱上生许多皮刺。聚伞花序分枝成圆锥花序式，顶生和小枝上部腋生，有时结成顶生、带叶的大型圆锥花序；花序梗和总轴均有4直棱，棱上通常有小皮刺，多少被柔毛；小苞片卵形；花梗稍粗壮，近无毛；萼管近球形，干时黑色；花冠白色，干时变黑，质地稍厚，冠管长约0.5～0.7mm，裂片4～5，伸展，卵形至披针形，外面稍被毛，里面通常有许多微小乳突；雄蕊5，花丝短，带状，花药通常微露出冠管口外；花柱粗短，2裂，柱头2，头状。浆果近球形，有时臀状，成熟时黑色。

生境：常生长在山地林缘、灌丛地、村边园篱及地埂。

产地：江西全省常见。

分布：江西、安徽、江苏、浙江、福建、台湾、广东、广西、湖南、湖北、河南、陕西、四川；日本和朝鲜有分布。

花　序

果

鱼腥草 *Houttuynia cordata* Thunb.

又名蕺菜。

形态特征： 三白草科（Saururaceae）蕺菜属多年生草本植物。茎下部伏地，节上轮生小根；上部直立，高30～60cm，无毛，有时带紫红色。叶薄纸质，有腺点，背面尤甚，卵形，长4～10cm、宽2.5～6cm，顶端短渐尖，基部心形，两面有时除叶脉被毛外余均无毛，背面常呈紫红色；叶脉5～7条，全部基出或最内1对离基约5mm从中脉发出，如为7脉时，则最外1对很纤细；叶柄长1～3.5cm，无毛；托叶膜质，长1～2.5cm，顶端钝，下部与叶柄合生而成长8～20mm的鞘，且常有缘毛，基部扩大，略抱茎。花序长约2cm、宽5～6mm；总花梗长1.5～3cm，无毛；总苞片长圆形或倒卵形，长10～15mm、宽5～7mm，顶端钝圆；雄蕊长于子房，花丝长为花药的3倍。蒴果长2～3mm，顶端有宿存的花柱。花期4—7月。

花

生境： 生长于溪沟边、山坡阴湿地、林间潮湿地及山脚林缘。

产地： 江西全省常见。

分布： 我国中部、东南至西南部各省区，东起台湾，西南至云南、西藏，北达陕西、甘肃。

植　株

蜡莲绣球 *Hydrangea strigosa* Rehder

形态特征： 虎耳草科（Saxifragaceae）绣球属灌木。植株高1～3m；小枝圆柱形，灰褐色，密被糙伏毛，无皮孔，老后色较淡，树皮常呈薄片状剥落。叶纸质，长圆形，长8～28cm、宽2～10cm，先端渐尖，基部楔形，边缘有具硬尖头的小齿，干后正面黑褐色，被稀疏糙伏毛，背面灰棕色，新鲜时有时呈淡紫红色，密被灰棕色颗粒状腺体和灰白色糙伏毛，脉上的毛更密；中脉粗壮，正面平坦，背面隆起；侧脉7～10对，弯拱，沿边缘长延伸，正面平坦，背面凸起；小脉网状，背面微凸；叶柄长1～7cm，被糙伏毛。伞房状聚伞花序大，直径达28cm，顶端稍拱，分枝扩展，密被灰白色糙伏毛；不育花萼片4～5，阔卵形，结果时长1.3～2.7cm、宽1.1～2.5cm，先端钝头渐尖，基部具爪，边全缘，白色；孕性花淡紫红色，萼筒钟状，萼齿三角形；花瓣长卵形，初时顶端稍连合，后分离，早落；雄蕊不等长，花药长圆形；子房下位，花柱2，近棒状，直立。蒴果坛状，顶端截平，基部圆；种子褐色，阔椭圆形，具纵脉纹，两端各具长0.2～0.25mm的翅，先端的翅宽而扁平，基部收狭呈短柄状。花期7—8月，果期11—12月。

植　株

生境： 生长于林间山谷、山坡路旁、疏林及灌丛草地。

产地： 赣北、赣中地区常见。

分布： 江西、湖北、湖南、贵州、云南、四川、陕西等省区。

果

叶

圆锥绣球 *Hydrangea paniculata* Siebold

形态特征：虎耳草科绣球属灌木。植株高 1～5m，有时达 9m，胸径约 20cm；枝暗红褐色，初时被疏柔毛，后变无毛，具凹条纹和圆形浅色皮孔。叶纸质，2～3 片对生，卵形，长 5～14cm、宽 2～6.5cm，先端渐尖，具短尖头，基部圆形，边缘有密集稍内弯的小锯齿；正面无毛，背面于叶脉和侧脉上被紧贴长柔毛；侧脉 6～7 对，上部微弯，小脉稠密网状，背面明显；叶柄长 1～3cm。圆锥状聚伞花序尖塔形，长达 26cm，序轴及分枝密被短柔毛；不育花较多，白色；萼片 4，阔椭圆形，不等大，结果时长1～1.8cm、宽 0.8～1.4cm，先端圆，全缘；孕性花萼筒陀螺状，萼齿短三角形，花瓣白色，卵形，渐尖；雄蕊不等长，短的略短于花瓣，花药近圆形；子房半下位，花柱 3，钻状，直，基部连合，柱头小，头状。蒴果椭圆形，顶端突出部分圆锥形，其长约等于萼筒；种子褐色，扁平，具纵脉纹，轮廓纺锤形，两端具翅，连翅长 2.5～3.5mm，其中翅长 0.8～1.2mm，先端的翅稍宽。花期 7—8 月，果期 10—11 月。

生境：生长于山地疏林中、山谷溪沟边、山间路旁及灌木林间。

产地：江西全省常见。

分布：华东、华中、华南、西北（甘肃）、西南等地区；日本也有分布。

花　序

白花水八角 *Gratiola japonica* miq.

茎、叶、果

形态特征： 玄参科（Scrophulariaceae）水八角属一年生草本植物。根状茎细长，须根密集簇生。植株无毛；茎高 8～25cm，直立或上升，肉质，中下部有柔弱的分枝。叶基部半抱茎，长椭圆形，长 7～23mm、宽 2～7mm，顶端具尖头，全缘，不明显三出脉。花单生于叶腋，无柄；小苞片草质，条状披针形；花萼 5 深裂几达基部，萼裂片条状披针形至矩圆状披针形，具薄膜质的边缘；花冠稍二唇形，白色，花冠筒筒状较唇部长，上唇顶端钝，下唇 3 裂，裂片倒卵形，有时凹头；雄蕊 2，位于上唇基部，药室略分离而并行，下唇基部有 2 枚短棒状退化雄蕊；柱头 2 浅裂。蒴果球形，棕褐色；种子细长，具网纹。花果期 5—7 月。

生境： 生长在稻田、泥塘水边及湖泊湿地等淤泥中。

产地： 鄱阳湖地区可见。

分布： 江西、江苏、云南、东北三省等省区。

生　境

长蒴母草 *Lindernia anagallis*（Burm. f.）Pennell

生　境

形态特征： 玄参科母草属一年生柔弱草本植物。长10～40cm，根须状；茎始简单，不久即分枝，下部匍匐长蔓，节上生根，并有根状茎，有条纹，无毛。叶仅下部有短柄；叶片三角状卵形，长4～20mm、宽7～12mm，顶端圆钝，基部截形，边缘有不明显的浅圆齿；侧脉3～4对，约以45度角伸展；正背两面均无毛。花单生于叶腋；花梗长6～10mm，在果中达2cm，无毛；萼仅基部联合，齿5，狭披针形，无毛；花冠白色或淡紫色，上唇直立，卵形，2浅裂，下唇开展，3裂，裂片近相等，比上唇稍长；雄蕊4，全育，前面2枚的花丝在颈部有短棒状附属物；柱头2裂。蒴果，条状披针形，比萼长约2倍，室间2裂；种子卵圆形，有疣状突起。花期4—9月，果期6—11月。

生境： 生长在田边、泥塘水边、路旁、湖泊湿地及山脚林边、低湿草地。

产地： 江西全省常见。

分布： 江西、湖南、四川、云南、贵州、广西、广东、福建、台湾等省区。

植　株

通泉草 *Mazus fauriei*（Thunb.）Kuntze

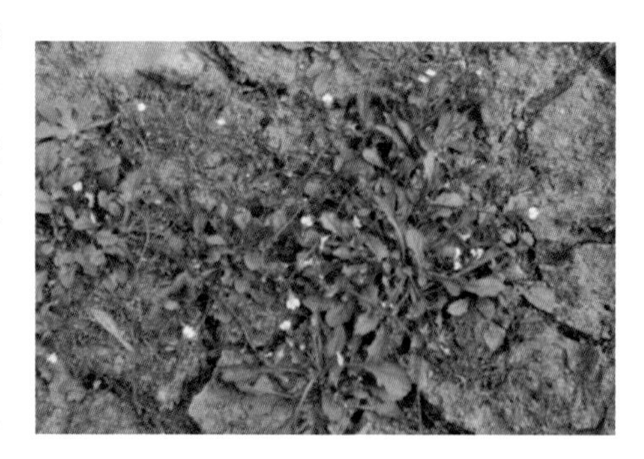
生　境

形态特征： 玄参科通泉草属多年生草本植物。主根伸长，垂直向下；须根纤细，多数，散生。植株高3～30cm，无毛。茎1～5支，直立，上升，着地部分节上常能长出不定根，分枝多而披散，少不分枝。基生叶少到多数，有时成莲座状，倒卵状匙形，膜质至薄纸质，长2～6cm，顶端全缘，基部楔形，下延成带翅的叶柄，边缘具不规则的粗齿；茎生叶对生，与基生叶相似。总状花序生于茎、枝顶端，常在近基部即生花，伸长成束状，通常3～20朵，花稀疏；花梗在果期长达10mm，上部的较短；花萼钟状，花期长约6mm，果期多少增大，萼片与萼筒近等长，卵形，端急尖，脉不明显；花冠白色、紫色或蓝色，上唇裂片卵状三角形，下唇中裂片较小，稍突出，倒卵圆形；子房无毛。蒴果球形；种子小而多数，黄色，种皮上有不规则的网纹。花果期4—10月。

生境： 生长于低湿草坡、田边、塘沟边、路旁、湖泊湿地及山脚林缘。

产地： 江西全省常见。

分布： 全国仅内蒙古、宁夏、青海及新疆未见，其他省区均有分布。

植　株

沙氏鹿茸草 *Monochasma savatieri* Franch. exmaxim.

植　株

形态特征：玄参科鹿茸草属多年生草本植物。主根粗短，下部发出之许弯曲支根，成密丛。植株高15～23cm，常有残留的隔年枯茎，全体因密被绵毛而呈灰白色，上部近花处除被棉毛、具腺毛。茎多数，丛生，基部多倾卧，老时木质化，通常不分枝。叶交互对生，下部者间距极短，密集，向上逐渐疏离，至花序附近间距最大，叶片大小，亦作相同的变异，下方者最小，鳞片状，向上则逐渐增大，成长圆状披针形，先端锐尖，基部渐狭，多少下延于茎成狭棱，中脉面凹背凸，两面均密被灰白色绵毛，老时上面的毛多少脱落。总状花序，顶生；花少数，单生于叶腋，具短梗；叶状小苞片2枚，生于萼管基部；萼筒状，膜质，被绵毛，具9条凸起的粗肋，其中4条分别通入萼齿；萼齿4枚，草质，线形而先端渐尖，与萼管等长；花冠淡紫色，长约为萼的2倍，被少量柔毛，花管细长，近喉处扩大，瓣片二唇形，上唇略作盔状，2裂，下唇3裂，中裂稍大，均为倒卵形，端圆钝，多少开展；雄蕊4枚，二强，着生于花管上，前方一对较长，后方一对稍短，花药背着，微露于花冠喉部，药2室，并行，相等，彼此分离，长卵形，下部渐细，有一小凸尖，纵裂；子房长卵形，花柱细长，先端弯向前方，柱头长圆形。蒴果长圆形，先端渐细而成一稍弯的尖嘴。花期3—4月。

生境：生长在山坡向阳杂草中及马尾松林下。

产地：赣中以北地区可见。

分布：江西、浙江、福建等省区。

生　境

长叶蝴蝶草 *Torenia asiatica* L.

形态特征：玄参科蝴蝶草属草本植物。茎长而纤细，匍匐，节上生根；分枝多。叶柄长2～8mm；叶片三角状卵形，长1.5～3.2cm、宽1～2cm，边缘具带短尖的圆锯齿；基部突然收缩，多少截形，无毛。花梗长0.5～2cm，单朵腋生，排列成伞形花序；萼具5枚，长0.8～1.5cm，果期长1.5～2cm；萼齿2枚，长三角形，先端渐尖，果期开裂成5枚小尖齿；花冠长1.5～2.5cm，超出萼齿的部分长4～10mm，紫红色或蓝紫色；前方1对花丝各具1枚长1～2mm之线状附属物。花果期5月至次年1月。

生境：生长于山坡、路旁及阴湿旷野荒地。

产地：江西全省常见。

分布：江西、湖北、浙江、福建、广东、广西、湖南、云南、贵州、四川、西藏等省区。

生　境　　植　株

花　　果

紫萼蝴蝶草 *Torenia violacea* (Azaola ex Blanco) Pennell

形态特征： 玄参科蝴蝶草属直立草本植物。植株高 8～35cm，自近基部起分枝。叶柄长 5～20mm；叶片卵形，先端渐尖，基部楔形，长 2～4cm、宽 1～2cm，向上逐渐变小，边缘具略带短尖的锯齿，两面疏被柔毛。花梗长约 1.5cm，果期可达 3cm，在分枝顶部排成伞形花序；萼矩圆状纺锤形，具 5 翅，长 1.3～1.7cm、宽 0.6～0.8cm，果期长达 2cm、宽 1cm，翅宽达 2.5mm 而略带紫红色，基部圆形，翅几不延，顶部裂成 5 小齿；花冠长1.5～2.2cm，超出萼齿部分仅 2～7mm，淡黄色；上唇多少直立，近于圆形；下唇三裂片彼此近于相等，各有 1 枚蓝紫色斑块，中裂片中央有 1 黄色斑块；花丝不具附属物。花果期 8—11 月。

花、果

生境： 生长于山坡草地、林下、田边、路旁、河滩及阴湿旷野荒地。

产地： 江西全省常见。

分布： 华东、华南、西南、华中各省区及台湾。

生　境

枸杞 *Lycium chinense* mill.

形态特征： 茄科（Solanaceae）枸杞属灌木。植株高0.5～1m，栽培时可达2m多；枝条细弱，弓状弯曲，淡灰色，有纵条纹，棘刺长0.5～2cm，生叶和花的棘刺较长，小枝顶端锐尖成棘刺状。叶纸质，单叶互生或2～4枚簇生，卵形，顶端急尖，基部楔形，长1.5～5cm、宽0.5～2.5cm，栽培者较大，可长达10cm以上、宽达4cm；叶柄长0.4～1cm。花在长枝上单生于叶腋，在短枝上则同叶簇生；花梗长1～2cm，向顶端渐增粗；花萼通常3中裂，裂片多少有缘毛；花冠漏斗状，淡紫色，筒部向上骤然扩大，稍短于檐部裂片，5深裂，裂片卵形，顶端圆钝，平展，边缘有缘毛，基部耳显著；雄蕊较花冠稍短，花丝在近基部处密生一圈绒毛并交织成椭圆状的毛丛，与毛丛等高处的花冠筒内壁亦密生一环绒毛；花柱稍伸出雄蕊，上端弓弯，柱头绿色。浆果红色，卵状，顶端尖；种子扁肾脏形，黄色。花果期6—11月。

生境： 生于丘陵山坡、荒地、溪沟、路旁及村边。

产地： 鄱阳湖地区可见。

分布： 我国东北、河北、山西、陕西、甘肃南部以及西南、华中、华南和华东各省区。

植　株

灯笼果 *Physalis peruviana* L.

形态特征：茄科酸浆属多年生草本植物。植株高45～90cm，具匍匐的根状茎。茎直立，不分枝，密生短柔毛。叶较厚，阔卵形，长6～15cm、宽4～10cm，顶端短渐尖，基部对称心脏形，全缘，两面密生柔毛；叶柄长2～5cm，密生柔毛。花单独腋生，梗长约1.5cm；花萼阔钟状，同花梗一样密生柔毛，长7～9mm，裂片披针形，与筒部近等长；花冠阔钟状，长1.2～1.5cm、直径1.5～2cm，黄色而喉部有紫色斑纹，5浅裂，裂片近三角形，外面生短柔毛，边缘有睫毛；花丝及花药蓝紫色，花药长约3mm。果萼卵球状，长2.5～4cm，薄纸质，淡绿色，被柔毛；浆果直径约1～1.5cm，成熟时黄色；种子黄色，圆盘状，直径约2mm。夏季开花结果。

植　株

生境：生长于旷野荒地、田间、路旁、园地、村边及河滩。

产地：江西全省常见。

分布：江西、广东、云南等省区。

果

叶

白英 *Solanum lyratum* Thunb.

形态特征：茄科茄属多年生草质藤本植物。茎长0.5～1m，茎及小枝均密被具节长柔毛。叶互生，多数为琴形，基部常3～5深裂，裂片全缘；侧裂片愈近基部的愈小，端钝；中裂片较大，通常卵形，先端渐尖；两面均被白色发亮的长柔毛；中脉明显，侧脉在背面较清晰，通常每边5～7条；叶柄被有与茎枝相同的毛。聚伞花序顶生，疏花；总花梗长约2～2.5cm，被具节的长柔毛；花梗无毛，顶端稍膨大，基部具关节；萼环状，圆形，顶端具短尖头；花冠蓝紫色或白色，花冠筒隐于萼内，花药长圆形；子房卵形，花柱丝状，柱头小，头状。浆果球状，成熟时红黑色；种子近盘状，扁平。花期夏秋，果熟期秋末。

植　株

生境：生于山谷草地、田边、路旁及林缘。

产地：江西全省常见。

分布：江西、福建、甘肃、陕西，山西、河南、山东、江苏、浙江、安徽、台湾、广东、广西、湖南、湖北、四川、云南等省区。

果

花

少花龙葵 *Solanum americanum* mill.

形态特征：茄科茄属草本植物。茎纤弱无毛，高约1m。叶薄，卵形，长4～8cm、宽2～4cm，先端渐尖，基部楔形下延至叶柄而成翅，叶缘近全缘，波状，两面均具疏柔毛；叶柄纤细，长约1～2cm，具疏柔毛。花序近伞形，腋外生，纤细，具微柔毛，着生1～6朵花；总花梗长约1～2cm，花梗长约5～8mm；花小，直径约7mm；萼绿色，5裂达中部，裂片卵形，先端钝，具缘毛；花冠白色，筒部隐于萼内，冠檐5裂，裂片卵状披针形；花丝极短，花药黄色，长圆形，约为花丝长度的3～4倍，顶孔向内；子房近圆形，花柱纤细，中部以下具白色绒毛，柱头小，头状。浆果球状，幼时绿色，成熟后黑色；种子近卵形，两侧压扁。全年均开花结果。

生境：生长于田边、路旁、村庄周边、荒野草地及河岸、湖滩。

产地：江西全省常见。

分布：云南、江西、湖南、广西、广东、台湾等省区。

果

花

植　株

珊瑚樱 *Solanum pseudocapsicum* L.

形态特征： 茄科茄属直立分枝小灌木。植株高达 2m，全株光滑无毛。叶互生，狭长圆形，长 1～6cm、宽 0.5～1.5cm，先端尖，基部狭楔形下延成叶柄，边全缘，两面均光滑无毛；中脉在背面凸出，侧脉 6～7 对，在背面更明显；叶柄与叶片不能截然分开。花多单生，很少成蝎尾状花序，无总花梗，腋外生或近对叶生，花梗长约 3～4mm；花小，白色，直径约 0.8～1cm；萼绿色，5 裂，裂片长约 1.5mm；花冠筒隐于萼内，冠檐长约 5mm，裂片 5，卵形；花丝长不及 1mm，花药黄色，矩圆形，长约 2mm；子房近圆形，花柱短，柱头截形。浆果橙红色，直径 1～1.5cm，萼宿存；果柄长约 1cm，顶端膨大；种子盘状，扁平。花期初夏，果期秋末。

生境： 生长于田边、路旁、村庄周边、荒野草地及河岸、湖滩。

产地： 江西全省常见。

分布： 原产南美；现在安徽、江西、广东、广西均有分布或栽培。

植　株

水茄 *Solanum torvum* Sw.

形态特征： 茄科茄属灌木。植株高1～2m，小枝、叶背面、叶柄及花序柄均被具稍不等长5～9分枝的尘土色星状毛。小枝疏具基部宽扁的皮刺，皮刺淡黄色，基部疏被星状毛，尖端略弯曲。叶单生，卵形，先端尖，基部心脏形，两边不相等，边缘半裂，裂片通常5～7；正面绿色，毛被较背面薄，分枝少的无柄的星状毛较多，分枝多的有柄的星状毛较少；背面灰绿，密被分枝多而具柄的星状毛；中脉在下面少刺，侧脉每边3～5条，有刺；叶柄具1～2枚皮刺。伞房花序腋外生，2～3歧，毛被厚；总花梗具1细直刺，花梗被腺毛及星状毛；花白色；萼杯状，外面被星状毛及腺毛，端5裂，裂片卵状长圆形，先端骤尖；花冠辐形，筒部隐于萼内，冠檐端5裂，裂片卵状披针形，先端渐尖，外面被星状毛；子房卵形，光滑，不孕花的花柱短于花药，能孕花的花柱较长于花药；柱头截形。浆果黄色，光滑无毛，圆球形，宿萼外面被稀疏的星状毛，果柄上部膨大；种子盘状。全年均开花结果。

生境： 生长于山坡、荒地、路旁、灌丛草地、村庄周边及旷野潮湿地。

产地： 江西全省常见。

分布： 江西、云南、广西、广东、台湾等省区。

叶

龙珠 *Tubocapsicum anomalum*（Franch. et Sav.）makino

叶

形态特征：茄科龙珠属多年生藤本植物。植株全体无毛，高达1.5m。茎下部直径达1.5cm，2歧分枝开展，枝稍之字状折曲。叶薄纸质，卵形，长5～18cm、宽3～10cm，顶端渐尖，基部歪斜楔形，下延到长0.8～3cm的叶柄，侧脉5～8对。花1～6朵簇生，俯垂；花梗细弱，长1～2cm，顶端增大；花萼直径约3mm、长约2mm，果时稍增大而宿存；花冠直径6～8mm，裂片卵状三角形，顶端尖锐，向外反曲，有短缘毛；雄蕊稍伸出花冠；子房直径2mm，花柱近等长于雄蕊。浆果，熟后红色；种子淡黄色。花果期8—10月。

生境：生长于山谷阴湿地、溪水旁及山间路旁、林下。

产地：江西全省常见。

分布：江西、浙江、福建、台湾、广东、广西、贵州、云南等省区。

果

山芝麻 *Helicteres angustifolia* L.

形态特征： 梧桐科（Sterculiaceae）山芝麻属小灌木。植株高达1m，小枝被灰绿色短柔毛。叶狭矩圆形，长3.5～5cm、宽1.5～2.5cm，顶端钝，基部圆形，正面无毛，背面被灰白色星状茸毛，间或混生纲毛；叶柄长5～7mm。聚伞花序有2至数朵花；花梗通常有锥尖状的小苞片4枚；萼管状，长6mm，被星状短柔毛，5裂，裂片三角形；花瓣5片，不等大，淡红色或紫红色，比萼略长，基部有2个耳状附属体；雄蕊10枚，退化雄蕊5枚，线形，甚短；子房5室，被毛，较花柱略短，每室有胚珠约10个。蒴果卵状矩圆形，顶端急尖，密被星状毛及混生长绒毛；种子小，褐色，有椭圆形小斑点。花期几乎全年。

生境： 常生长在山坡草地及灌丛中。

产地： 江西全省常见。

分布： 江西、湖南、广东、广西中部和南部、云南南部、福建南部和台湾；印度、缅甸、马来西亚、泰国、越南、老挝、柬埔寨、印度尼西亚、菲律宾等地有分布。

植　株

果

花

马松子 *Melochia corchorifolia* L.

花、果

形态特征：梧桐科马松子属半灌木状草本植物。植株高不及1m；枝黄褐色，略被星状短柔毛。叶薄纸质，卵形，稀有不明显的3浅裂，长2.5～7cm、宽1～1.3cm，顶端急尖，基部圆形，边缘有锯齿；正面近于无毛，背面略被星状短柔毛；基生脉5条；叶柄长5～25mm；托叶条形。花排成顶生的密聚伞花序；小苞片条形，混生在花序内；萼钟状，5浅裂，外面被长柔毛和刚毛，内面无毛，裂片三角形；花瓣5片，白色，后变为淡红色，矩圆形，基部收缩；雄蕊5枚，下部连合成筒，与花瓣对生；子房无柄，5室，密被柔毛，花柱5枚，线状。蒴果圆球形，有5棱，被长柔毛，每室有种子1～2个；种子卵圆形，略成三角状，褐黑色。花期夏秋。

生境：生长于山坡、荒地、村边、路旁、田边及旷野。

产地：江西全省常见。

分布：我国长江以南各省、台湾和四川内江地区均有分布；亚洲热带地区多有分布。

植　株

甜麻 *Corchorus aestuans* L.

果

形态特征：椴树科（Tiliaceae）黄麻属一年生草本植物。植株高约1m；茎红褐色，稍被淡黄色柔毛；枝细长，披散。叶卵形，长4.5～6.5cm、宽3～4cm，顶端短渐尖，基部圆形，两面均有稀疏的长粗毛，边缘有锯齿，近基部一对锯齿往往延伸成尾状的小裂片；基出脉5～7条；叶柄长0.9～1.6cm，被淡黄色的长粗毛。花单独组成聚伞花序生于叶腋，花序柄极短；萼片5片，狭窄长圆形，上部半凹陷如舟状，顶端具角，外面紫红色；花瓣5片，与萼片近等长，倒卵形，黄色；雄蕊多数，黄色；子房长圆柱形，被柔毛，花柱圆棒状，柱头如喙，5齿裂。蒴果长筒形，具6条纵棱，其中3～4棱呈翅状突起，顶端有3～4条向外延伸的角，角二叉，成熟时3～4瓣裂，果瓣有浅横隔；种子多数。花期夏季。

生境：生长于旷野、山坡路旁、村边及荒滩地。

产地：常见赣中、赣南地区。

分布：长江以南各省区；热带亚洲、中美洲及非洲有分布。

生 境

积雪草 *Centella asiatica*（L.）Urb.

叶

形态特征：伞形科（Umbelliferae/Apiaceae）积雪草属多年生草本植物。茎匍匐，细长，节上生根。叶片膜质，圆形，长1～2.8cm、宽1.5～5cm，边缘有钝锯齿，基部阔心形，两面无毛；掌状脉5～7，两面隆起，脉上部分叉；叶柄长1.5～27cm，无毛；基部叶鞘透明，膜质。伞形花序梗2～4个，聚生于叶腋，长0.2～1.5cm，有毛；苞片通常2，很少3，卵形，膜质；每一伞形花序有花3～4，聚集呈头状，花无柄；花瓣卵形，紫红色或乳白色，膜质；花柱长约0.6mm；花丝短于花瓣，与花柱等长。果实两侧扁压，圆球形，基部心形至平截形，每侧有纵棱数条，棱间有明显的小横脉，网状，表面有毛或平滑。花果期4—10月。

生境：生于阴湿草地、水沟边、河滩及荒野潮湿地。

产地：江西全省常见。

分布：江西、湖北、安徽、江苏、浙江、福建、台湾、广东、广西、湖南、云南、四川、陕西等省区。

植　株

蛇床 *Cnidiummonnieri*（L.）Cusson

花　序

形态特征： 伞形科蛇床属一年生草本植物。根圆锥状，较细长。茎直立，高10～60cm，多分枝，中空，表面具深条棱，粗糙。下部叶具短柄，叶鞘短宽，边缘膜质；上部叶柄全部鞘状；叶片卵形，长3～8cm、宽2～5cm，2～3回三出式羽状全裂；羽片卵形，长1～3cm、宽0.5～1cm，先端常略呈尾状，末回裂片线形至线状披针形，具小尖头，边缘及脉上粗糙。复伞形花序；总苞片6～10，线形，边缘膜质，具细睫毛；伞辐8～20，不等长，长0.5～2cm，棱上粗糙；小总苞片多数，线形，边缘具细睫毛；小伞形花序具花15～20，萼齿无；花瓣白色，先端具内折小舌片；花柱基略隆起，花柱向下反曲。分生果长圆状，横剖面近五角形，主棱5，均扩大成翅；每棱槽内油管1，合生面油管2；胚乳腹面平直。花期4—7月，果期6—10月。

生境： 生长于田边、路旁、低地草地及河滩、湖边湿地。

产地： 江西全省常见。

分布： 华东、中南、西南、西北、华北、东北各省区。

植　株

鸭儿芹 *Cryptotaenia japonica* Hassk. f. *japonica*

形态特征：伞形科鸭儿芹属多年生草本植物。主根短；侧根多数，细长。茎直立，高 20～100cm，光滑，有分枝，表面有时略带淡紫色。基生叶有柄，叶柄长 5～20cm，叶鞘边缘膜质；叶片轮廓三角形，长 2～14cm、宽 3～17cm，通常为 3 小叶；中间小叶片呈菱状倒卵形，长 2～14cm、宽 1.5～10cm，顶端短尖，基部楔形；两侧小叶片斜倒卵形至长卵形，长 1.5～13cm、宽 1～7cm，近无柄；所有的小叶片边缘有不规则的尖锐重锯齿，表面绿色，背面淡绿色，两面叶脉隆起。最上部的茎生叶近无柄，小叶片呈卵状披针形，边缘有锯齿。复伞形花序呈圆锥状，花序梗不等长，总苞片 1，呈线形；伞辐 2～3，不等长；小总苞片 1～3；小伞形花序有花 2～4，花柄极不等长；萼齿细小，呈三角形；花瓣白色，倒卵形，顶端有内折的小舌片；花丝短于花瓣，花药卵圆形；花柱基圆锥形，花柱短，直立。分生果线状长圆形，合生面略收缩，胚乳腹面近平直，每棱槽内有油管 1～3，合生面油管 4。花期 4—5 月，果期 6—10 月。

叶

生境：生于山地阴湿林下、山谷溪沟旁及低洼潮湿地。

产地：江西全省可见。

分布：江西、安徽、江苏、浙江、福建、广东、广西、湖南、贵州、云南、四川、陕西、甘肃、山西、河北、湖北；朝鲜、日本有分布。

花　序

果

肾叶天胡荽 *Hydrocotyle wilfordi* maxim.

形态特征：伞形科天胡荽属多年生草本植物。茎直立，高 15～45cm，有分枝，节上生根。叶片膜质，圆形，长 1.5～3.5cm、宽 2～7cm，边缘不明显 7 裂，裂片通常有 3 钝圆齿，基部心形，两面光滑；叶柄长 3～19cm，上部被柔毛，下部光滑；托叶膜质，圆形。花序梗纤细，单生于枝条上部，与叶对生，长过叶柄；有时因嫩枝未延长，常有2～3 个花序簇生节上，小伞形花序有多数花；花无柄，密集成头状；小总苞片膜质，细小，具紫色斑点；花瓣卵形，白色至淡黄色。果实基部心形，两侧扁压，中棱明显地隆起，幼时草绿色，成熟时紫褐色，有紫色斑点。花果期 5—9 月。

植　株

生境：生长在田野、沟边、溪旁、山谷阴湿地及山脚林缘。

产地：江西全省常见。

分布：江西、福建、浙江、广东、广西、四川、云南等省区。

果

叶

悬铃叶苎麻 *Boehmeria tricuspis*（Hance）makino

叶、果

形态特征： 荨麻科（Urticaceae）苎麻属多年生草本植物。茎高50～150cm，中部以上与叶柄和花序轴密被短毛。叶对生，稀互生；叶片纸质，扁五角形，茎上部叶常为卵形，长8～18cm、宽7～22cm，顶部三骤尖，基部截形、浅心形，边缘有粗牙齿；正面粗糙，有糙伏毛，背面密被短柔毛；侧脉2对；叶柄长1.5～10cm。穗状花序单生叶腋，或同一植株的全为雌性，或茎上部的为雌性、其下的为雄性；雌团伞花序长5.5～24cm、雄团伞花序长8～17cm，分枝呈圆锥状。雄花花被片4，椭圆形，下部合生，外面上部疏被短毛；雄蕊4，花药长约0.6mm；退化雌蕊椭圆形。雌花花被椭圆形，齿不明显，外面有密柔毛，果期呈楔形至倒卵状菱形；柱头长1～1.6mm。花期7—8月。

生境： 生于山地溪沟边、山谷疏林下及旷野荒地。

产地： 江西全省常见。

分布： 江西、广东、广西、贵州、湖南、福建、浙江、江苏、安徽、湖北、四川、甘肃、陕西、河南、山西、山东、河北等省区。

生　境

苎麻 *Boehmeria nivea*（L.）Gaudich.

形态特征：荨麻科苎麻属亚灌木或灌木。植株高 0.5～1.5m；茎上部与叶柄均密被开展的长硬毛和近开展和贴伏的短糙毛。叶互生；叶片草质，通常圆卵形，长 6～15cm、宽 4～11cm，顶端骤尖，基部近截形，边缘在基部之上有牙齿；正面稍粗糙、疏被短伏毛，背面密被雪白色毡毛；侧脉约 3 对；叶柄长 2.5～9.5cm；托叶分生，钻状披针形，背面被毛。圆锥花序腋生，或植株上部的为雌性、其下的为雄性，或同一植株的全为雌性，长 2～9cm；雄团伞花序，有少数雄花；雌团伞花序，有多数密集的雌花。雄花花被片 4，狭椭圆形，合生至中部，顶端急尖，外面有疏柔毛；雄蕊 4，花药长约 0.6mm；退化雌蕊狭倒卵球形，顶端有短柱头。雌花花被椭圆形，顶端有 2～3 小齿，外面有短柔毛，果期菱状倒披针形；柱头丝形。瘦果近球形，光滑，基部突缩成细柄。花期 8—10 月。

生境：生于山地溪沟边、山谷疏林下、林缘及旷野荒地。

产地：江西全省常见。

分布：江西、云南、贵州、广西、广东、福建、台湾、浙江、湖北、四川以及甘肃、陕西、河南的南部；越南、老挝等地有分布。

叶

植　株

楼梯草 *Elatostema involucratum* Franch. et Sav.

形态特征： 荨麻科楼梯草属多年生草本植物。茎肉质，高25～60cm，不分枝，无毛，稀上部有疏柔毛。叶无柄；叶片草质，斜倒披针状长圆形，有时稍镰状弯曲，长4.5～19cm、宽2.2～6cm，顶端骤尖，基部在狭侧楔形，在宽侧圆形，边缘在基部之上有较多牙齿；正面有少数短糙伏毛，背面无毛；钟乳体明显，密；叶脉羽状，侧脉每侧5～8条；托叶狭条形，无毛。花序雌雄同株。雄花序有梗；花序梗无毛；花序托不明显，稀明显；苞片少数，狭卵形；小苞片条形；雄花有梗；花被片5，椭圆形，下部合生，顶端之下有不明显突起；雄蕊5。雌花序具极短梗；花序托通常很小，周围有卵形苞片；小苞片条形，有睫毛。瘦果卵球形，有少数不明显纵肋。花期5—10月。

生境： 生长于山地溪沟边、石壁上、山谷灌丛林中及阴湿山坡地。

产地： 江西全省可见。

分布： 江西、福建、浙江、云南、贵州、四川、湖南、广西、广东、江苏、安徽、湖北、河南、陕西、甘肃。

叶与花序

糯米团 *Gonostegia hirta*（Blume）miq.

形态特征：荨麻科糯米团属多年生草本植物。有时茎基部变木质；茎蔓生，不分枝，上部带四棱形，有短柔毛。叶对生；叶片草质，宽披针，顶端长渐尖至短渐尖，基部浅心形，边缘全缘；正面稍粗糙，有稀疏短伏毛，背面沿脉有疏毛；基出脉3～5条；托叶钻形。团伞花序腋生，通常两性，有时单性，雌雄异株；苞片三角形。雄花花梗长1～4mm；花蕾直径约2mm，在内折线上有稀疏长柔毛；花被片5，分生，倒披针形，顶端短骤尖；雄蕊5，花丝条形；退化雌蕊极小，圆锥状。雌花花被菱状狭卵形，顶端有2小齿，有疏毛，果期呈卵形，有10条纵肋；柱头有密毛。瘦果卵球形，白色或黑色，有光泽。花期5—9月。

生　境

生境：生长于丘陵灌丛草地、低山林中、溪沟边及潮湿草地。

产地：江西全省常见。

分布：在西藏东南部、云南、华南至陕西南部及河南南部区域广泛分布。

植　株

赤车 *Pellionia radicans* (Siebold et Zucc.) Wedd.

形态特征：荨麻科赤车属多年生草本植物。茎下部卧地，在节处生根，上部渐升，通常分枝，无毛。叶具极短柄；叶片草质，斜狭菱状卵形。花序通常雌雄异株。雄花序为稀疏的聚伞花序，花被片5，椭圆形，外面无毛，顶部的角状突起；雄蕊5；退化雌蕊狭圆锥形。雌花序通常有短梗，有多数密集的花；花被片5，3个较大，船状长圆形，外面顶部有角状突起，2个较小，狭长圆形，平，无突起；子房与花被片近等长。瘦果近椭圆球形，有小瘤状突起。花期5—10月。

生境：生长于山地灌丛、山谷林下、溪沟边及阴湿地。

产地：江西全省可见。

分布：江西、福建、台湾、广东、广西、湖南、贵州、四川、云南东南部、湖北西南部、安徽南部；越南北部、朝鲜、日本有分布。

叶

雾水葛 *Pouzolzia zeylanica*（L.）Benn.

形态特征： 荨麻科雾水葛属多年生草本植物。茎直立，高12～40cm，不分枝，通常在基部有1～3对对生的长分枝，枝条不分枝，有短伏毛，或混有开展的疏柔毛。叶全部对生；叶片草质，卵形，长1.2～3.8cm、宽0.8～2.6cm，短分枝的叶很小，顶端短渐尖，基部圆形，边缘全缘，两面有疏伏毛，侧脉1对；叶柄长0.3～1.6cm。团伞花序通常两性；苞片三角形，顶端骤尖，背面有毛。雄花有短梗；花被片4，狭长圆形，基部稍合生，外面有疏毛；雄蕊4，花药长约0.5mm；退化雌蕊狭倒卵形。雌花花被椭圆形或近菱形顶端有2小齿，外面密被柔毛，果期呈菱状卵形；柱头长1.2～2mm。瘦果卵球形，淡黄白色，上部褐色，有光泽。花期秋季。

植　株

生境： 生长于丘陵山坡、疏林间、灌丛中、溪沟边、河岸及荒野草地。

产地： 江西全省常见。

分布： 江西、湖北、安徽、浙江、福建、广东、广西、湖南、云南、四川、甘肃等省区。

枝　条

攀倒甑 *Patrinia villosa*（Thunb.）Juss.

又名白花败酱。

形态特征：败酱科（Valerianaceae）败酱属多年生草本植物。地下根状茎长而横走，偶在地表匍匐生长；植株高50～100cm；茎密被白色倒生粗毛。基生叶丛生，叶片卵形，先端渐尖，边缘具粗钝齿，基部楔形下延，不分裂，常有1～2对生裂片；叶柄较叶片稍长。茎生叶对生，与基生叶同形，先端尾状渐尖，基部楔形下延，边缘具粗齿，上部叶较窄小，常不分裂，背面均鲜绿色，背面绿白色，两面被糙伏毛；叶柄长1～3cm，上部叶渐近无柄。由聚伞花序组成顶生圆锥花序，分枝达5～6级，花序梗密被长粗糙毛；总苞叶卵状披针形；花萼小，萼齿5，浅波状，被短糙毛，有时疏生腺毛；花冠钟形，白色，5深裂，裂片不等形，卵形，蜜囊顶端的裂片常较大，冠筒常比裂片稍长，内面有长柔毛，筒基部一侧稍囊肿；雄蕊4，伸出；子房下位，花柱较雄蕊稍短。瘦果倒卵形，与宿存增大苞片贴生；果苞倒卵形，有时圆形，顶端钝圆，不分裂，基部楔形，网脉明显，具主脉2条，极少有3条的，下面中部2主脉内有微糙毛。花期8—10月，果期9—11月。

生境：生长在山地林下、林缘、边坡、路旁及灌丛草地中。

产地：江西全省常见。

分布：台湾、江苏、浙江、江西、安徽、河南、湖北、湖南、广东、广西、贵州和四川。

叶

花

果

初果期

臭牡丹 *Clerodendrum bungei* Steud.

形态特征：马鞭草科（Verbenaceae）大青属多年生小灌木。植株高1～2m，有臭味；花序轴、叶柄密被褐色脱落性的柔毛；小枝近圆形，皮孔显著。叶片纸质，宽卵形，长8～20cm、宽5～15cm，顶端尖，基部宽楔形，边缘具粗或细锯齿，侧脉4～6对，表面散生短柔毛，背面疏生短柔毛和散生腺点，基部脉腋有数个盘状腺体；叶柄长4～17cm。伞房状聚伞花序顶生，密集；苞片叶状，披针形，长约3cm，早落，早落后在花序梗上残留凸起的痕迹；小苞片披针形，长约1.8cm；花萼钟状，被短柔毛及少数盘状腺体，萼齿三角形，长1～3mm；花冠淡红色、红色或紫红色，花冠管长2～3cm，裂片倒卵形；雄蕊及花柱均突出花冠外；花柱短于雄蕊；柱头2裂，子房4室。核果近球形，径0.6～1.2cm，成熟时蓝黑色。花果期5—11月。

花

生境：生长于山坡、林缘、沟谷、路旁、灌丛润湿草地。

产地：江西全省常见。

分布：华北、西北、西南以及江苏、安徽、浙江、江西、湖南、湖北、广西等省区。

植　株

大青 *Clerodendrum cyrtophyllum* Turcz.

叶

形态特征： 马鞭草科大青属小乔木。植株高1～10m；幼枝被短柔毛，枝黄褐色，髓坚实；冬芽圆锥状，芽鳞褐色，被毛。叶片纸质，椭圆形，长6～20cm、宽3～9cm，顶端渐尖，基部圆形，通常全缘，两面无毛，背面常有腺点，侧脉6～10对；叶柄长1～8cm。伞房状聚伞花序，生于枝顶，长10～16cm、宽20～25cm；苞片线形；花小，有桔香味；萼杯状，外面被黄褐色短绒毛和不明显的腺点，顶端5裂，裂片三角状卵形；花冠白色，外面疏生细毛和腺点，花冠管细长，长约1cm，顶端5裂，裂片卵形；雄蕊4，花丝长约1.6cm，与花柱同伸出花冠外；子房4室，每室1胚珠，常不完全发育；柱头2浅裂。果实球形，绿色，成熟时蓝紫色，为红色的宿萼所托。花果期6月至次年2月。

生境： 生长于丘陵山坡、疏林间、灌丛中、溪沟边及河岸。

产地： 江西全省常见。

分布： 我国华东、中南、西南（四川除外）各省区；朝鲜、越南和马来西亚也有分布。

植　株

臭茉莉 *Clerodendrum chinense* (Osbeck) mabb. var. *simplex* (Moldenke) S. L. Chen

花

形态特征： 马鞭草科大青属灌木。植株高50～120cm；小枝钝四棱形，幼枝被柔毛。叶片宽卵形，长9～22cm、宽8～21cm，顶端渐尖，基部截形，宽楔形，边缘疏生粗齿，表面密被刚伏毛，背面密被柔毛，沿脉更密，基部三出脉，脉腋有数个盘状腺体，叶片揉之有臭味；叶柄长3～17cm，被短柔毛，有时密似绒毛。伞房状聚伞花序紧密，顶生，花序梗被绒毛；苞片披针形，长1.5～3cm，被短柔毛并有少数疣状和盘状腺体；花萼钟状，长1.5～1.7cm，被短柔毛和少数疣状或盘状腺体，萼裂片线状披针形，长0.7～1.0cm；花冠红色、淡红色或白色，有香味，花冠管短，裂片卵圆形，雄蕊常变成花瓣而使花成重瓣。

生境： 生长于山地溪沟边、林间及林缘。

产地： 江西全省常见。

分布： 江西、江苏、福建、湖南、广东、台湾、广西、云南、贵州；老挝、泰国、柬埔寨以至亚洲热带地区有分布。

植　株

马鞭草 *Verbena officinalis* L.

花序

形态特征： 马鞭草科马鞭草属多年生草本植物。植株高 30～120cm。茎四方形，近基部可为圆形，节和棱上有硬毛。叶片卵圆形，长 2～8cm、宽 1～5cm；基生叶的边缘通常有粗锯齿和缺刻；茎生叶多数 3 深裂，裂片边缘有不整齐锯齿；两面均有硬毛，背面脉上尤多。穗状花序，顶生和腋生，细弱；花小，无柄，最初密集，结果时疏离；苞片稍短于花萼，具硬毛；花萼有硬毛，有 5 脉，脉间凹穴处质薄而色淡；花冠淡紫至蓝色，外面有微毛，裂片 5；雄蕊 4，着生于花冠管的中部，花丝短；子房无毛。果长圆形，外果皮薄，成熟时 4 瓣裂。花期 6—8 月，果期 7—10 月。

生境： 生长在山坡、荒野草地、路边、溪沟边及林缘。

产地： 江西全省常见。

分布： 江西、湖北、安徽、江苏、浙江、福建、广东、广西、湖南、贵州、云南、四川、山西、陕西、甘肃、新疆、西藏等省区。

植　株

黄荆 *Vitex negundo* L.

形态特征：马鞭草科牡荆属灌木。小枝四棱形，密生灰白色绒毛。掌状复叶，小叶5片；小叶片长圆状披针形，顶端渐尖，基部楔形，全缘，表面绿色，背面密生灰白色绒毛；中间小叶长4～13cm、宽1～4cm，两侧小叶依次递小；中间3片小叶有柄，最外侧的2片小叶无柄；偶有掌状三出复叶，此时小叶均无柄。聚伞花序排成圆锥花序式，顶生，长10～27cm，花序梗密生灰白色绒毛；花萼钟状，顶端有5裂齿，外有灰白色绒毛；花冠淡紫色，外有微柔毛，顶端5裂，二唇形；雄蕊伸出花冠管外；子房近无毛。核果，近球形，宿萼接近果实的长度。花期4—6月，果期7—10月。

花　序

产地：江西全省常见。

分布：长江以南各省，北达秦岭淮河；非洲东部经马达加斯加、亚洲东南部及南美洲的玻利维亚有分布。

生境：生长于山坡路旁、灌木丛中及疏林间。

植　株

单叶蔓荆 *Vitex rotundifolia* L. f.

叶与果

形态特征：马鞭草科牡荆属落叶灌木。茎匍匐，节处常生不定根。单叶对生；叶片倒卵形或近圆形，顶端通常钝圆或有短尖头，基部楔形，全缘，长 2.5～5cm、宽 1.5～3cm。圆锥花序顶生，长 3～15cm，花序梗密被灰白色绒毛；花萼钟形，顶端 5 浅裂，外面有绒毛；花冠淡紫色，长 6～10mm，外面及喉部有毛，花冠管内有较密的长柔毛，顶端 5 裂，二唇形，下唇中间裂片较大；雄蕊 4，伸出花冠外；子房无毛，密生腺点；花柱无毛，柱头 2 裂。核果近圆形，径约 5mm，成熟时黑色；果萼宿存，外被灰白色绒毛。花期 7—8 月，果期 8—10 月。

生境：平原、河滩、疏林及村寨附近。

产地：江西全省常见。

分布：江西、福建、台湾、广东、广西、云南等省区。

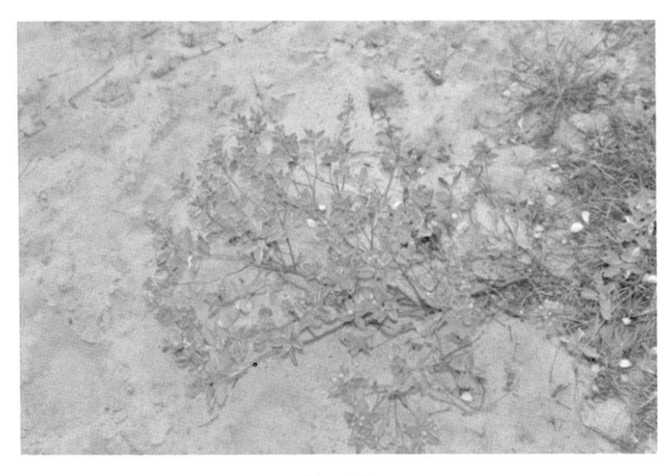
植　株

紫花地丁 *Viola philippica* Cav.

花

形态特征： 堇菜科（Violaceae）堇菜属多年生草本植物。根状茎短，垂直，淡褐色，节密生，有数条淡褐色的细根。无地上茎，高4～14cm，果期20cm许。叶多数，基生，莲座状；下部叶片通常较小、呈三角状卵形，上部叶片较长、呈长圆形，先端圆钝，基部截形，边缘具较平的圆齿，两面无毛，果期叶片增大；叶柄在花期通常长于叶片1～2倍，上部具极狭的翅，无毛；托叶膜质，苍白色，2/3～4/5与叶柄合生，离生部分线状披针形，边缘疏生具腺体的流苏状细齿。花中等大，紫堇色，喉部色较淡并带有紫色条纹；花梗通常多数，细弱，与叶片等长，无毛，中部附近有2枚线形小苞片；萼片卵状披针形，先端渐尖，基部附属物短，末端圆形，边缘具膜质白边，无毛；花瓣倒卵形，侧方花瓣长，1.0～1.2cm，里面无毛，下方花瓣里面有紫色脉纹；细管状，末端圆；花药药隔顶部的附属物长约1.5mm，下方2枚雄蕊背部的距细管状，末端稍细；子房卵形，无毛，花柱棍棒状，比子房稍长，基部稍曲膝，柱头三角形，两侧及后方稍增厚成微隆起的缘边，顶部略平，前方具短喙。蒴果长圆形，无毛；种子卵球形，淡黄色。花果期4月中下旬至9月。

生境： 生长在山坡草丛、荒地、田间、路旁、河岸、林缘及灌丛中。

产地： 江西全省常见。

分布： 江西、安徽、江苏、浙江、福建、台湾、广西、湖南、贵州、云南、四川、陕西、山西、甘肃、内蒙古、河北、河南、湖北、山东、辽宁、吉林、黑龙江等省区。

植　株

乌蔹莓 *Cayratia japonica*（Thunb.）Gagnep.

形态特征：葡萄科（Vitaceae）乌蔹莓属草质攀缘藤本植物。小枝圆柱形，有纵棱纹，无毛。卷须2～3叉分枝，相隔2节间断与叶对生。叶为鸟足状5小叶；中央小叶长椭圆形，顶端急尖，基部楔形；侧生小叶无柄，椭圆形，顶端急尖，基部楔形；边缘每侧有6～15个锯齿；正面绿色，背面浅绿色；无毛；侧脉5～9对，网脉不明显；托叶早落。花序腋生，复二歧聚伞花序；花序梗无毛；花梗几无毛；花蕾卵圆形，顶端圆形；萼碟形，全缘，外面被乳突状毛；花瓣4，三角状卵圆形，外面被乳突状毛；雄蕊4，花药卵圆形，长宽近相等；花盘发达，4浅裂；子房下部与花盘合生，花柱短，柱头微扩大。果实近球形，有种子2～4颗；种子三角状倒卵形，顶端微凹，基部有短喙，种脐在种子背面近中部呈带状椭圆形，上部种脊突出，表面有突出肋纹，腹部中棱脊突出，两侧洼穴呈半月形，从近基部向上达种子近顶端。花期3—8月，果期8—11月。

叶

生境：生长在山地灌丛地及山谷林间。

产地：江西全省常见。

分布：江西、湖北、安徽、江苏、山东、浙江、福建、台湾、广东、海南、广西、湖南、贵州、云南、四川、陕西、河南等省区。

植　株

九、附　　录

窄叶泽泻 *Alisma canaliculatum* A. Braun et C. D. Bouché

形态特征：泽泻科（Alismataceae）泽泻属多年生沼生草本植物。块茎直径约1～3cm。沉水叶条形，叶柄状；挺水叶披针形，稍呈镰状弯曲，长6～45cm、宽1～5cm，先端渐尖，基部楔形，叶脉3～5条；叶柄长9～27cm，基部较宽，边缘膜质。花葶高40～100cm，直立；花序长35～65cm，具3～6轮分枝，每轮分枝3～9枚；花两性，花梗长2～4.5cm；外轮花被片长圆形，具5～7脉，边缘窄膜质；内轮花被片白色，近圆形，边缘不整齐；心皮排列整齐，花柱柱头很小，约为花柱的1/3，向背部弯曲；花丝向上渐窄，花药黄色；花托在果期外凸，呈半球形。瘦果倒卵形，背部较宽，具1条明显的深沟槽，两侧果皮厚纸质、不透明，果喙自顶部伸出；种子深紫色，矩圆形。花果期5—10月。

生境：生于湖边、溪流水沟、水塘、沼泽及积水湿地。

产地：鄱阳湖地区可见。

分布：江西、江苏、安徽、浙江、湖北、湖南、四川等省区。

花　序

叶

膜果泽泻 *Alisma lanceolatum* With.

果

形态特征： 泽泻科泽泻属多年生水生草本植物。块茎直径1～2cm。沉水叶少数，线状披针形；挺水叶多数，叶片披针形，长9～13cm、宽2.5～4.5cm，先端急尖，基部楔形，脉5～7条；叶柄长13～25cm，基部渐宽，近海绵质，边缘膜质。花葶高35～85cm。花序长15～46cm，具3～6轮分枝，每轮分枝3～9枚，较开展；花两性，花梗长1.5～2.5cm，细弱；外轮花被片广卵形，具5～9脉；内轮花被片白色、淡红色，近圆形，顶端有时尖，边缘不整齐；花药黄色，矩圆形，花丝向上渐尖；心皮排列整齐，花柱生于子房上部，短于子房，柱头约为花柱的1/2～1/3；花托平凸，圆形。瘦果扁平，倒卵形，12～15枚轮生于花托；果喙自腹侧上部生出，腹部具薄翅，背部具1条不明显浅沟，下部平；两侧果皮薄膜质，透明，可见种子；种子黑紫色，有光泽。花果期6—9月。

生境： 生于湖边、河湾、沟溪、沼泽等水域的浅水处。

产地： 鄱阳湖地区可见。

分布： 江西、新疆等省区。

生　境

冠果草 *Sagittaria guyanensis* Kunth subsp. *lappula* (D. Don) C. Bojin

形态特征：泽泻科慈姑属多年生水生草本植物。叶基生，沉水或浮于水面；沉水叶条形；浮水叶广卵形，基部深裂，呈深心形；叶片先端钝圆，末端稍尖；叶脉4～8条向前伸展，3～6条向后延伸；叶柄长约15～50cm。花葶直立，挺出水面，高5～60cm，有时短于叶柄。花序总状，轮生，具花1～6轮，每轮2～3花；苞片3枚，基部多少合生，膜质；通常生于花序下部1～3轮者为两性，花梗短粗，花后多少下弯；生于花序上部为雄性，花梗细弱；两性花与雄花的花被片大小近于相等，外轮花被片广卵形，宿存，花后包果实下部，内轮花被片白色，基部淡黄色，稀在基部具紫色斑点，倒卵形，早落；雄蕊6枚至多数，花丝长短不一；花药椭圆形，黄色；心皮多数，分离，两侧压扁，花柱自腹侧伸出，斜上。瘦果，两侧压扁；果皮厚纸质，倒卵形，基部具短柄，背腹部具鸡冠状齿裂；果喙自腹侧斜出；宿存花托突起，圆柱状；种子褐色。花果期5—11月。

花

生境：生于水塘、湖泊浅水区及沼泽、水田、沟渠等水域。

产地：江西全省常见。

分布：江西、安徽、浙江、福建、台湾、湖南、广东、海南、广西、贵州、云南等省区。

生　境

石蒜 *Lycoris radiata*（L' Hér. ）Herb.

形态特征： 石蒜科（Amaryllidaceae）石蒜属多年生草本植物。鳞茎近球形，直径1～3cm。秋季出叶，叶狭带状，长约15cm、宽约0.5cm，顶端钝，深绿色，中间有粉绿色带。花茎高约30cm；总苞片2枚，披针形，长约35cm、宽约0.5cm；伞形花序有花4～7朵，花鲜红色；花被裂片狭倒披针形，长约3cm、宽约0.5cm，强度皱缩和反卷，花被绿色，长约0.5cm；雄蕊显著伸出于花被外，比花被长1倍左右。花期8—9月，果期10月。

花

生境： 生于阴湿山坡、山脚和溪沟边。

产地： 江西全省常见。

分布： 江西、山东、河南、安徽、江苏、浙江、福建、湖北、湖南、广东、广西、陕西、四川、贵州、云南等省区。

生 境

石菖蒲 *Acorus tatarinowii* Schott

形态特征： 天南星科(Araceae)菖蒲属多年生草本植物。根肉质，具多数须根。根茎芳香，粗2～5mm，外部淡褐色，节间长3～5mm；根茎上部分枝甚密，植株因而成丛生状；分枝常被纤维状宿存叶基。叶无柄，叶片薄，基部两侧膜质叶鞘宽可达5mm，上延几达叶片中部，渐狭，脱落；叶片暗绿色，线形，长20～30cm，基部对折，中部以上平展，宽7～13mm，先端渐狭，无中肋，平行脉多数、稍隆起。花序柄腋生，长4～15cm，三棱形；叶状佛焰苞长13～25cm，为肉穗花序长的2～5倍；肉穗花序圆柱状，长4～6.5cm、粗4～7mm，上部渐尖，直立；花白色。成熟果序长7～8cm、粗可达1cm。幼果绿色，成熟时黄绿色或黄白色。花果期2—6月。

植　株

生境： 常生长于山沟边、水溪石隙旁、山谷湿地及密林阴湿地。

产地： 江西全省常见。

分布： 黄河以南各省区。

生　境

金鱼藻 *Ceratophyllum demersum* L.

植　株

形态特征： 金鱼藻科（Ceratophyllaceae）金鱼藻属多年生草本植物。植株沉水生长。茎长 40～150cm，平滑，具分枝。叶 4～12 轮生，1～2 次二叉状分歧，裂片丝状，长 1.5～2cm、宽 0.1～0.5mm，先端带白色软骨质，边缘仅一侧有数细齿。花直径约 2mm；苞片 9～12，条形，浅绿色，透明，先端有 3 齿及带紫色毛；雄蕊 10～16，微密集；子房卵形，花柱钻状。坚果宽椭圆形，黑色，平滑，边缘无翅，有 3 刺，顶生刺（宿存花柱），先端具钩，基部 2 刺向下斜伸，先端渐细成刺状。花期 6—7 月，果期 8—10 月。

生境： 生长于池塘、水渠及河沟中。

产地： 江西全省常见。

分布： 全国均有分布。

生　境

木贼 *Equisetum hyemale* L.

形态特征：木贼科（Equisetaceae）木贼属多年生蕨类草本植物。根茎横走，黑棕色，节和根有黄棕色长毛。地上茎直立，单一，高达1m，中部直径5～9mm，节间长5～8cm，绿色，中空；有脊16～22条，脊的背部弧形，无明显小瘤。鞘筒0.7～1.0cm，黑棕色；鞘齿16～22枚，披针形，小，长0.3～0.4cm；顶端淡棕色，膜质，芒状，早落，下部黑棕色，薄革质，基部的背面有3～4条纵棱，宿存。孢子囊穗卵状，长1.0～1.5cm、直径0.5～0.7cm，顶端有小尖突，无柄。

花

生境：生长于山沟边、水溪旁、田边、阴湿山坡及林缘山脚。

产地：江西全省常见。

分布：黑龙江、吉林、辽宁、内蒙古、北京、天津、河北、陕西、甘肃、新疆、四川、重庆、河南、湖北、江西等省区。

植 株

芒萁 *Dicranopteris pedata*（Houtt.）Nakaike

形态特征：里白科（Gleicheniaceae）芒萁属多年生蕨类草本植物。根状茎横走，密被暗锈色长毛，分枝，具原始中柱；地上茎单一，高 45～90cm。叶远生，纸质，正面黄绿色，沿羽轴被锈色毛，后变无毛，背面灰白色，沿中脉及侧脉疏被锈色毛；叶柄长 24～56cm、粗 1.5～2mm，棕禾秆色，光滑，基部以上无毛；叶轴 1～2 回二叉分枝，一回羽轴长约 9cm，被暗锈色毛，渐变光滑，有时顶芽萌发，生出的一回羽轴，长 6.5～17.5cm；二回羽轴长 3～5cm；腋芽小，卵形，密被锈黄色毛；芽苞卵形，边缘具不规则裂片；各回分叉处两侧均各有 1 对托叶状的羽片，平展，宽披针形，等大，生于一回分叉处的长 9.5～16.5cm、宽 3.5～5.2cm，生于二回分叉处的较小，长 4.4～11.5cm、宽 1.6～3.6cm；末回羽片长 16～23.5cm、宽约 4～5.5cm，披针形，向顶端变狭，尾状，基部上侧变狭，篦齿状深裂几达羽轴；裂片平展，35～50 对，线状披针形，长 1.5～2.9cm、宽 3～4mm，顶钝，常微凹，羽片基部上侧的数对极短，三角形，各裂片基部汇合，有尖狭的缺刻，全缘，具软骨质的狭边；侧脉两面隆起，明显，斜展，每组有 3～5 条并行小脉，直达叶缘。孢子囊群圆形，一列，着生于基部上侧或上下两侧小脉的弯弓处，由 5～8 个孢子囊组成。

生境：生长于山地疏林、灌丛地、山坡草地、荒坡及林缘。

产地：江西全省常见。

分布：江西、福建、浙江、江苏南部、安徽、湖北、湖南、贵州、四川、西康、云南、广西、广东、台湾、香港；日本、印度、越南都有分布。

叶

生　境

狐尾藻 *Myriophyllum verticillatum* L.

植　株

形态特征： 小二仙草科（Haloragaceae）狐尾藻属多年生水生草本植物。根状茎发达，在水底泥中蔓延，节部生根。茎圆柱形，长20～40cm，多分枝。叶通常4片轮生，或3～5片轮生；水中叶较长，长4～5cm，丝状全裂，无叶柄；裂片8～13对，互生，长0.7～1.5cm；水上叶互生，披针形，较强壮，鲜绿色，长约1.5cm，裂片较宽。秋季于叶腋中生出棍棒状冬芽而越冬。苞片羽状篦齿状分裂。花单性，雌雄同株，单生于水上叶腋内，每轮具4朵花，花无柄，比叶片短。雌花生于水上茎下部；萼片与子房合生，顶端4裂，裂片较小，长不到1mm，卵状三角形；花瓣4，舟状，早落；雌蕊1，子房广卵形，4室，柱头4裂、裂片三角形；花瓣4，椭圆形，早落。雄花生于水上茎上部，雄蕊8，花药椭圆形，淡黄色，花丝丝状，开花后伸出花冠外。果实广卵形，具4条浅槽，顶端具残存的萼片及花柱。

生境： 生长在池塘、河沟、沼泽及湖边等水域。

产地： 江西全省常见。

分布： 全国各地广泛分布。

生　境

黑藻 *Hydrilla verticillata*（Linn. f.）Royle

植　株

形态特征：水鳖科（Hydrocharitaceae）黑藻属草本植物。植株沉水生长。茎圆柱形，表面具纵向细棱纹，质较脆。休眠芽长卵圆形。苞叶多数，螺旋状紧密排列，白色，狭披针形。叶3～8枚轮生，线形，长7～17mm、宽1～1.8mm，常具紫红色斑点，先端锐尖，边缘锯齿明显，无柄，具腋生小鳞片；主脉1条，明显。花单性，雌雄同株。雄佛焰苞近球形，绿色，表面具明显的纵棱纹，顶端具刺凸；雄花成熟后自佛焰苞内放出，漂浮于水面开花；雄花萼片3，白色，稍反卷；花瓣3，反折开展，白色；雄蕊3，花丝纤细，花药线形，2～4室；花粉粒球形，直径可达100μm以上，表面具凸起的纹饰。雌佛焰苞管状，绿色；苞内雌花1朵。果实圆柱形，表面常有2～9个刺状凸起；种子2～6粒，茶褐色，两端尖。植物以休眠芽繁殖为主。花果期5—10月。

生境：生长在池塘、河沟、沼泽及湖边等水域。

产地：江西全省常见。

分布：黑龙江、河北、陕西、河南、湖北、安徽、江苏、山东、浙江、江西、福建、台湾、广东、海南、广西、湖南、贵州、云南、四川等省区。

生　境

龙舌草 *Ottelia alismoides* (Linn.) Pers.

又名水车前。

形态特征： 水鳖科水车前属草本植物。植株沉水生长。具须根，茎短缩。叶基生，膜质；叶片因生境条件的不同而形态各异，多为广卵形，长约 20cm、宽约 18cm，全缘；在植株个体发育的不同阶段，叶形常依次变更，即初生叶线形，后出现披针形、椭圆形、广卵形等叶；叶柄长短随水体的深浅而异，多变化于 2～40cm 之间。花两性，偶见单性，即杂性异株；佛焰苞椭圆形，长 2.5～4cm、宽1.5～2.5cm，顶端 2～3 浅裂，有 3～6 条纵翅，翅有时成折叠的波状，有时极窄，在翅不发达的脊上有时出现瘤状凸起；总花梗长 40～50cm；花无梗，单生；花瓣白色.、淡紫色；雄蕊 3～9 枚，花丝具腺毛，花药条形，黄色，药隔扁平；子房下位，近圆形，心皮 3～9 枚，侧膜胎座；花柱 6～10，2 深裂。果长 2～5cm、宽 0.8～1.8cm；种子多数，纺锤形，细小，种皮上有纵条纹，被有白毛。花期 4—10 月。

生　境

生境： 生长在池塘、河沟、沼泽及湖边等水域。

产地： 鄱阳湖地区常见。

分布： 江西、湖北、河北、河南、安徽、江苏、浙江、福建、台湾、广东、海南、广西、湖南、贵州、云南、四川等省区以及东北地区。

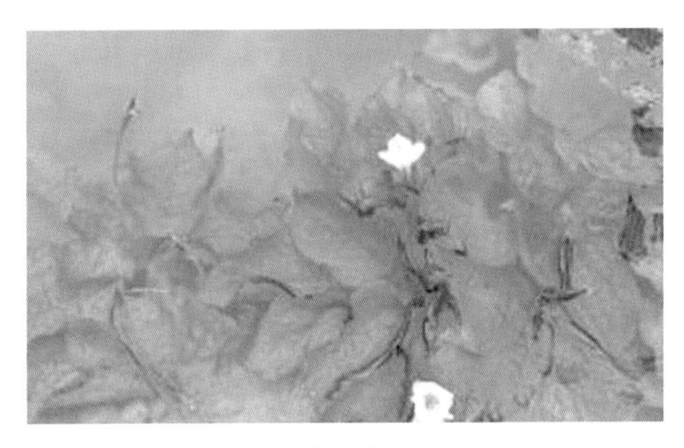

植　株

苦草 *Vallisneria natans* (Lour.) H. Hara

形态特征：水鳖科苦草属草本植物。植株沉水生长。具匍匐茎，径约2mm，白色，光滑，先端芽浅黄色。叶基生，线形，长20～200cm、宽0.5～2cm，绿色，常具棕色条纹和斑点，先端圆钝，边缘全缘；无叶柄；叶脉5～9条。花单性，雌雄异株。雄佛焰苞卵状圆锥形，长1.5～2cm、宽0.5～1cm，每佛焰苞内含雄花200余朵或更多；成熟的雄花浮在水面开放；萼片3，两侧萼片较大，成舟形浮于水上，中间一片较小，中肋部龙骨状，向上伸展似帆；雄蕊1枚，花丝先端不分裂，基部具毛状凸起和1～2枚膜状体；花粉粒白色，长圆形，无萌发孔，表面具有不规则的颗粒状凸起。雌佛焰苞筒状，先端2裂，绿色；梗纤细，绿色，长30～50cm，甚至更长，随水深而改变，受精后螺旋状卷曲；雌花单生于佛焰苞内，萼片3，先端钝，绿紫色，质较硬；花瓣3，极小，白色，与萼片互生；花柱3，先端2裂；退化雄蕊3枚；子房下位，圆柱形，光滑；胚珠多数，直立，厚珠心型，外珠被长于内珠被。果实圆柱形；种子倒长卵形，有腺毛状凸起。

生　境

生境：生于池塘溪沟边、河滩、湖泊湿地及沼泽、湖边等浅水中。

产地：江西全省常见。

分布：吉林、河北、陕西、湖北、安徽、江苏、山东、浙江、江西、福建、台湾、广东、广西、湖南、贵州、云南、四川等省区。

植　株

灯心草 *Juncus effusus* L.

形态特征：灯心草科（Juncaceae）灯心草属多年生草本植物。根状茎粗壮横走，具黄褐色稍粗的须根。植株高27～91cm，有时更高；茎丛生，直立，圆柱形，淡绿色，具纵条纹，茎内充满白色的髓心。叶全部为低出叶，呈鞘，包围在茎的基部，长1～22cm，基部红褐至黑褐色；叶片退化为刺芒状。聚伞花序假侧生，含多花，排列紧密；总苞片圆柱形，生于顶端，似茎的延伸，直立，顶端尖锐；小苞片2枚，宽卵形，膜质，顶端尖；花淡绿色；花被片线状披针形，顶端锐尖，背脊增厚突出，黄绿色，边缘膜质，外轮者稍长于内轮；雄蕊3枚，长约为花被片的2/3；花药长圆形，黄色，稍短于花丝；雌蕊具3室子房；花柱极短；柱头3分叉。蒴果长圆形，顶端钝，黄褐色；种子卵状长圆形，黄褐色。花期4—7月，果期6—9月。

生境：生长于池塘溪沟边、田间、荒地、河滩、湖泊湿地及阴湿草地。

产地：江西全省常见。

分布：黑龙江、吉林、辽宁、河北、河南、湖北、安徽、山东、江苏、浙江、江西、福建、台湾、广东、广西、湖南、贵州、云南、四川、陕西、甘肃、西藏等省区。

植　株

花　序

笄石菖 *Juncus prismatocarpus* R. Br.

形态特征：灯心草科灯心草属多年生草本植物。具根状茎和多数黄褐色须根。植株高17～65cm，茎丛生，直立，圆柱形，直径1～3mm，下部节上有时生不定根。叶基生和茎生，短于花序；基生叶少，茎生叶2～4枚；叶片线形，长10～25cm、宽2～4mm，通常扁平，顶端渐尖，具不完全横隔，绿色；叶鞘边缘膜质，长2～10cm，有时带红褐色；叶耳稍钝。花序由5～20个头状花序组成，排列成顶生复聚伞花序，花序常分枝，具长短不等的花序梗；头状花序半球形至近圆球形，有8～15朵花；叶状总苞片常1枚，线形，短于花序；苞片多枚，宽卵形，顶端锐尖，膜质，背部中央有1脉；花具短梗；花被片线状披针形，内外轮等长，顶端尖锐，背面有纵脉，边缘狭膜质，绿色；雄蕊通常3枚，花药线形，淡黄色；花丝长1.2～1.4mm；花柱甚短；柱头3分叉，细长，常弯曲。蒴果，三棱状圆锥形，顶端具短尖头，1室，淡褐色；种子长卵形，具短小尖头，蜡黄色，表面具纵条纹及细微横纹。花期3—6月，果期7—8月。

生境：生长于田边、溪沟边、路旁、荒地、山坡疏林草地及河滩湿地。

产地：江西全省常见。

分布：江西、湖北、安徽、山东、江苏、浙江、福建、台湾、广东、海南、广西、湖南、贵州、云南、四川、西藏等省区。

植　株

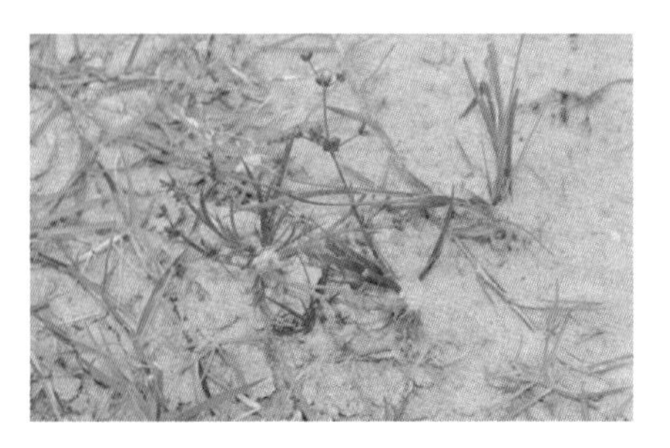

生　境

风轮菜 *Clinopodium chinense*（Benth.） Kuntze

形态特征：唇形科（Lamiaceae）风轮菜属多年生草本植物。茎基部匍匐生根，上部上升，多分枝，高可达1m，四棱形，具细条纹，密被短柔毛及腺微柔毛。叶卵圆形，不偏斜，长2～4cm、宽1.3～2.6cm，先端急尖，基部圆形呈阔楔形，边缘具大小均匀的圆齿状锯齿，坚纸质；正面榄绿色，密被平伏短硬毛；背面灰白色，被疏柔毛，脉上尤密；侧脉5～7对，与中肋在正面微凹陷而背面隆起，网脉在背面清晰可见；叶柄腹凹背凸，密被疏柔毛。轮伞花序多花密集，半球状，下大上小，彼此远隔；苞叶叶状，向上渐小至苞片状，苞片针状，极细，无明显中肋，多数，被柔毛状缘毛及微柔毛；总梗长约1～2mm，分枝多数；花梗长约2.5mm，与总梗及序轴被柔毛状缘毛及微柔毛。花萼狭管状，常染紫红色，13脉，外面主要沿脉上被疏柔毛及腺微柔毛，内面在齿上被疏柔毛，果时基部稍一边膨胀；上唇3齿，齿近外反，长三角形，先端具硬尖；下唇2齿，齿稍长，直伸，先端芒尖。花冠紫红色，外面被微柔毛，内面在下唇下方喉部具2列毛茸，冠筒伸出，向上渐扩大；冠檐二唇形，上唇直伸、先端微缺，下唇3裂、中裂片稍大；雄蕊4，前对稍长，均内藏，花药2室，室近水平叉开；花柱微露出，先端不相等2浅裂，裂片扁平；花盘平顶；子房无毛。小坚果倒卵形，黄褐色。花期5—8月，果期8—10月。

植　株

生境：生于山坡草地、荒地、路旁、沟边、灌木丛中及稀疏林下。

产地：江西全省常见。

分布：江西、湖北、安徽、江苏、山东、浙江、福建、台湾、广东、广西、湖南及云南东北部；日本有分布。

紫花香薷 *Elsholtzia argyi* H. Lév.

形态特征：唇形科香薷属多年生草本植物。植株高0.5～1m。茎四棱形，具槽，紫色，槽内被疏生或密集的白色短柔毛。叶卵形至阔卵形，长2～6cm、宽1～3cm，先端短渐尖，基部圆形至宽楔形，边缘在基部以上具圆齿，近基部全缘；正面绿色，被疏柔毛；背面淡绿色，沿叶脉被白色短柔毛，满布凹陷的腺点；侧脉5～6对，与中脉在两面微显著；叶柄长0.8～2.5cm，具狭翅，腹凹背凸，被白色短柔毛。穗状花序长2～7cm，生于茎、枝顶端，偏向一侧，由具8花的轮伞花序组成；苞片圆形，先端骤然短尖，尖头刺芒状，外面被白色柔毛及黄色透明腺点，常带紫色，内面无毛，边缘具缘毛；花梗与序轴被白色柔毛。花萼管状，外面被白色柔毛，萼齿5，钻形，近相等，先端具芒刺，边缘具长缘毛；花冠玫瑰红紫色，长约6mm，外面被白色柔毛，在上部具腺点，冠筒向上渐宽；冠檐二唇形，上唇直立，先端微缺，边缘被长柔毛，下唇稍开展，中裂片长圆形，先端通常具突尖，侧裂片弧形；雄蕊4，前对较长，伸出，花丝无毛，花药黑紫色；花柱纤细，伸出，先端相等2浅裂。小坚果长圆形，深棕色，外面具细微疣状凸起。花果期9—11月。

花　序

生境：生于山坡灌丛中、稀疏林下、旷野荒地、溪沟旁及河岸、湖边。

产地：江西全省常见。

分布：江西、安徽、江苏、浙江、福建、广东、广西、湖南、湖北、贵州、四川等省区。

生　境

东紫苏 *Elsholtzia bodinieri* Vaniot

形态特征：唇形科香薷属多年生草本植物。植株高25～30cm。茎上升，基部多少伏地，有时具多数短枝，其上具对生的鳞状叶，仅出土部分具正常叶；直立的茎简单分枝，茎及枝多呈暗紫色，圆柱形，具细条纹，被平展的白色柔毛。叶近无柄；在匍枝上的正常叶细小，倒卵形，全缘，两面均被白色柔毛。茎枝上叶披针形，先端钝，基部渐狭，边缘在上部具钝锯齿，近革质；正面绿色、背面淡绿色，两面无毛，背面满布凹陷腺点；侧脉约4对，与中脉在上面凹陷下面隆起。穗状花序，单生于茎及枝顶端，长2～3.5cm；苞片覆瓦状排列，连合成杯状，先端具小突尖头，外面被柔毛及腺点，脉纹常带紫红色，内面无毛，边缘具缘毛。花萼管状，外面被白色长柔毛及腺点，内面仅萼齿边缘具白色缘毛，萼齿披针形，近等大；花冠玫瑰红紫色，外面被长柔毛及稀疏的腺点，冠筒下弯，向上渐宽；冠檐二唇形，上唇直立，先端微缺，下唇稍开展，3裂，中裂片较长，全缘；雄蕊4，前对较长，均伸出，花药卵圆形，2室；花柱超出雄蕊，先端微弯，近相等2裂，裂片线状钻形。小坚果长圆形，棕黑色。花期9—11月，果期12月至翌年2月。

花

生境：生于山坡草地、旷野山地及灌木丛中。

产地：江西全省常见。

分布：江西、云南、贵州等省区。

生　境

广防风 *Anisomeles indica*（L.）Kuntze

形态特征：唇形科广防风属一年生或二年生草本植物。茎直立，粗壮，分枝，高1～2m，四棱形，具浅槽，密被白色贴生短柔毛。叶对生，草质，阔卵圆形，长4～9cm、宽2.5～6.5cm，先端急尖，基部截状阔楔形，边缘有不规则的牙齿；正面榄绿色，被短伏毛，脉上尤密；，背面灰绿色，有极密的白色短绒毛，在脉上的较长；叶柄长1～4.5cm；苞叶叶状，向上渐变小，均超出轮伞花序，具短柄。轮伞花序在主茎及侧枝的顶部排列成稠密的长穗伏花序；苞片线形。花萼钟形，外面被长硬毛及混生的腺柔毛，其间杂有黄色小腺点，内面有稀疏的细长毛；10脉，不明显，下部有多数纵向细脉，上部有横脉网结；齿5，三角状披针形，边缘具纤毛，有时紫红色，果时增大。花冠淡紫色，外面无毛，内面在冠筒中部有斜向间断小疏柔毛毛环，冠筒向上渐变宽大；冠檐二唇形，上唇直伸，长圆形，全缘，下唇几水平扩展，3裂，中裂片倒心形，边缘微波状，内面中部具髯毛，侧裂片较小、卵圆形。雄蕊伸出，近等长，前对稍长或有时后对较长，花丝扁平，两侧边缘膜质，被小纤毛，粘连，前对药室平行，后对药室退化成1室；花柱丝状，无毛，先端相等2浅裂，裂片钻形。花盘平顶，具圆齿。子房无毛。小坚果黑色，具光泽，近圆球形。花期8—9月，果期9—11月。

生境：生于旷野荒地、山坡路旁及林缘。

产地：江西全省常见。

分布：江西、广东、广西、贵州、云南、四川、西藏东南部、湖南南部、浙江南部、福建及台湾；印度、东南亚、马来西亚至菲律宾的热带及南亚热带地区有分布。

植　株

益母草 *Leonurus japonicus* Houtt.

形态特征：唇形科益母草属一年生草本植物。具主根，其上密生须根。茎直立，通常高30～120cm，钝四棱形，微具槽，有倒向糙伏毛，在节及棱上尤为密集，在基部有时近于无毛，多分枝。叶轮廓变化很大。茎下部叶轮廓为卵形，基部宽楔形，掌状3裂，裂片呈长圆状菱形至卵圆形，通常长2.5～6cm、宽1.5～4cm；裂片上再分裂；正面绿色，有糙伏毛，叶脉稍下陷；背面淡绿色，被疏柔毛及腺点，叶脉突出；叶柄纤细，长2～3cm，由于叶基下延而在上部略具翅，腹面具槽，背面圆形，被糙伏毛。茎中部叶轮廓为菱形，较小，通常分裂成3个或偶有多个长圆状线形的裂片，基部狭楔形；叶柄长0.5～2cm。花序最上部的苞叶近于无柄，线形，全缘。轮伞花序腋生，具8～15花，轮廓为圆球形，多数远离而组成长穗状花序；小苞片刺状，向上伸出，基部略弯曲，比萼筒短，有贴生的微柔毛；花梗无。花萼管状钟形，外面有贴生微柔毛，内面于离基部1/3以上被微柔毛，5脉，显著；齿5，前2齿靠合，后3齿较短，等长，齿均宽三角形，先端刺尖。花冠粉红至淡紫红色，外面于伸出萼筒部分被柔毛，冠筒等大，内面在离基部1/3处有近水平向的不明显鳞毛毛环，毛环在背面间断，其上部多少有鳞状毛；冠檐二唇形，上唇直伸，内凹，长圆形，全缘，内面无毛，边缘具纤毛，下唇略短于上唇，内面在基部疏被鳞状毛，3裂，中裂片倒心形，先端微缺，边缘薄膜质，基部收缩，侧裂片卵圆形，细小。雄蕊4，均延伸至上唇片之下，平行，前对较长；花丝丝状，扁平，疏被鳞状毛；花药卵圆形，2室。花柱丝状，略超出于雄蕊而与上唇片等长，无毛，先端相等2浅裂，裂片钻形。花盘平顶。子房褐色，无毛。小坚果长圆状三棱形，顶端截平而略宽大，基部楔形，淡褐色，光滑。花期通常在6—9月，果期9—10月。

生境：生长于旷野荒地、山坡、疏林间、田地边、路旁、河岸及湖滩。

产地：江西全省常见。

分布：我国各地均有分布；俄罗斯、朝鲜、日本等热带亚洲、非洲以及美洲亦有分布。

幼　苗

石荠苎 *Mosla scabra*（Thunb.）C. Y. Wu et H. W. Li

形态特征： 唇形科石荠苎属一年生草本植物。茎高 20～100cm，多分枝，分枝纤细，茎、枝均四棱形，具细条纹，密被短柔毛。叶卵形，长 1.5～3.5cm、宽 0.9～1.7cm，先端急尖钝，基部圆形，边缘近基部全缘，自基部以上为锯齿状，纸质；正面橄绿色，被灰色微柔毛；背面灰白，密布凹陷腺点，近无毛；叶柄被短柔毛。总状花序，生于主茎及侧枝上；苞片卵形，先端尾状渐尖，花时及果时均超过花梗；花梗与序轴密被灰白色小疏柔毛。花萼钟形，外面被疏柔毛，二唇形；上唇 3 齿呈卵状披针形，先端渐尖；中齿略小；下唇 2 齿，线形，先端锐尖；果时花萼脉纹显著。花冠粉红色，外面被微柔毛，内面基部具毛环，冠筒向上渐扩大；冠檐二唇形，上唇直立，扁平，先端微凹，下唇 3 裂，中裂片较大，边缘具齿。雄蕊 4，后对能育，药室 2，叉开，前对退化，药室不明显。花柱先端相等 2 浅裂。花盘前方呈指状膨大。小坚果黄褐色，球形，具深雕纹。花期 5—11 月，果期 9—11 月。

生境： 生于山坡草地、灌丛林下、荒地及路旁。

产地： 江西全省常见。

分布： 河南、湖北、江西、安徽、江苏、浙江、福建、台湾、广东、广西、湖南、四川、陕西、甘肃、辽宁等省区。

生　境

丁香罗勒 *Ocimum gratissimum* L.

植　株

形态特征：唇形科罗勒属灌木。极芳香。茎直立，高 0.5～1m，多分枝，茎、枝均四棱形，被长柔毛，干时红褐色，髓部白色，充满。叶卵圆状长圆形，长 5～12cm、宽 1.5～6cm，向上渐变小，先端长渐尖，基部楔形至长渐狭，边缘疏生具胼胝尖的圆齿，坚纸质，微粗糙，两面密被柔毛状绒毛及金黄色腺点；脉上毛茸密集，侧脉 5～7 对，与中脉在两面多少显著；叶柄扁平，密被柔毛状绒毛；花序下部苞叶长圆形，细小，近于无柄。总状花序，顶生及腋生，直伸，具总梗，在茎、枝顶端常呈三叉状，中央者最长，两侧较短，均由具 6 花的轮伞花序所组成，花序各部被柔毛；苞片卵圆状菱形至披针形，先端长渐尖，基部宽楔形，无柄，密被柔毛状绒毛及腺点；花梗明显，被柔毛。花萼钟形，多少下倾，外面被柔毛及腺点，内面在喉部被柔毛，余部无毛，萼筒长约 2mm；萼齿 5，呈二唇形，上唇 3 齿，中齿卵圆形，先端锐尖，边缘下延，多少反卷，侧齿微小，稍宽于下唇 2 齿，具刺尖，下唇 2 齿，齿极小，呈高度靠合的具二刺芒的唇片，果时花萼明显增大，显著下倾，10 脉，果时显著，后中齿明显反卷。花冠白黄至白色，稍超出花萼，外面在唇片上被微柔毛及腺点，内面无毛，冠筒向上渐宽大；冠檐二唇形，上唇宽大，4 裂，裂片近相等，下唇稍长于上唇，长圆形，全缘，扁平。雄蕊 4，分离，插生于冠筒中部，近等长；花丝丝状，后对花丝基部具齿状附属器，无毛；花药卵圆形，汇合成 1 室。花柱超出雄蕊，先端相等 2 浅裂。花盘呈 4 齿状突起，前方 1 齿稍超过子房，其余 3 齿略与子房相等。小坚果近球状，褐色，多皱纹，有具腺的穴陷，基部具一白色果脐。花期 10 月，果期 11 月。

生境：生长在山坡向阳草地、溪沟边、路旁及河岸。

产地：赣中及以南地区常见。

分布：分布于全球温暖地带，在非洲及美洲的巴西较亚洲为多。

紫苏 *Perilla frutescens*（L.）Britton

形态特征：唇形科紫苏属一年生草本植物。茎高 0.3～2m，绿色，钝四棱形，具四槽，密被长柔毛。叶阔卵形，长 7～13cm、宽 4.5～10cm，先端短尖，基部圆形，边缘在基部以上有粗锯齿，膜质，两面绿色，正面被疏柔毛，背面被贴生柔毛；侧脉 7～8 对，位于下部者稍靠近，斜上升，与中脉在正面微突起背面明显突起，色稍淡；叶柄背腹扁平，密被长柔毛。轮伞花序 2 花，组成密被长柔毛、偏向一侧的顶生及腋生总状花序；苞片宽卵圆形，先端具短尖，外被红褐色腺点，无毛，边缘膜质；花梗密被柔毛。花萼钟形，10 脉，直伸，下部被长柔毛，夹有黄色腺点，内面喉部有疏柔毛环，结果时增大，平伸，基部一边肿胀；萼檐二唇形，上唇宽大，3 齿，中齿较小，下唇比上唇稍长，2 齿，齿披针形。花冠白色至紫红色，外面略被微柔毛，内面在下唇片基部略被微柔毛；冠筒短，喉部斜钟形；冠檐近二唇形，上唇微缺，下唇 3 裂，中裂片较大，侧裂片与上唇相近似。雄蕊 4，几不伸出，前对稍长，离生，插生喉部，花丝扁平；花药 2 室，室平行，其后略叉开或极叉开。花柱先端相等 2 浅裂。花盘前方呈指状膨大。小坚果近球形，灰褐色，具网纹。花期 8—11 月，果期 8—12 月。

生境：生长于旷野荒地、田地边、路旁、园地、村边、山坡疏林、河岸及湖滩。

产地：江西全省常见。

分布：浙江、安徽、江西、湖北、贵州及华北、华中、华南、西南地区和台湾省等均有分布；印度、缅甸、日本、朝鲜、韩国、印度尼西亚和俄罗斯等国家有分布。

植　株

荔枝草 *Salvia plebeia* R. Br.

形态特征： 唇形科鼠尾草属一年生或二年生草本植物。主根肥厚，向下直伸，有多数须根。茎直立，高 15～90cm，粗壮，多分枝，被向下的灰白色疏柔毛。叶椭圆状卵圆形，长 2～6cm、宽 0.8～2.5cm，先端钝，基部圆形，边缘具圆齿，草质，正面被稀疏的微硬毛，背面被短疏柔毛，余部散布黄褐色腺点；叶柄腹凹背凸，密被疏柔毛。轮伞花序 6 花，多数，在茎、枝顶端密集组成总状圆锥花序，结果时延长。苞片披针形，长于花萼；先端渐尖，基部渐狭，全缘，两面被疏柔毛，背面较密，边缘具缘毛。花梗与花序轴密被疏柔毛。花萼钟形，外面被疏柔毛，散布黄褐色腺点，内面喉部有微柔毛；二唇形，唇裂约至花萼长 1/3，上唇全缘，先端具 3 个小尖头，下唇深裂成 2 齿，齿三角形，锐尖。花冠淡红、淡紫、紫、蓝紫至蓝色，冠筒外面无毛，内面中部有毛环；冠檐二唇形，上唇长圆形，先端微凹，外面密被微柔毛，两侧折合，下唇长约 1.7mm、宽 3mm，外面被微柔毛，3 裂，中裂片最大，阔倒心形，顶端微凹，侧裂片近半圆形。能育雄蕊 2，着生于下唇基部，略伸出花冠外，药隔弯成弧形，上臂和下臂等长，上臂具药室，二下臂不育，膨大，互相联合。花柱和花冠等长，先端不相等 2 裂，前裂片较长。花盘前方微隆起。小坚果倒卵圆形，成熟时干燥，光滑。花期 4—5 月，果期 6—7 月。

生境： 生长于山坡、路旁、溪沟边、田野潮湿地及河边、湖滩。

产地： 江西全省常见。

分布： 除新疆、甘肃、青海及西藏外，我国各地有分布。

植　株

南方狸藻 *Utricularia australis* R. Br.

形态特征：狸藻科（Lentibulariaceae）狸藻属多年生草本植物。植株沉水或漂浮生长。假根2～4，生于花序梗基部上方，丝状，具短的总状分枝。匍匐枝圆柱形，多分枝，无毛。秋季于匍匐枝及其分枝的顶端产生冬芽；冬芽球形，密生小刚毛。叶器多数，互生，2裂达基部，裂片先羽状深裂，后二至四回二歧状深裂；末回裂片毛发状，多少扁平，顶端及边缘具小刚毛，其余部分无毛。捕虫囊多数，侧生于叶器裂片上，斜卵球形，侧扁，具短柄；口侧生，边缘疏生小刚毛，上唇具2条不分枝的刚毛状附属物，下唇无附属物。花序直立，中部以上具3～8朵多少疏离的花，无毛；花序梗圆柱形，具1～3个与苞片同形的鳞片；苞片基部着生，基部耳状，顶端圆形；无小苞片；花梗丝状，于花期直立，花后开展；花萼2裂达基部，无毛，裂片相等，卵状长圆形，上唇顶端圆形，下唇顶端微凹。花冠黄色，无毛；上唇卵形，长为上方萼片的2～3倍，下唇远较上唇大，横椭圆形，顶端圆形或微凹，喉凸隆起呈浅囊状；细圆锥状，顶端钝，略弯曲，短于下唇并与其平行，在远轴和近轴的内面均散生腺毛。雄蕊无毛；花丝线形，弯曲；药室汇合。子房球形，无毛；花柱与子房近等长，无毛；柱头下唇半圆形，边缘流苏状，上唇微小，正三角形。蒴果球形，顶端具宿存花柱，周裂；种子扁压，边缘具6角和细小的网状突起，褐色，无毛。花期6—11月，果期7—12月。

生境：生于池塘溪沟边、河滩、湖泊湿地及沼泽、湖边等浅水中。

产地：江西全省常见。

分布：江西、湖北、安徽、江苏、浙江、福建、台湾、广东、海南、广西、湖南、贵州、云南和四川等省区。

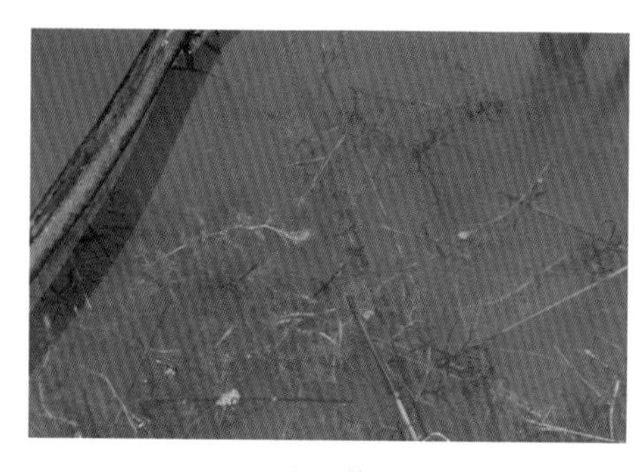

生　境

花

薤白 *Alliummacrostemon* Bunge

花

形态特征：百合科葱属一年生草本植物。鳞茎近球状，粗 0.7～2cm，基部常具小鳞茎；鳞茎外皮带黑色，纸质或膜质，不破裂。叶 3～5 枚，半圆柱状，中空，上面具沟槽，比花葶短。花葶圆柱状，高 630～70cm，1/4～1/3 被叶鞘；总苞 2 裂，比花序短；伞形花序半球状，具多而密集的花，或间具珠芽或有时全为珠芽；小花梗近等长，比花被片长 3～5 倍，基部具小苞片；珠芽暗紫色，基部亦具小苞片；花淡紫色；花被片矩圆状卵形，内轮的常较狭；花丝等长，比花被片稍长直到比其长 1/3，在基部合、生并与花被片贴生，分离部分的基部呈狭三角形扩大，向上收狭成锥形，内轮的基部约为外轮基部宽的 1.5 倍；子房近球状，腹缝线基部具有帘的凹陷蜜穴；花柱伸出花被外。花果期 5—7 月。

生境：生长于阴湿山坡、山沟边、水溪旁、田边、山谷及林缘山脚。

产地：江西全省常见。

分布：除新疆、青海外，我国各省区均有分布。

生 境

醉鱼草 *Buddleja lindleyana* Fortune

花

形态特征： 马钱科（Loganiaceae）醉鱼草属灌木。植株高1～3m。茎皮褐色；小枝具四棱，棱上略有窄翅；幼枝、叶片背面、叶柄、花序、苞片及小苞片均密被星状短绒毛和腺毛。叶对生，萌芽枝条上的叶为互生；叶片膜质，卵形，长3～11cm、宽1～5cm，顶端渐尖，基部宽楔形，边缘全缘；正面深绿色，幼时被星状短柔毛，后变无毛；背面灰黄绿色；侧脉每边6～8条，正面扁平、干后凹陷，背面略凸起。穗状聚伞花序顶生；苞片线形；小苞片线状披针形；花紫色，芳香；花萼钟状，花萼外面与花冠外面同被星状毛和小鳞片，内面无毛，花萼裂片宽三角形；花冠内面被柔毛，花冠管弯曲，花冠裂片阔卵形；雄蕊着生于花冠管下部，花丝极短，花药卵形，顶端具尖头，基部耳状；子房卵形，无毛，花柱柱头卵圆形。果序穗状；蒴果长圆状，无毛，有鳞片，基部常有宿存花萼；种子淡褐色，小，无翅。花期4—10月，果期8月至翌年4月。

生境： 生长于山地路旁、河边、灌木丛中及林缘。

产地： 江西全省常见。

分布： 江西、湖北、安徽、江苏、浙江、福建、广东、广西、湖南、贵州、云南和四川等省区。

植　株

石松 *Lycopodium japonicum* Thunb. exmurray

叶

形态特征：石松科（Lycopodiaceae）石松属多年生蕨类草本植物。匍匐茎地上生，细长横走，2～3回分叉，绿色，被稀疏的叶；侧枝直立，高达40cm，多回二叉分枝，稀疏，压扁状，枝连叶直径5～10mm。叶螺旋状排列，密集，上斜，披针形或线状披针形，长4～8mm、宽0.3～0.6mm，基部楔形，下延，无柄，先端渐尖，具透明发丝，边缘全缘，草质，中脉不明显。孢子囊穗4～8个集生于长达30cm的总柄，总柄上苞片螺旋状稀疏着生，薄草质，形状如叶片；孢子囊穗不等位着生，直立，圆柱形，具长小柄；孢子叶阔卵形，先端急尖，具芒状长尖头，边缘膜质，啮蚀状，纸质；孢子囊生于孢子叶腋，略外露，圆肾形，黄色。

生境：生于山地疏林下、灌丛草地、山谷潮湿地、溪沟边、路边及边坡、林缘。

产地：江西全省常见。

分布：我国东北、华东、华南、西南及内蒙古、河南等地区均有分布。

生 境

血水草 *Eomecon chionantha* Hance

形态特征： 罂粟科（Papaveraceae）血水草属多年生草本植物。植株无毛，具红黄色液汁。根橙黄色，根茎匍匐。叶全部基生；叶片心形，长5～26cm、宽5～20cm，先端渐尖，基部耳垂，边缘呈波状；正面绿色，背面灰绿色；掌状脉5～7条，网脉细，明显；叶柄条形，长10～30cm，带蓝灰色，基部略扩大成狭鞘。花葶灰绿色略带紫红色，高20～40cm，有3～5花，排列成聚伞状伞房花序；苞片和小苞片卵状披针形，先端渐尖，边缘薄膜质；花梗直立；花芽卵珠形，长约1cm，先端渐尖；萼片无毛；花瓣倒卵形，白色；花丝长5～7mm，花药黄色；子房卵形，无毛，花柱柱头2裂，下延于花柱上。蒴果狭椭圆形，花柱延长。花期3—6月，果期6—10月。有毒。

生境： 生长于山地林下、灌丛中及溪沟边、路旁。

产地： 江西全省常见。

分布： 江西、安徽、浙江、福建、广东、广西、湖南、湖北、贵州、四川、云南。

植　株

博落回 *Macleaya cordata* (Willd.) R. Br.

形态特征： 罂粟科博落回属一年生草本植物。茎直立，中空，基部木质化，具乳黄色浆汁；高1～4m，绿色，光滑，多白粉，上部多分枝。叶片宽卵形，长5～27cm、宽5～25cm，先端急尖，通常7深裂，裂片半圆形，边缘波状，多细齿；正面绿色，无毛；背面多白粉，被易脱落的细绒毛；基出脉通常5，侧脉2对、稀3对，细脉网状，常呈淡红色；叶柄长1～12cm，上面具浅沟槽。大型圆锥花序多花，顶生；花梗长2～7mm；苞片狭披针形；花芽棒状，近白色，长约1cm；萼片倒卵状长圆形，长约1cm，舟状，黄白色；花瓣无；雄蕊24～30，花丝丝状，花药条形，与花丝等长；子房倒卵形，先端圆，基部渐狭，花柱柱头2裂，下延于花柱上。蒴果狭倒卵形，先端圆，基部渐狭，无毛；种子4～8枚，卵珠形，生于缝线两侧，无柄，种皮具排成行的整齐的蜂窝状孔穴，有狭的种阜。花果期6—11月。

叶

生境： 生长于丘陵山坡、疏林、灌丛草地及旷野荒地。

产地： 江西全省常见。

分布： 我国长江以南、南岭以北的大部分省区均有分布，南至广东，西至贵州，西北达甘肃南部。

植　株

莼菜 *Brasenia schreberi* J. F. Gmel.

形态特征：睡莲科（Nymphaeaceae）莼属多年生水生草本植物。根状茎具叶及匍匐枝，后者在节部生根，并生具叶枝条及其它匍匐枝。叶椭圆状矩圆形，长3.5～6cm、宽5～10cm，背面蓝绿色，两面无毛，从叶脉处皱缩；叶柄长25～40cm，和花梗均有柔毛。花直径1～2cm，暗紫色；花梗长6～10cm；萼片及花瓣条形，先端圆钝；花药条形；心皮条形，具微柔毛。坚果矩圆卵形，有3个成熟心皮；种子1～2，卵形。花期6月，果期10—11月。

生境：生长在池塘、湖沼及河沟。

产地：江西全省常见。

分布：江西、湖北、江苏、浙江、湖南、云南、四川等省区。

生　境

叶

芡实 *Euryale ferox* Salisb.

果

形态特征：睡莲科芡属一年生水生草本植物。根茎粗壮而短，具白色须根。沉水叶箭形，长4～10cm，两面无刺；叶柄无刺。浮水叶革质，椭圆肾形，直径10～130cm，盾状，有弯缺，全缘，背面带紫色，有短柔毛；两面在叶脉分枝处有锐刺；叶柄及花梗粗壮，长可达25cm，皆有硬刺。花长约5cm；萼片披针形，内面紫色，外面密生稍弯硬刺；花瓣矩圆披针形，紫红色，成数轮排列，向内渐变成雄蕊；无花柱，柱头红色，成凹入的柱头盘。浆果球形，污紫红色，外面密生硬刺；种子球形，黑色。花期7—8月，果期8—9月。

生境：生长在池塘、湖沼中。

产地：江西全省常见。

分布：我国南北各省，从黑龙江至云南、广东。

花

萍蓬草 *Nuphar pumilum*（Timm）DC.

形态特征： 睡莲科萍蓬草属多年生水生草本植物。根状茎直径2～3cm。叶纸质，宽卵形，长6～17cm、宽6～12cm，先端圆钝，基部具弯缺，心形，裂片远离，圆钝；正面光亮、无毛，背面密生柔毛；侧脉羽状，几次二歧分枝；叶柄长20～50cm，有柔毛。花直径3～4cm；花梗长40～50cm，有柔毛；萼片黄色，外面中央绿色，矩圆形；花瓣窄楔形，先端微凹；柱头盘常10浅裂，淡黄色。浆果卵形；种子矩圆形，褐色。花期5—7月，果期7—9月。

叶

生境： 生长在湖泊沼泽及河沟中。

产地： 江西全省常见。

分布： 黑龙江、吉林、河北、江苏、浙江、江西、福建、广东等省区；前苏联、日本、欧洲北部及中部也有分布。

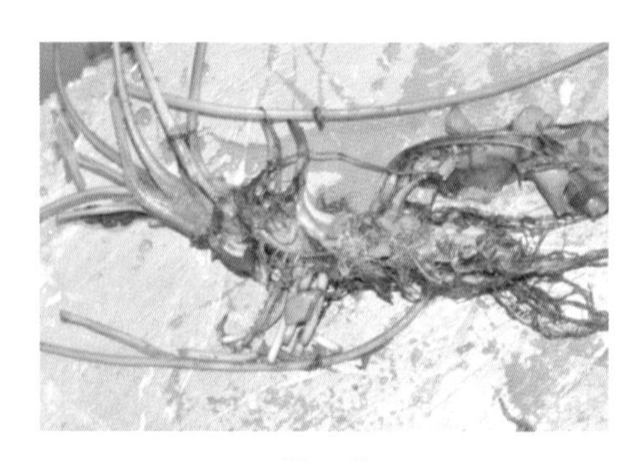
根　系

生　境

商陆 *Phytolacca acinosa* Roxb.

形态特征：商陆科（Phytolaccaceae）商陆属多年生草本植物。根肥大，肉质，倒圆锥形，外皮淡黄色，内面黄白色。植株高 0.5～1.5m，全株无毛。茎直立，圆柱形，有纵沟，肉质，绿色，多分枝。叶片薄纸质，椭圆形、长椭圆形，顶端急尖，基部楔形，渐狭，两面散生细小白色斑点（针晶体），背面中脉凸起；叶柄长 1.5～3cm，粗壮，正面有槽，背面半圆形，基部稍扁宽。总状花序顶生，圆柱状，直立，通常比叶短，密生多花；花序梗长 1～4cm；花梗基部的苞片线形，上部 2 枚小苞片，线状披针形，均膜质；花梗细，基部变粗；花两性；花被片 5，白色、黄绿色，椭圆形，顶端圆钝，大小相等，花后常反折；雄蕊8～10，与花被片近等长，花丝白色，钻形，基部成片状，宿存；花药椭圆形，粉红色；心皮通常为 8，分离；花柱短，直立，顶端下弯，柱头不明显。果序直立；浆果扁球形，熟时黑色；种子肾形，黑色，具 3 棱。花期5—8 月，果期 6—10 月。

植　株

生境：生长于村边、路旁、园地、旷野荒地及山坡林下、林缘。

产地：江西全省常见。

分布：我国除东北、内蒙古、青海、新疆外的其他省区均有分布。

果

龙芽草 *Agrimonia pilosa* Ledeb.

形态特征：蔷薇科（Rosaceae）龙芽草属多年生草本植物。根多呈块茎状，周围长出若干侧根；根茎短，基部常有1至数个地下芽。茎高30～120cm，被疏柔毛。叶为间断奇数羽状复叶，通常有小叶3～4对，稀2对，向上减少至3小叶；叶柄被稀疏柔毛；小叶无柄，倒卵形，长1.5～5cm、宽1～2.5cm，顶端急尖，基部楔形，边缘有急尖到圆钝锯齿；正面被疏柔毛，背面通常脉上伏生疏柔毛，有显著腺点；托叶草质，绿色，镰形，顶端急尖，边缘有尖锐锯齿，稀全缘；茎下部托叶有时卵状披针形，常全缘。花序穗状总状顶生，分枝，花序轴被柔毛，花梗被柔毛；苞片通常深3裂，裂片带形，小苞片对生，卵形，全缘；花直径6～9mm；萼片5，三角卵形；花瓣黄色，长圆形；雄蕊5～8枚，偶达15枚；花柱2，丝状，柱头头状。果实倒卵圆锥形，外面有10条肋，被疏柔毛，顶端有数层钩刺，幼时直立，成熟时靠合，连钩刺长7～8mm，最宽处直径3—4mm。花果期5—12月。

生境：生长于溪沟边、路旁、荒野草地、疏林灌丛及林缘。

产地：江西全省常见。

分布：我国南北各省区均有分布；欧洲中部以及俄罗斯、蒙古、朝鲜、日本和越南北部有分布。

植　株

野山楂 *Crataegus cuneata* Siebold et Zucc.

形态特征：蔷薇科山楂属落叶灌木。植株高达15m，分枝密，通常具细刺，刺长5～8mm；小枝细弱，圆柱形，有棱，幼时被柔毛；一年生枝紫褐色，无毛；老枝灰褐色，散生长圆形皮孔；冬芽三角卵形，先端圆钝，无毛，紫褐色。叶片宽倒卵形，长2～6cm、宽1～4.5cm，先端急尖，基部楔形，下延连于叶柄，边缘有不规则重锯齿，顶端常有3浅裂片；正面无毛，有光泽；背面具稀疏柔毛，沿叶脉较密，以后脱落；叶脉显著；叶柄两侧有叶翼；托叶大形，草质，镰刀状，边缘有齿。伞房花序，直径2～2.5cm，具花5～7朵，总花梗和花梗均被柔毛；花梗长约1cm；苞片草质，披针形，条裂，脱落很迟；花直径约1.5cm；萼筒钟状，外被长柔毛，萼片三角卵形，约与萼筒等长，先端尾状渐尖，全缘，内外两面均具柔毛；花瓣近圆形，白色，基部有短爪；雄蕊20；花药红色；花柱4～5，基部被绒毛。果实近球形，直径1～1.2cm，红色或黄色，常具有宿存反折萼片或1苞片；小核4～5，内面两侧平滑。花期5—6月，果期9—11月。

果

生境：生长于山坡草丛地、山地灌木丛、地埂、河岸及旷野荒地。

产地：江西全省常见。

分布：江西、湖北、河南、安徽、江苏、浙江、福建、广东、广西、湖南、云南、贵州。

植 株

蛇含委陵菜 *Potentilla kleiniana* Wight et Arn.

形态特征： 蔷薇科委陵菜属多年生草本植物。主根短，侧根如须状丛生。茎多数，细长，略匍匐，常于节处生根并发育出新植株，被疏柔毛。基生叶为近于鸟足状 5 小叶；叶柄长，被疏柔毛；小叶几无柄；小叶片倒卵形，顶端圆钝，基部楔形，边缘有多数急尖；两面绿色，被疏柔毛，有时上面脱落几无毛；基生叶托叶膜质，淡褐色，外面被疏柔毛。下部茎生叶有 5 小叶、上部茎生叶有 3 小叶，小叶与基生小叶相似，但叶柄较短；托叶草质，绿色，卵形，全缘，顶端急尖，外被稀疏长柔毛。聚伞花序密集枝顶如假伞形，花梗密被开展长柔毛，下有茎生叶如苞片状；花萼片三角卵圆形，顶端急尖；副萼片披针形，顶端急尖，花时比萼片短，果时略长或近等长，外被稀疏长柔毛；花瓣黄色，倒卵形，顶端微凹，长于萼片；花柱近顶生，圆锥形，基部膨大，柱头扩大。瘦果近圆形，一面稍平，具皱纹。花果期 4—9 月。

生境： 生长在田边、路旁、水边、山坡草地及旷野荒地。

产地： 江西全省常见。

分布： 江西、福建、广东、广西、湖南、贵州、云南、四川、西藏、陕西、河南、湖北、安徽、浙江、江苏、山东、辽宁等省区。

植　株

金樱子 *Rosa laevigata* michx.

形态特征： 蔷薇科蔷薇属常绿攀缘灌木。植株高可达5m；小枝粗壮，散生扁弯皮刺，无毛，幼时被腺毛，老时逐渐脱落减少。叶片革质，通常为羽状三出复叶，稀为羽状五出复叶，连叶柄长5～10cm；小叶片椭圆状卵形，长2～6cm、宽1.2～3.5cm，先端急尖，边缘有锐锯齿；正面亮绿色，无毛；背面黄绿色，幼时沿中肋有腺毛，老时逐渐脱落无毛；小叶柄和叶轴有皮刺和腺毛；托叶离生，披针形，边缘有细齿，齿尖有腺体，早落。花单生于叶腋，直径5～7cm；花梗长1.8～2.5cm，花梗和萼筒密被腺毛，随果实成长变为针刺；萼片卵状披针形，先端呈叶状，边缘羽状浅裂，常有刺毛和腺毛，内面密被柔毛，比花瓣稍短；花瓣白色，宽倒卵形，先端微凹；雄蕊多数；心皮多数，花柱离生，有毛，比雄蕊短很多。果梨形，紫褐色，外面密被刺毛，果梗长约3cm，萼片宿存。花期4—6月，果期7—11月。

花

生境： 生长于山坡草地、灌丛地、村边、路旁、地埂、河岸、沟边及旷野荒地。

产地： 江西全省常见。

分布： 江西、湖北、安徽、江苏、浙江、福建、广东、台湾、广西、湖南、贵州、云南、四川、陕西等省区。

叶

果

槐叶苹 *Salvinia natans*（L.）All.

叶

形态特征：槐叶苹科（Salviniaceae）槐叶苹属一年生蕨类草本植物。植株漂浮生长。茎细长而横走，被褐色节状毛。三叶轮生。上面二叶漂浮水面，形如槐叶，长圆形，长0.8～1.4cm、宽5～8mm，顶端钝圆，基部圆形，全缘；草质，正面深绿色，背面密被棕色茸毛；叶脉斜出，在主脉两侧有小脉15～20对，每条小脉上面有5～8束白色刚毛；叶柄长1mm。下面一叶悬垂水中，细裂成线状，被细毛，形如须根，起着根的作用。孢子果4～8个簇生于沉水叶的基部，表面疏生成束的短毛，小孢子果表面淡黄色，大孢子果表面淡棕色。

生境：生长在水田、池塘、湖沼及静水溪河中。

产地：鄱阳湖地区常见。

分布：我国长江流域及华北、东北各省区和新疆有分布。

生　境

翠云草 *Selaginella uncinata*（Desv.）Spring

形态特征： 卷柏科（Selaginellaceae）卷柏属多年生蕨类草本植物。根托只生于主茎的下部断续着生，自主茎分叉处下方生出，长 3～10cm，根少分叉，被毛。主茎先直立而后攀缘状，长 50～100cm，无横走地下茎；自近基部羽状分枝，不呈“之”字形，无关节，禾秆色，茎圆柱状，具沟槽，无毛，维管束 1 条；顶端不呈黑褐色，先端鞭形，侧枝 5～8 对，2 回羽状分枝，小枝排列紧密，主茎上相邻分枝相距 5～8cm，分枝无毛，背腹压扁。叶全部交互排列，二形，草质，表面光滑，具虹彩，边缘全缘，明显具白边；主茎上的叶排列较疏，较分枝上的大，二形，绿色。主茎上的腋叶明显大于分枝上的，肾形；分枝上的腋叶对称，宽椭圆形，边缘全缘，基部不呈耳状，近心形。中叶不对称，主茎上的明显大于侧枝上的，侧枝上的叶卵圆形，接近到覆瓦状排列，背部不呈龙骨状，先端与轴平行，长渐尖，基部钝，边缘全缘。侧叶不对称，主茎上的明显大于侧枝上的，分枝上的长圆形，外展，紧接，先端急尖，边缘全缘，上侧基部不扩大，不覆盖小枝，上侧边缘全缘，下侧基部圆形，下侧边缘全缘。孢子叶穗紧密，四棱柱形，单生于小枝末端；孢子叶一形，卵状三角形，边缘全缘，具白边，先端渐尖，龙骨状。大孢子灰白色或暗褐色；小孢子淡黄色。

生境： 生于山地林下、山谷溪边、阴湿杂草地及岩洞内、潮湿石缝中。

产地： 江西全省常见。

分布： 浙江、福建、台湾、广东、广西、湖南、贵州、云南、四川、陕西、重庆、湖北、江西、安徽等省区；中国特有，其他国家有栽培。

叶

植　株

了哥王 *Wikstroemia indica*（Linn.）C. A. mey.

形态特征：瑞香科（Thymelaeaceae）荛花属灌木。植株高0.5～2m或过之；小枝红褐色，无毛。叶对生，纸质至近革质，倒卵形，长2～5cm、宽0.5～1.5cm，先端钝，基部阔楔形，干时棕红色，无毛；侧脉细密，极倾斜；叶柄长约1mm。花黄绿色，数朵组成顶生头状总状花序，花序梗无毛，花梗、花萼近无毛；花萼裂片4，宽卵形至长圆形，顶端尖；雄蕊8，呈2列着生于花萼管中部以上；子房倒卵形，无毛，花柱极短，柱头头状；花盘鳞片通常2枚。果椭圆形，成熟时红色至暗紫色。花果期夏秋间。

花

生境：生长于山坡草地、疏林下及旷野。

产地：赣南地区常见。

分布：江西、浙江、福建、台湾、广东、海南、广西、湖南、贵州、云南、四川等省区；越南、印度、菲律宾也有分布。

植　株

果

细果野菱 *Trapa incisa* Siebold et Zucc.

形态特征：菱科（Trapaceae）菱属一年生水生草本植物。根二型：着泥根细铁丝状，生水底泥中；同化根羽状细裂，裂片丝状，深灰绿色。茎细柔弱，分枝。叶二型。浮水叶互生，聚生于主枝或分枝茎顶端，形成莲座状的菱盘；叶片三角状菱圆形，表面深亮绿色、无毛，叶背面绿色带紫；主侧脉稍明显，疏被少量的黄褐色短毛，脉间有茶褐色斑块；边缘中上部有不整齐的浅圆齿，边缘中下部全缘，基部广楔形。沉水叶小，早落。花小，单生于叶腋，花柄长1～2cm，疏被淡褐色短毛；萼筒4深裂，裂片长约4mm，基部密被短毛，其中1对萼筒沿脊被毛，其余无毛；花瓣4，白色；花盘全缘；雄蕊4，花丝纤细，花药丁字形着生，内向；子房半下位，子房基部膨大，2室，每室具1倒生胚珠，仅1室胚珠发育，花柱钻状，柱头头状。果三角形，表面平滑，具4刺角，2肩角细刺状、斜向上，角间端宽2～2.5cm，2腰角较细短，锐刺状，斜下伸；果喙尖头帽状，无果顶冠；果柄疏被褐色短毛。花期6—7月，果期8—9月。

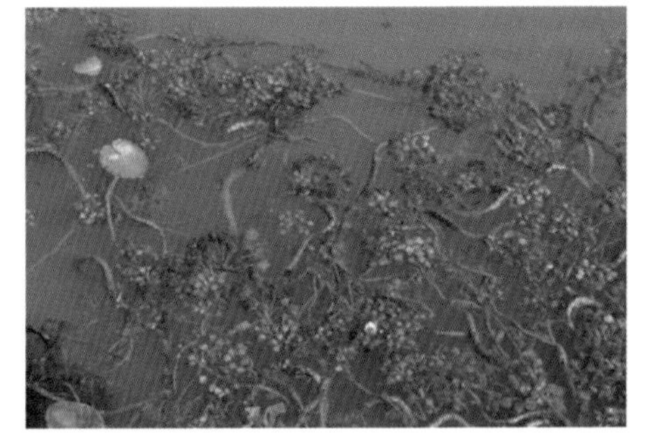

生　境

生境：多生于泥塘及湖沼中。

产地：鄱阳湖地区常见。

分布：黑龙江、吉林、辽宁、河北、河南、湖北、江西等省区。

植　株

叶

水烛 *Typha angustifolia* L.

形态特征：香蒲科（Typhaceae）香蒲属多年生沼生草本植物。根状茎乳黄色，先端白色；地上茎直立，粗壮，高1.5～3m。叶片上部扁平；中部以下腹面微凹，背面向下逐渐隆起呈凸形；下部横切面呈半圆形，细胞间隙大，呈海绵状；叶鞘抱茎。雌雄花异序。雄花序轴具褐色扁柔毛，单出；叶状苞片1～3枚，花后脱落；雄花由3枚雄蕊合生，有时2枚或4枚组成；花药长距圆形；花粉粒单体，近球形，纹饰网状；花丝短，细弱，下部合生成柄，向下渐宽。雌花序基部具1枚叶状苞片，通常比叶片宽，花后脱落；雌花具小苞片；孕性雌花柱头窄条形，子房纺锤形，具褐色斑点，子房柄纤细；不孕雌花子房倒圆锥形，具褐色斑点，先端黄褐色，不育柱头短尖；白色丝状毛着生于子房柄基部，并向上延伸，与小苞片近等长，均短于柱头。小坚果长椭圆形，具褐色斑点，纵裂；种子深褐色。花果期6—9月。

生　境

生境：生长于湖泊、河流、池塘浅水处及水深1m或以上的沼泽、沟渠中。

产地：江西全省常见。

分布：黑龙江、吉林、辽宁、内蒙古、新疆、甘肃、陕西、河北、河南、山东、江苏、湖北、江西、云南、台湾等省区。

花　序

图书在版编目（CIP）数据

江西野生牧草图册/甘兴华，白昌军主编．—北京：中国农业出版社，2019.9
ISBN 978-7-109-25953-9

Ⅰ．①江…　Ⅱ．①甘…　②白…　Ⅲ．①天然牧草—江西—图谱　Ⅳ．①S54-64

中国版本图书馆 CIP 数据核字（2019）第 209399 号

中国农业出版社出版
地址：北京市朝阳区麦子店街 18 号楼
邮编：100125
责任编辑：赵　刚
版式设计：韩小丽　　责任校对：沙凯霖
印刷：中农印务有限公司印刷
版次：2019 年 9 月第 1 版
印次：2019 年 9 月北京第 1 次印刷
发行：新华书店北京发行所
开本：700mm×1000mm　1/16
印张：27.75
字数：510 千字
定价：180.00 元
